技工教育和职业培训“十四五”规划教材

电工电子技术与应用

主　编　刘永军　陈　正
副主编　汪志群　邵红亮
编　委　郑振江　李　晗　田丽萍

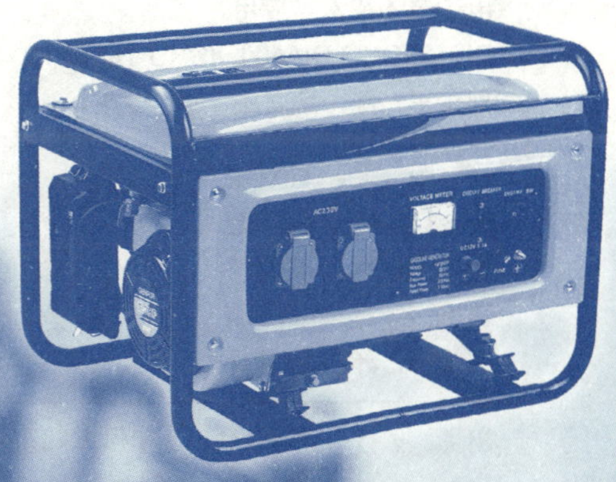

中原出版传媒集团
中原传媒股份公司
大象出版社
·郑州·

图书在版编目（CIP）数据

电工电子技术与应用 / 刘永军，陈正主编．— 2 版．— 郑州：大象出版社，2020.1（2023.6 重印）
ISBN 978-7-5711-0473-3

Ⅰ．①电… Ⅱ．①刘… ②陈… Ⅲ．①电工技术－中等专业学校－教材②电子技术－中等专业学校－教材 Ⅳ．①TM ②TN

中国版本图书馆 CIP 数据核字（2019）第 282274 号

电工电子技术与应用
DIANGONG DIANZI JISHU YU YINGYONG
刘永军　陈　正　主　编

出 版 人　汪林中
策划编辑　谢英磊
责任编辑　侯金芳
责任校对　钟　骄
书籍设计　石叶玲

出版发行　大象出版社（郑州市郑东新区祥盛街 27 号　邮政编码 450016）
发行科　0371-63863505　总编室　0371-65597936
网　　址　www.daxiang.cn
印　　刷　南通印刷总厂有限公司
经　　销　南京康轩文教图书有限公司
开　　本　787 mm×1092 mm　1/16
印　　张　16.25
字　　数　347 千字
版　　次　2020 年 1 月第 2 版　2023 年 6 月第 5 次印刷
定　　价　39.00 元

若发现印、装质量问题，影响阅读，请与承印厂联系调换。
印厂地址　南通市通州经济开发区朝霞路 180 号
邮政编码　226300　　电话　0513-80237871

前 言

教育部制定的《关于全面推进素质教育，深化中等职业教育教学改革的意见》指出：职业教育应树立以全面素质为基础、以能力为本位的观念，培养与社会主义现代化建设要求相适应，在生产和服务第一线的高素质劳动者和中、初级专门人才。因此，开发和编写反映新知识、新技术、新工艺和新材料、具有职业教育特色的课程和教材尤为重要。经过深入广泛地调研与论证，依据教育部《中等职业学校电工电子技术与技能教学大纲》编写了这本全新的教材。

本课程是职业学校机电类专业必修的专业基础课程。其任务是使学生掌握机电类相关专业必备的电工电子技术与技能，培养学生解决涉及电工电子技术实际问题的能力，为学习后续专业技能课程打下基础；对学生进行职业意识培养和职业道德教育，提高学生的综合素质与职业能力，增强学生适应职业变化的能力，为学生职业生涯的发展奠定基础。

编写特点

本书编写以机电类专业学生就业为导向，与当前职业教育教学改革和教材建设的总体目标相吻合，结合岗位的关键职业能力要求，实现“与岗位、与生源相衔接”。

本书编写具有以下特色：

1. 以培养新时期中、初级技能型人才为目标，力求知识“实用”“够用”“好用”。以本专业共同具备的岗位职业能力为依据，遵循中职学生的认知规律确定本课程的基本模块和任务，弱化繁琐的理论分析，强化实用的技能训练。考虑到学生的可持续发展及终身学习的需求，设置了“加油站”“科技之窗”等环节，便于教师的分层教学或学生的自我探究性学习。

2. 以理实一体化教学思想为指导，力求“实践出真知”。以本专业基本技能为主线，以一定的基本理论为指导，通过大量实训，不断提高学生的综合能力和职业素养。考虑到专业技术的迅猛发展，编写过程中努力体现了内容的先进性和前瞻性，突出专业领域的“新知识、新技术、新工艺和新材料”，与当前的职业教育发展趋势相吻合。

3. 全书分为电路基础、电工技术、模拟电子技术和数字电子技术四个模块，每个模块分为主题和课题两个层级。内容编写上具有以下特点：

（1）情境引入、目标明确。本书在每个主题开始处均设置“情境创设”和“任务书”。通过恰当的情境创设可有效地提高学生的学习兴趣，也可了解到即将所学内容在实际生活中应用；任务书更加明确了学习的目标，利于学习过程中的有的放矢，甚至达到事半功倍的效果。

（2）简明扼要，通俗易懂。电工电子技术知识面广、内容多，在编写过程中提炼出基本理论，注重知识的应用性。在内容体系上，结构严谨，主线明确，全而不乱，多而不难。

（3）环节灵活，注重互动。本书正文中根据需要设置“小提示”“想一想”“加油站”等环节，可有效地引导与指导学生学习；“科技之窗”“学后测评”等环节，可适时有效地进行“四新”教育与普及，及时巩固与反馈学习效果。

（4）图文并茂、双色排版。本书采用双色排版，营造一个生动直观的认知环境，加深学生的理解和识记。

使用建议

本书适合职业学校机电类各专业使用，也可作为其他电类相关专业及技能鉴定的参考用书。因教材知识面广，充分体现理实一体化教学理念，因此对教师的要求比较高，最好是双师型教师，并有一定的生产实践经验，欢迎登录康轩职业教育网进行下载。

本书由大象出版社组织编写，由南京六合中等专业学校刘永军、陈正担任主编，由南京六合中等专业学校汪志群（主题1、2）、刘永军（主题3、4、7）、邵红亮（主题5、6）、宁阳县职业中等专业学校郑振江老师（主题8）陈正（主题9、10、11）、河南省经济管理学校李晗（主题12）、河南省汝州高级技工学校田丽萍老师（主题13）共同编写，最终由刘永军统稿，由广东省职业学校刘文心审校。本书编写过程中，采用了许多专家、学者和企业人事给予的意见与建议，也参阅了众多的相关教材和文献；同时得到了南京康轩文教图书有限公司的大力支持，在此一并表示感谢！

为进一步提高本书的质量，欢迎广大读者和专家对我们的工作提出宝贵的意见和建议。

编者

目录

模块 1　电路基础

模块 2　电工技术

主题 5　变压器与电动机

主题 6　常用低压电器及三相异步电动机的控制线路

主题 7　用电技术

模块 3　模拟电子技术

主题8　电子操作基础知识

主题9　常用半导体器件

主题10　整流、滤波及稳压电路

主题11　放大电路与集成运算放大器

模块 4　数字电子技术

主题12　数字电子技术基础

主题13　组合逻辑电路和时序逻辑电路

模块 1 电路基础

内容纲要

- 安全用电
- 直流电路
- 磁场与电磁感应
- 正弦交流电路

主题1 安全用电

情境创设

1. PPT 展示一些日常安全用电的图片，思考图片说明了什么，图中操作是否正确。

2. PPT 播放触电事故，思考事故中的人为什么会触电，怎样才能做到安全用电。

课题 1 安全用电操作及电气灭火常识

任务书

1. 了解电工实训室、工厂实习的安全操作规程。
2. 了解电气灭火常识。

电工实训室及工厂实习的安全操作规程

电工实训室是学生和教师进行研究、实验的场所，安装有 380 V 动力电源，电工实训室一般采用三相四线制，新实训室则采用三相五线制。在工厂实习时，机械设备所用的电压很少是安全电压。若实训或实习时设备维护不良或使用疏忽、不当，都有可能发生事故，导致人员伤亡，造成生命、财产的损失。因此，为防范事故的发生，进入电工实训室及在工厂实习时均应严格遵守安全操作规程。

一、电工实训室安全操作规程

1. 实训前，学生应仔细阅读实训任务书，熟悉实训项目所需的元器件及电路情况。

2. 实训前，应了解操作要求、操作顺序及所用设备的性能和指标。

3. 实训时，必须集中精神，不可与人交谈、四处张望。

4. 实训时，要严格按照各电气设备的操作规程进行操作；接通电源前，要确保电气设备处于关闭状态。

5. 养成断电操作的好习惯，在断电的情况下，连接实训线路，并请指导老师检查无误后再接通电源。实训完毕，先断开电源，拆除实训线路。

6. 为确保安全，实训过程中不能触摸实训台原有导线的裸露部分。

7. 插头必须完全插入插座再使用，以免因为接触不良造成过热。

8. 电气设备使用完毕或暂时走开时，应先确定插头已拔下。

9. 拔下插头时，应手握插头取下。若图方便，直接拉扯电线，极易造成电线内部铜线断裂。

10. 切断开关应迅速，不得以湿手或湿操作棒操作开关。

11. 实训中遇到问题时，应立即切断电源再进行检查，禁止带电操作。

12. 实训中遇到异常情况，应立即断开本组电源，检查线路。排除故障后，经指导老师同意，方可重新送电。

13. 完成实训后，断开本组电源，待老师检查实习结果无误后方可离开。

二、工厂实习的安全操作规程

1. 电工人员准备工作时应穿安全服装并佩戴好安全装备，如图 1-1 所示。

图 1-1 安全服装、装备

2. 在电气设备运行中，若发现有异味、冒烟、运转不顺等现象时，应立即关掉电源，并报请更换或维修，切勿惊慌逃避，以免灾害扩大。

3. 工作场所内各电气设备移动前，须先通知电气设备负责人员，确认用电安全无误后方可移动。

4. 保险丝熔断通常是用电过量的警告，切勿以为是保险丝太细而换用较粗的保险丝或以铜丝、铁丝替代。

5. 拆除或安装保险丝之前，应先切断电源。

6. 没有指导人员许可或监督，不可操作没有学过的机械仪器及设备。

7. 无论电源是否切断，都不能用手或者身体去停止机械转动。

8. 电路中若发现电线绝缘材料有破裂，应立即更换新品，以免发生碰触触电事故。

电气灭火常识

一、电气消防

电气火灾是由于输、配电线路漏电、短路或负载过热等引起的。电气设备发生火灾一般存在以下两种情况：

⑴ 着火后电气设备可能还带电，处理过程中若不注意仍有可能会引起触电。

⑵ 有的电气设备工作时其内部含有大量的油，若操作不慎可能会发生喷油或爆炸，造成更大事故。

因此，电气设备火灾的处理方法与一般火灾的处理方法不同，具体如下：

第一，发现电子装置、电气设备、电缆等冒烟起火，要尽快切断电源，如图 1–2 所示。

第二，起火时，使用沙土、二氧化碳灭火器、1211（二氟一氯一溴甲烷）灭火器或干粉灭火器灭火。忌用泡沫灭火器和水进行灭火，如图 1–3 所示。

图 1–2　切断电源

图 1–3　忌用泡沫灭火器和水进行灭火

第三，灭火时，不可将身体或灭火工具触及导线和电气设备，要留心地上的电线，以防触电。

第四，火过大无法扑灭时，应及时拨打 119 报警。

二、预防电气火灾

1. 减少电气火灾事故的方法

⑴ 在安装电气设备的时候，操作必须规范，并应满足安全防火的各项要求。

⑵ 不要在低压线路、开关、插座和熔断器附近放置油类、棉花、木屑、木材等易燃物品。

⑶ 电气火灾发生前一般都有前兆，要特别引起重视。如电线因过载等原因发热至一定程度会烧焦绝缘外皮，散发出一种烧胶皮、烧塑料的难闻气味。当闻到此气味时，很可能是电气方面引起的，应立即拉闸停电，查明原因，妥善处理后，才能合闸送电。

2. 电气火灾事故的成因分析

常见电气火灾事故的成因分析见表 1–1。

表 1-1 电气火灾事故的成因分析

成 因	分 析	预 防
线路过载	输电线的绝缘材料大部分是可燃材料，过载引起温度升高，引燃绝缘材料	① 使输电线路容量与负载相适应 ② 不超标 ③ 更换熔断器 ④ 线路安装过载自动保护装置
线路或电器产生电火花或电弧	电线断裂或绝缘材料损坏引起放电，点燃自身的绝缘材料及附近易燃材料、气体等	① 按标准规范接线 ② 及时检修电路 ③ 加装自动保护装置
电器老化	电器超期工作，因绝缘材料、散热装置老化而引起温度升高	停止使用超过安全期的产品
静电	在易燃易爆场所，静电火花引起火灾	严格遵守易燃易爆场所安全制度

加油站

二氧化碳灭火器、干粉灭火器及 1211 灭火器简介

二氧化碳灭火剂一般以液态贮存于灭火器中。灭火时，二氧化碳气体可以排除空气而包围在燃烧物体的表面或分布于较密闭的空间中，降低可燃物周围或较密闭空间内的氧浓度，产生窒息作用而灭火。另外，二氧化碳从储存容器中喷出，会由液体迅速汽化成气体，而从周围吸收部分热量，起到冷却的作用。

干粉灭火剂的粉雾与火焰接触、混合时，会发生一系列的物理、化学作用，可扑灭有焰燃烧及表面燃烧火情。干粉灭火器主要适用于扑救液体、气体和电气设备火灾。常用于加油站、汽车库、实验室、变配电室、煤气站、液化气站、油库、船舶、车辆、工矿企业及公共建筑等场所。

1211 灭火器利用装在筒内的压缩氮气的压力将灭火剂喷射出灭火，是我国目前生产和使用最广的一种灭火器，其中卤代烷灭火剂以液态装在钢瓶内。1211 灭火剂具有沸点低、灭火效率高、毒性低、腐蚀性小、久储不变质、灭火后不留痕迹、不污染被保护物、绝缘性能好等优点。主要适用于扑救易燃、可燃液体、气体及带电设备的初起火灾；扑救精密仪器、珍贵文物、图书档案等初起火灾；扑救飞机、油库、宾馆等场所固体物质的表面初起火灾。

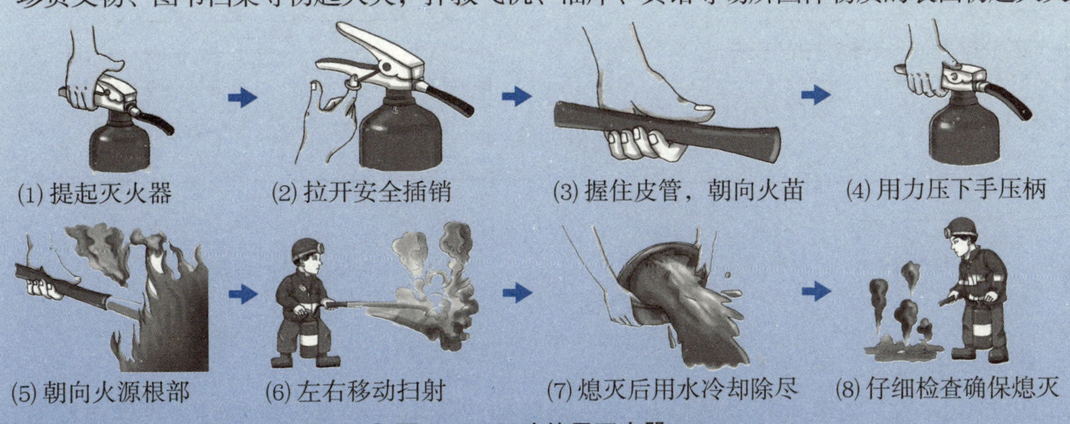

图 1-4 正确使用灭火器

1. 试述电工实训室及工厂实习的安全操作规程。
2. 引起电气火灾的原因有哪些？
3. 如何减少电气火灾的发生？
4. 模拟练习使用干粉灭火器。
5. 收集一些电气火灾案例，分析当事人处理的得失。

课题 2 触电及触电急救技术

任务书

1. 了解常见的触电类型。
2. 掌握在日常生活中几种常用的急救处理方法。

认识触电

根据触电者接触导线数的不同，常见的触电类型有单相触电、双（两）相触电和跨步触电。

想一想 为什么小鸟站在电线上却不会触电？

1. 单相触电

如图 1–5（a）所示，人站在地面或其他接地导体上，人体某一部位触及一相带电体的触电事故称为单相触电。此时，电流通过人体流入大地，人体承受 220 V 的相电压，这是十分危险的。大部分触电事故是单相触电引起的。

2. 双（两）相触电

如图 1–5（b）所示，人体两处同时触及两相带电体的触电事故称为双（两）相触电。此时，人体承受的是 380 V 的线电压，其危险性一般比单相触电更大。

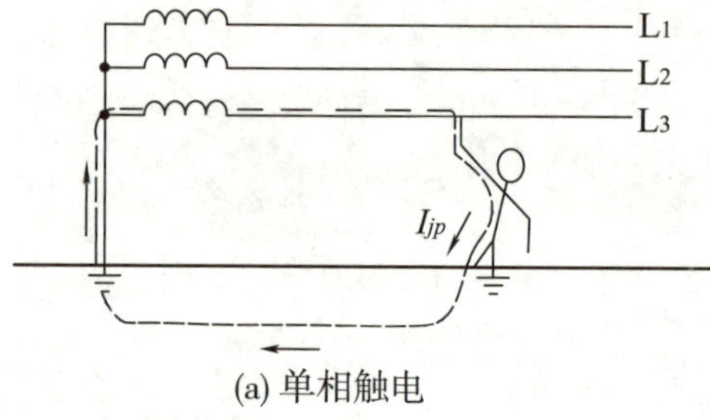

(a) 单相触电

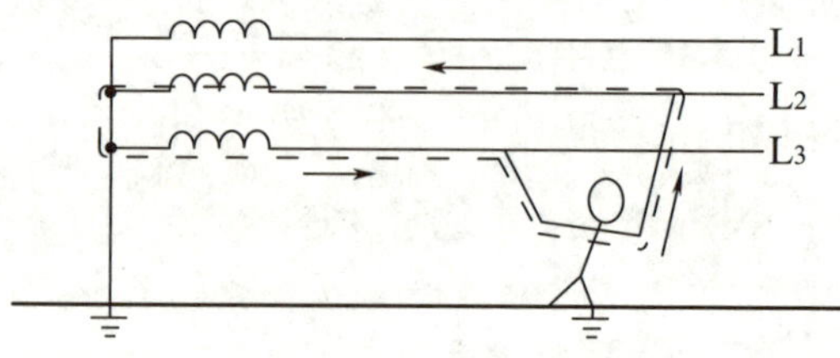

(b) 双（两）相触电

图 1–5

3. 跨步触电

如图 1–6 所示，当电气设备相线碰壳短路接地或带电导线直接接地时，人体虽没有接触带电设备外壳或带电导线，但跨步行走在电位分布曲线的范围内，两脚之间出现了电压即跨步电压，从而造成的触电事故称为跨步触电。在高压接地点附近，地面电位很高，距离接地点越远则电位越低。

图 1-6　跨步触电

出现电气设备相线碰壳短路接地或带电导线直接接地时应立即隔离故障地点，不能随便触及，也不能在故障地点附近移动。已受到跨步电压威胁者应采取双脚并拢方式迅速向外跳出危险区域（以电流入地点为圆心，半径为 20 m 的范围内）并报警。

小提示　日常生活中安全用电警示或禁止标志见图 1-7。

(a) 当心触电

(b) 当心电缆

(c) 禁止触摸

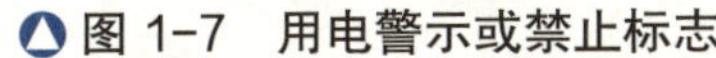

图 1-7　用电警示或禁止标志

加油站

电流对人体的伤害

人体触及带电体并形成电流通路造成人体伤害，称为触电。电流对人体的伤害分为电击和电伤。电击是电流通过人体内部，对人体器官及神经系统造成的破坏。电伤是电流通过人体外部造成的局部伤害，如电弧烧伤、炭化等。触电过程中，电击和电伤往往会同时作用于触电者。电流对人体的伤害程度与下列因素有关：

(1) 通过人体的电流值：这是危害人体的直接因素，一般认为达到 30 mA 以上且持续时间超过 1 s 就可危及生命。

(2) 人体电阻值：在干燥环境中，人体电阻因人而异，一般约为 2 kΩ；皮肤出汗时，约为 1 kΩ；皮肤有伤口时，约为 800 Ω。触电时，皮肤与带电体的接触面越大，人体电阻越小。

(3) 电流通过人体时间的长短：电流流过人体内持续的时间越长，人体发热和电解越严重，导致人体电阻减小，使流过人体的电流逐渐增大，伤害越来越大。

(4) 电流流过人体的途径：电流从头部到身体任何部位和从左手经前胸到脚的途径是最危险的，因为通过的重要器官最多。

(5) 电流的频率：触电事故表明，频率为 50 Hz~ 100 Hz 的电流最危险。

触电预防与急救措施

一、触电预防

加在人体上一定时间内不致造成伤害的电压称为安全电压。不同的工作场所和工作环境，安全电压也不相同。我国的安全电压体系有 36 V、24 V、12 V、6 V 等，通常规定 36 V 或 36 V 以下的电压为安全电压。日常生活中我们要注意的事项如图 1-8 所示。

小提示 安全电压是指一旦人员触电时，能将通过人体的电流限制在最小范围内，不对人体安全产生危险的工作电压。但若长时间接触安全电压仍是危险的。

(a) 不要随意将三相插头改为两相插头

(b) 不用湿手、湿布擦带电的灯头

(c) 严禁私设电网

(d) 不要乱拉、乱接电线

(e) 发现断落电力线，不要靠近，不能捡

(f) 下雨天不可躲在树下

图 1-8 日常生活中的注意事项

二、急救处理的基本步骤

触电者触及低压带电设备后，救护人员应按图 1-9 所示方法施救。

(a) 用干燥的竹竿、木棒等绝缘物挑开电线

(b) 切断电源

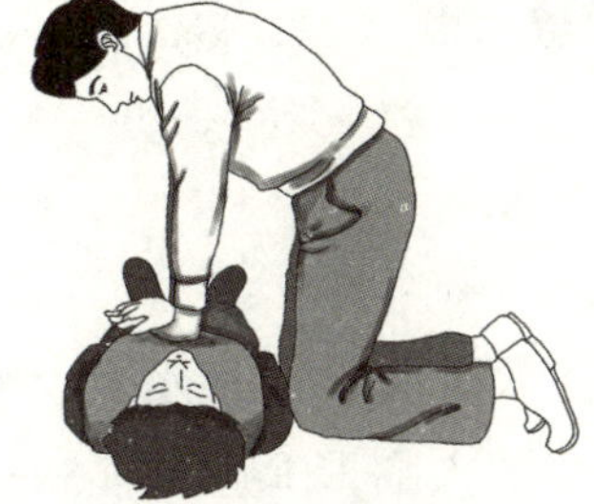

(c) 立即施行急救

(d) 尽快送医院，途中也应继续急救

图 1-9 施救步骤

三、实施急救的方法

触电伤员呼吸或心跳均停止时，应立即采取正确的心肺复苏法进行就地抢救。心肺复苏措施主要有以下两种：

1. 人工呼吸法

人工呼吸法的急救步骤如下：

(1) 使伤员后仰，颈部伸直，以保持呼吸通畅，如图 1-10（a）所示。

(2) 用耳贴近伤员的口鼻处，听有无呼吸声音；看伤员的胸部、腹部有无起伏动作。

(3) 若有呼吸，保持伤员呼吸通畅，马上送医院救治。

(4) 若无呼吸，救护人员在保持伤员气道通畅的同时，用手指捏住伤员鼻翼，深吸气后，与伤员口对口紧合，在不漏气的情况下，先连续大口吹气两次，每次 1 s~ 1.5 s，如图 1-10（b）所示。若两次吹气后试测伤员颈动脉仍无搏动，可断定心跳已经停止，则要立即同时进行胸外按压。

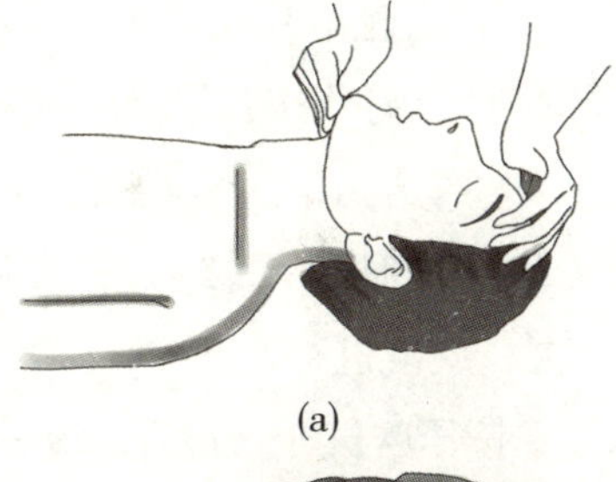

(a)

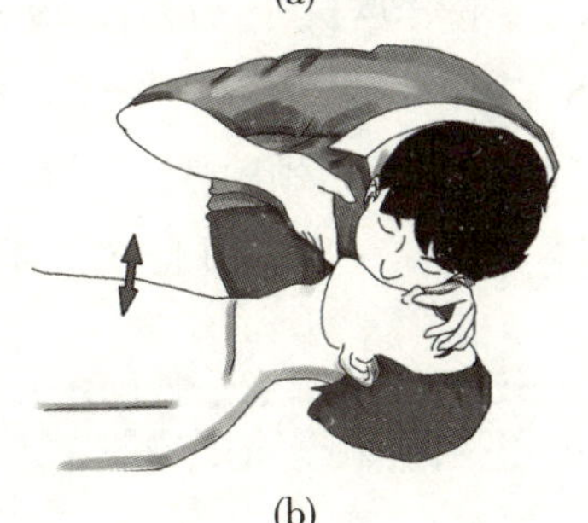

(b)

图 1-10 口对口人工呼吸

2. 胸外按压

(1) 按压位置

采用正确的按压位置是保证胸外按压效果的重要前提，如图 1-11 所示，具体方法如下：

① 右手的食指和中指沿触电伤员的右侧肋弓下缘向上，找到肋骨和胸骨接合处的中点。

② 两手指并齐，中指放在切迹中点（剑突底部），食指平放在胸骨下部。

③ 另一只手的掌根紧挨食指上缘，置于胸骨上，即为正确按压位置。

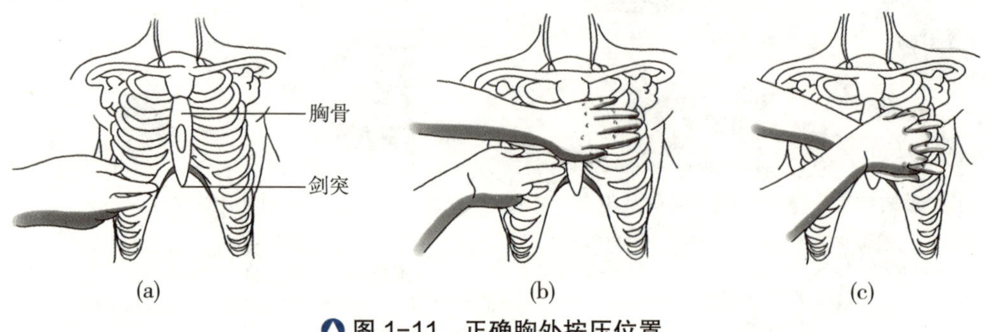

图 1-11　正确胸外按压位置

(2) 按压姿势

采用正确的按压姿势是达到胸外按压效果的基本保证，如图 1-12 所示。

① 按压时以髋关节为支点，利用上身的重力，将正常成人胸骨垂直压陷 3 cm ~ 5 cm 。

② 压至要求程度后，立即全部放松，但放松时救护人员的掌根不得离开胸壁。按压必须有效，有效的标志是按压过程中可以触及颈动脉。

③ 胸外按压要匀速进行，一般 80 次 /min 左右，每次按压和放松的时间相同。

④ 当触电伤员呼吸、心跳均无时，应同时进行胸外按压和人工呼吸。单人抢救时，每按压 15 次后吹气 2 次，反复进行；双人抢救时，每按压 5 次后另一人吹气 1 次，反复进行。

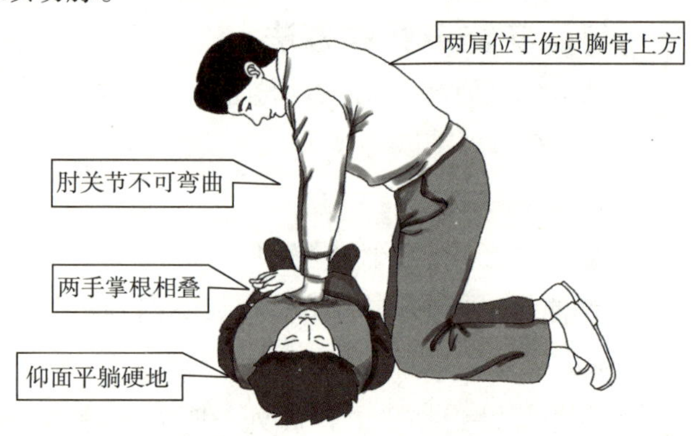

图 1-12　正确的按压姿势

按压吹气 1 min 后，应看、听、试且在 5 ~ 7 s 内完成对伤员呼吸和心跳是否恢复的再判定。若判定颈动脉已有搏动但无呼吸，则暂停胸外按压，再进行 2 次口对口人工呼吸，接着每隔 5 s 吹气一次（即 12 次 / min）；如脉搏和呼吸均未恢复，则继续坚持用心肺复苏方法抢救。

学后测评

1. 常见的触电类型有哪几种？请描述一下各自的特点。
2. 什么是触电？电流对人体的伤害程度与哪些因素有关？
3. 急救处理的基本步骤是什么？如何做到？心肺复苏方法有哪两种？
4. 简述人工呼吸法的操作步骤。
5. 胸外按压法如何找准按压位置？
6. 胸外按压法对按压姿势有什么要求？实施胸外按压时如何掌握按压节奏？

主题2 直流电路

情境创设

1. 演示手电筒的开、关过程及其现象，思考电路由哪几部分组成。

2.PPT 展示：在做电路实验时，小明想让一个额定值为“2V 0.1A”的小灯泡正常发光，而身边只有 12V 的电源，如何解决这个问题，请给出你的解决方案。

课题 1 电路

任务书

1. 认识简单的实物电路，了解电路的基本组成，能自己动手连接简单电路。
2. 会识读基本的元件符号和简单的电路图。
3. 理解电路中电流、电压、电位、电动势、电功、电功率等常用物理量的概念。
4. 能对直流电路的常用物理量进行简单的分析与计算。

认识电路

一、实际电路与电路模型

如图 2-1（a)(b）所示为实际电路图。实际电路就是为达到某种预期目的，由电路元器件相互连接而成的电路，它具有传输与分配电能、处理信号、测量、控制、计算等功能。

如图 2-1（c)(d）所示为电路模型图。电路模型就是由理想电路元件取代每一个实际电路元器件而构成的电路。理想电路元件是组成电路模型的最小单元，是具有某种确定的电磁性质的假想元件。

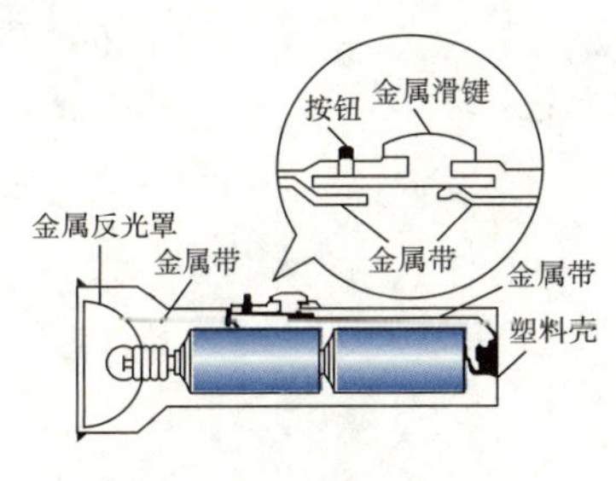

(a) 手电筒电路

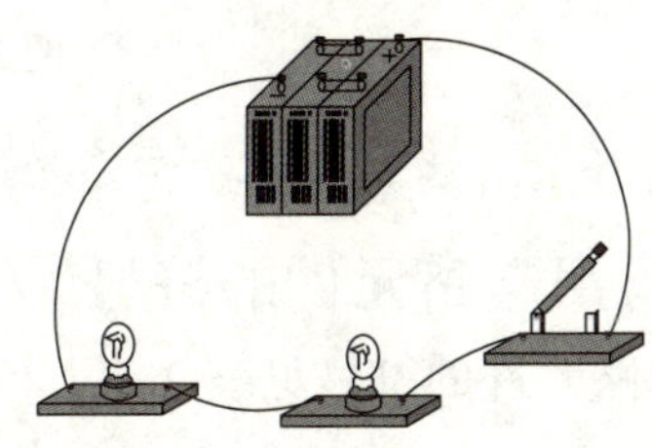
(b) 实验电路

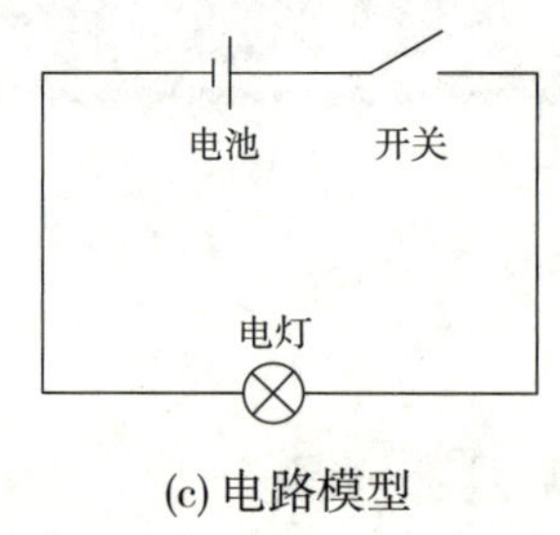

(c) 电路模型

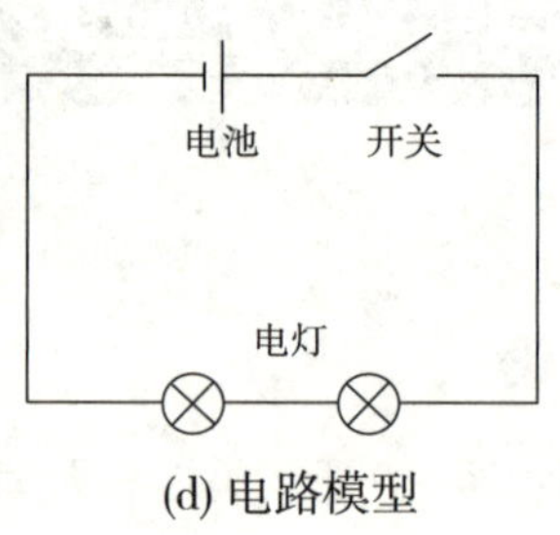

(d) 电路模型

图 2-1 电路图

小提示 本书所说电路均为电路模型，并将理想电路元件简称为电路元件。

二、电路的组成

由图 2-1 可知，一个完整的电路一般由以下四部分组成：

第一，电源：提供电能的装置，如干电池、蓄电池、发电机等。

第二，控制装置：控制电路通断的装置，如开关、继电器等。

第三，负载：将电能转换成其他形式能量的装置，如扬声器、电灯等。

第四，连接导线：输送电能和分配电能。

有些电路中还有保护装置，以保证电路的安全运行，如热继电器、熔断器等。

三、电路的工作状态

如图 2-2 所示，电路的工作状态通常有以下三种：

第一种，通路。通路又称闭路，电路构成闭合回路，有电流流过。

第二种，断路。断路又称开路，电路断开，电路中没有电流流过。

第三种，短路。电源未经负载而直接由导线构成闭合回路即为短路。短路时电流很大，有可能损坏电源和电气设备等，应尽量避免短路。

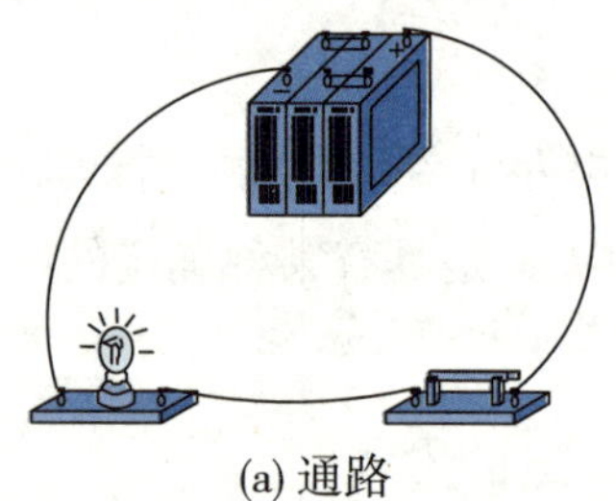
(a) 通路

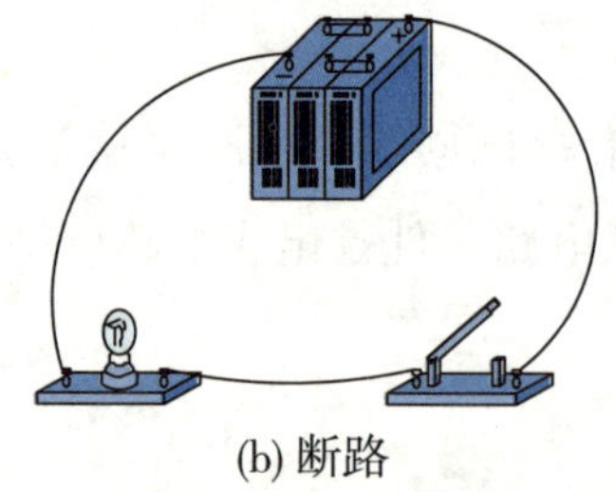
(b) 断路

(c) 短路

图 2-2 电路的工作状态

想一想 为什么有些电路中要安装熔断器？

四、常用电路元件的符号

常用电路元件的符号见表 2-1 。

表 2-1　常用电路元件的符号

元件名称	图形符号	元件名称	图形符号
电池		固定电容器	
单极开关		电解电容器	
常开按钮开关		可变电容器	
固定电阻		微调电容器	
电位器		双联可变电容器	
可变电阻		灯泡	
微调电阻		电压表	
热敏电阻		电流表	
压敏电阻		接地符号	

电路中常用的物理量

一、电流

1. 电流的形成

电荷在电路中定向移动形成电流。如图 2-3 所示，在金属导体中，能够定向移动的电荷是带负电的自由电子，图中箭头表示自由电子的移动方向；在导电液体中，能够定向移动的电荷是正、负离子。

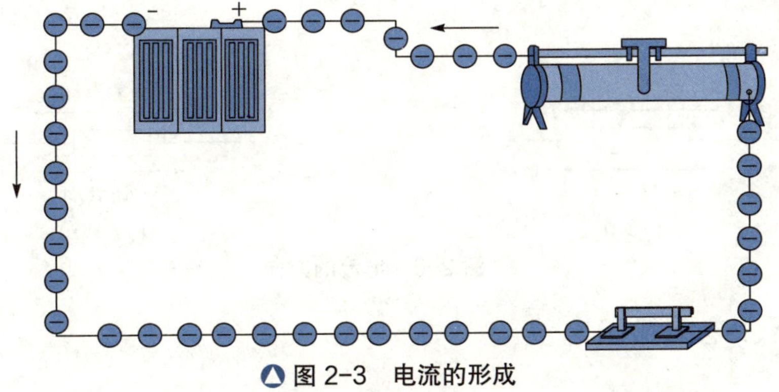

图 2-3　电流的形成

想一想 图 2-3 所示的导体中若没有电场，自由电子会不会定向移动呢？

2. 电流的大小

电流的大小是指单位时间内通过导体横截面的电荷量，用字母 I 表示，电流的单位是安培（A），定义式为

$$I=\frac{Q}{t}$$

电荷量 Q 的单位为库仑（C），时间 t 的单位为秒（s），常用电流的单位还有毫安（mA）、微安（μA）、纳安（nA），其换算关系为

$$1\ \text{mA} = 10^{-3}\ \text{A},\ 1\ \mu\text{A} = 10^{-6}\ \text{A},\ 1\ \text{nA} = 10^{-9}\ \text{A}$$

电流的大小可以用电流表（图 2-4 ）或万用表（图 2-5 ）的电流挡进行测量。

图 2-4　电流表

图 2-5　万用表

3. 电流的方向

在不同的导电物质中，形成电流的移动电荷可以是正电荷，也可以是负电荷，甚至两者都有。通常规定正电荷移动的方向为电流的方向。因此，自由电子和负离子移动的方向与电流的方向相反。

想一想 负电荷的移动方向和电流的实际方向是否相同？

电流的方向可以用一个箭头来表示，任意假设的电流方向称为电流的参考方向。在选定的参考方向下，当电流为正值时，表示实际方向与参考方向一致；反之，则方向相反。如图 2-6 所示。

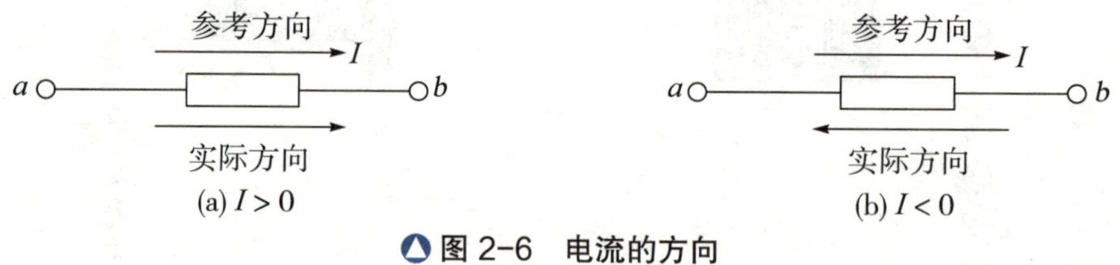

图 2-6　电流的方向

二、电压、电动势和电位

1. 电压

如图 2-7 所示，水槽 A 的水位高于水槽 B 的水位，当打开阀门时，A 槽与 B 槽形成水压，水由 A 处流向 B 处。同理，要使金属导体内的自由电子流动形成电流，必须在元件的两端外加电压，使自由电子在静电力作用下定向移动，从而形成电流使灯泡发光，如图 2-8 所示。而电压是由电荷之间的引力或压力（即静电力）的作用产生的。电压是指静电力把单位正电荷从电场中 a 点移到 b 点所做的功 W_{ab} ，用字母 U_{ab} 表示，定义式为

$$U_{ab} = \frac{W_{ab}}{Q}$$

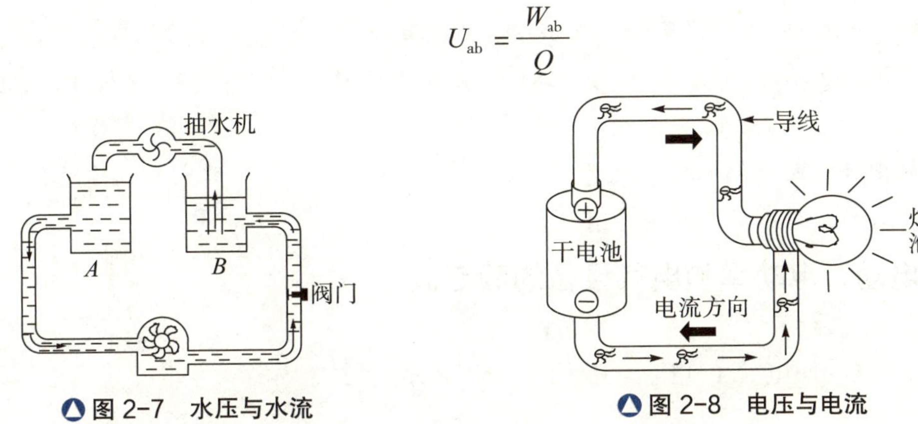

图 2-7　水压与水流　　图 2-8　电压与电流

电压的单位为伏特（V）。常用单位还有千伏（kV）、毫伏（mV）、微伏（μV），换算关系为

$$1\text{kV} = 10^3\ \text{V},\ 1\text{mV} = 10^{-3}\ \text{V},\ 1\mu\text{V} = 10^{-6}\ \text{V}$$

电压的实际方向为正电荷在静电力作用下的运动方向，即电压的方向是由正极指向负极。在电路分析中，通常需要选择电压的参考方向，在选定的参考方向下，当电压为正值时，表示电压的实际方向与参考方向相同；反之，则方向相反。电压的参考方向有三种表示方法，如图 2-9 所示。

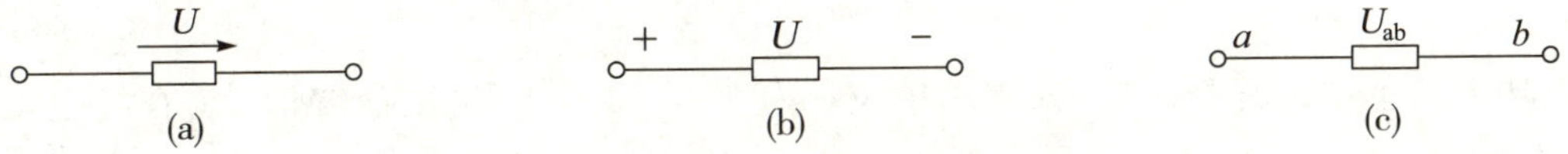

U　(a)　　+ U −　(b)　　a U_{ab} b　(c)

图 2-9　电压参考方向的三种表示方法

2. 电动势

如图 2-7 所示，要使管路中有持续的水流，抽水机应不断地将水从 B 槽抽送到 A 槽，从而使 A、B 之间始终保持一定的水位差。电源的作用与抽水机的作用相似，它不断地将正电荷从电源负极经电源内部移向正极，从而使电源的正、负极之间始终保持一定的电位差，这样电路中才能有持续的电流，如图 2-8 所示。

电动势是指非静电力将单位正电荷从电源的负极移到正极所做的功，用字母 E 表示，单位为伏特（V）。规定电动势的方向为由电源内部的负极指向正极，数值等于电源空载时两极间的电压。

小提示　电动势描述的是电源内部非静电力克服静电力把正电荷从低电位移到高电位做功本领大小的物理量，是将其他形式能量转换为电能的过程。电压描述的是电源外部的负载电路（外电路）中，静电力推动正电荷从高电位移到低电位做功本领大小的物理量，是将电能转换为其他形式能量的过程。

3. 电位

分析电路时，在电路中任选一点作为参考点（零电位点），而电路中某一点到该参考点电压即为该点的电位。电位常用字母 V 表示，单位是伏特（V）。

在电路中任意两点的电位之差等于这两点之间的电压，即 $U_{ab}=V_a-V_b$，因此电压又称电位差。

小提示 电路中任意两点间的电压是绝对的，其值是唯一的，与参考点的选择无关；而电位是相对的，与参考点的选择有关。

三、电功、电功率和电气设备的额定值

1. 电功

电流所做的功叫电功（或电能），用字母 W 表示，公式为

$$W=UIt$$

电功的国际单位为焦耳（J），常用单位为 kW · h，即通常所说的“度”。换算关系为

$$1\text{ 度}=1\text{kW}\cdot\text{h}=3.6\times10^6\text{ J}$$

静电力做功的过程实际上是将电能转化为其他形式能量的过程。

2. 电功率

单位时间内电路所产生或消耗的电功称为电功率。通常用电功率来衡量电路转换能量的速率。电功率简称功率，用字母 P 表示，公式为

$$P=\frac{W}{t}=UI$$

电功率的单位为瓦特（W），常用单位还有千瓦（kW）和兆瓦（MW），在纯电阻电路中还可写成为

$$P=UI=I^2R=\frac{U^2}{R}$$

3. 电气设备的额定值

为了保证正确、安全可靠地使用电气设备，电气设备一般都有一些标准规格，通常称为电气设备的额定值。所有的电气设备都有一个额定工作电压及额定功率，还有一些电气设备有特殊的额定值（如额定转速、额定频率、效率等）。任何电气设备的使用，都应注意不能长时间超过它的额定值。额定值的大小随工作条件和环节温度影响，同样的电气设备在高温下使用时，应适当降低其额定值。

加油站

电流的热效应

电流通过导体时产生热量的现象称为电流的热效应。电流流过导体所产生的热量用字母 Q 表示，单位为焦耳（J）。焦耳定律指出电流通过导体时产生的热量与电流的平方、导体的电阻及通电时间均成正比，即：

$$Q=I^2Rt$$

例 某电热器接在 220 V 的电源上，其电阻是 100 Ω，求通电 8 min 能产生的热量。

解：已知：$U = 220\ \text{V}$，$R = 100\ \Omega$，$t = 8\ \text{min} = 480\ \text{s}$

则电流：$I = \dfrac{U}{R} = \dfrac{220}{100}\ \text{A} = 2.2\ \text{A}$

热量：$Q = I^2Rt = 2.2^2 \times 100 \times 480\ \text{J} \approx 2.3 \times 10^5\ \text{J}$

1. 一个完整的电路一般由哪几部分组成?

2. 电路通常有哪几种状态？它们之间的区别是什么?

3. 简述电路中常用物理量的概念，并写出各计算公式。

4. 有一只“220 V 40 W”的白炽灯，将其接在 220 V 的供电线路上，求电路中的电流。若平均每天使用 5 h，电价是每度 0.6 元，求每月（30 天）应付的电费。

5. 晚上，婷婷把空调、电视机都打开，同时用厨房里的微波炉加热中午吃剩的披萨，婷婷想再用电热水壶烧水。婷婷刚插上电热水壶，配电箱总断路器就分断了。请你为婷婷解释配电箱总断路器分断的原因。

课题 2 电阻器与欧姆定律

任务书

1. 了解电阻器的外形、结构及作用。
2. 了解电阻与温度的关系和超导现象。
3. 了解线性电阻和非线性电阻的区别。
4. 理解欧姆定律的概念，能利用它对电路进行分析与计算。

认识电阻器

一、常见电阻器

电阻器（俗称电阻）种类繁多，按其外形结构及作用的不同可分为固定电阻器、可变电阻器及特殊电阻器，具体描述如下：

1. 固定电阻器

固定电阻器在制造出厂后，其阻值是无法再改变的。依所用材料的不同分类，固定电阻器可分为碳膜电阻器、金属膜电阻器、碳质电阻器、金属绕线电阻器等，具体描述见表 2-2。

表 2-2　固定电阻器的分类、特点及应用

分　类	仿真结构图	特点及应用
碳膜电阻器	绝缘外膜 碳膜（螺旋状）	改变碳膜厚度或用刻槽的方法改变碳膜的长度可以得到不同的阻值。其功率小、价格便宜，常用于电子产品电路上
金属膜电阻器	绝缘外壳 金属膜 陶瓷管	刻槽和改变金属膜厚度可以控制金属膜电阻器的阻值。这种电阻器和碳膜电阻器相比，体积小、噪声低、稳定性好，但成本较高，较少使用
碳质电阻器	导体引线 绝缘外膜 碳化合物 色环	在电阻器外表上用色环表示它的阻值。这种电阻成本低，阻值范围宽，但性能差，大量使用
金属绕线电阻器	铜片引线 线电阻元件	用康铜或镍铬合金电阻丝在陶瓷骨架上绕制而成。这种电阻器工作稳定，耐热性能好，误差范围小，适用于大功率的场合

2. 可变电阻器

可变电阻器的阻值可随调整旋轴角度及滑动轴位置的改变而改变。电位器是可变电阻器的一种，如图 2-10 所示为常见的电位器。

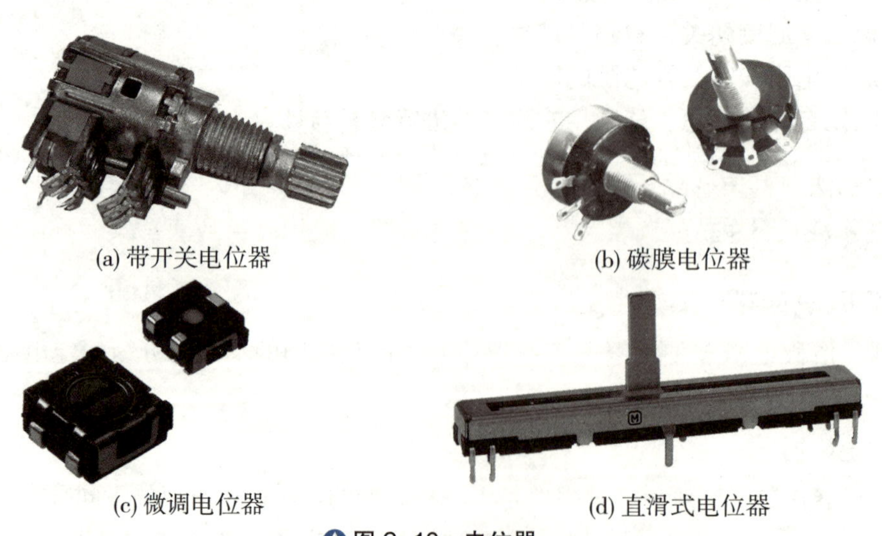

(a) 带开关电位器　(b) 碳膜电位器

(c) 微调电位器　(d) 直滑式电位器

图 2-10　电位器

3. 特殊电阻器

(1) 光敏电阻器

用硫化镉材料制成，如图 2–11 所示，其阻值的大小随光线强度的增加而减小。

(2) 热敏电阻器

用钴、锰等金属制成，如图 2–12 所示，其阻值的大小会随温度的变化而改变。

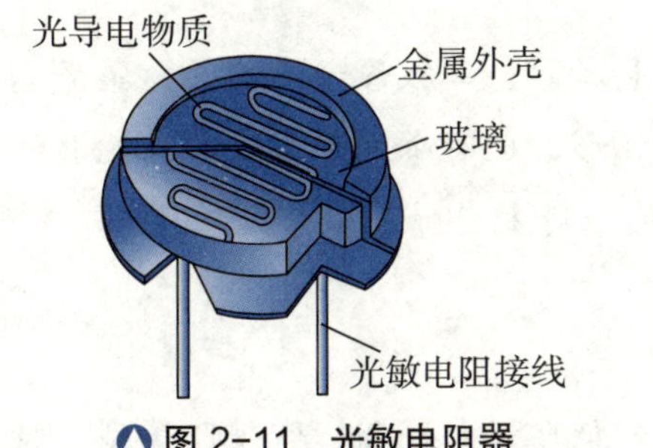

图 2–11 光敏电阻器

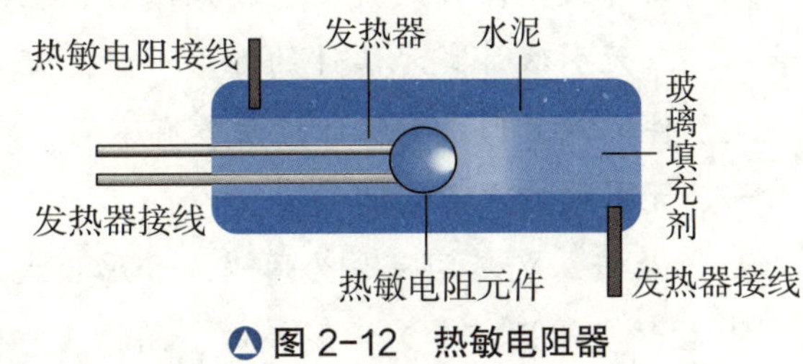

图 2–12 热敏电阻器

想一想 节能灯里面有多个小小的电阻器，大家知道它们是哪种电阻器吗？

二、电阻器的标注

1. 直标法

直标法是指用阿拉伯数字和单位符号等在电阻器表面直接标出阻值的方法，如图 2–13 所示。这种方法一般适用于体积大及功率大的电阻器。

图 2–13 直标法

2. 色标法

色标法是指用不同颜色表示不同数值的方法，具体含义见表 2–3 。

表 2–3 电阻器的色标值

色环	黑	棕	红	橙	黄	绿	蓝	紫	灰	白	金	银	无色
数值	0	1	2	3	4	5	6	7	8	9	0.1	0.01	
允许偏差		± 1%	± 2%			± 0.5%	± 0.2%	± 0.1%			± 5%		± 20%

根据色环的环数多少，色标法又分为四色环表示法和五色环表示法。如图 2–14 所示是四色环表示法，其中，前三条色环表示此电阻器的标称阻值，最后一条表示它的允许偏差。如图 2–15 所示是五色环表示法，精密电阻器一般用五色环表示其标称阻值和允许偏差，通常五色环电阻识别方法与四色环电阻一样，只是比四色环电阻多一位有效数字。

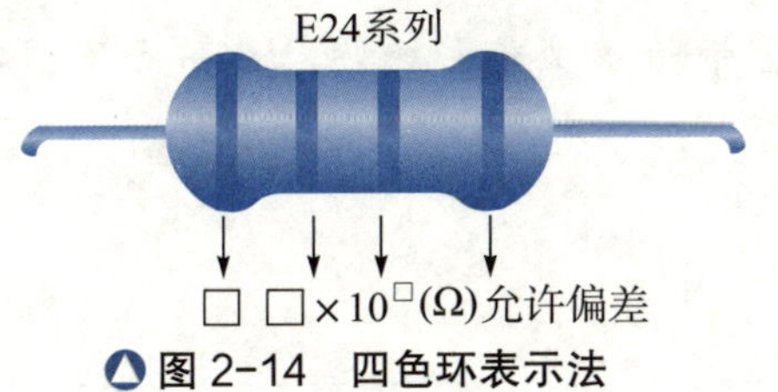

图 2–14 四色环表示法

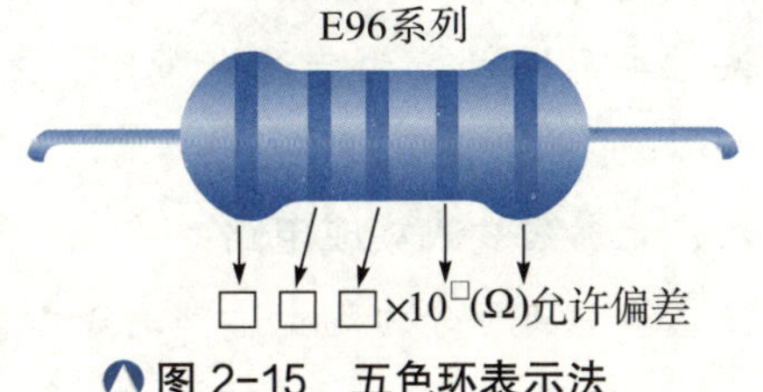

图 2–15 五色环表示法

科技之窗

无引线片式元器件

无引线片式元器件又称贴片元器件（代号 SMC 或 SMD），随着电子产品日益小型化、精巧化，越来越薄、轻、多功能而应运产生，应用越来越广泛，可能成为电子元器件主流的趋势。无引线片式元器件具有形式简单、安装密度高、抗振动、抗冲击、高频特性好、减少引线分布特性的影响等优点。

无引线片式元器件的种类包括电阻器、电感器、电容器、二极管、三极管、集成电路和熔芯。无引线片式元器件的外形一般为矩形、圆柱形，也有个别异形。各种无引线片式元器件的封装形式和标注方法各有不同，可从有关手册上查得。

一、无引线片式电阻器

1. 按生产工艺不同可分为薄膜式和厚膜式两种。

2. 按种类不同可分为常规精度、高精度、低铅、超低阻、超高阻、常规阻等型。特种电阻如热敏电阻等也可做成无引线片式电阻。

二、无引线片式电感器

1. 常见种类为线绕、信号、积层、磁珠、平衡 / 非平衡、共模滤波、高精密度薄膜等型。

2. 按磁路不同可分为闭环和开环等型。

3. 按电感量不同可分为固定、可调。

4. 按工艺不同可分为线绕、卷绕、多层等型。

三、无引线片式电容器

1. 按材料（电容特性）不同可分为陶瓷（瓷介）、独石、云母、钽电解、铝电阻、有机薄膜 CBB、无感 CBB 等型。

2. 常见种类为高频、X5R 和 X7R、Y5U、Z5U、中高压多层片状陶瓷、高 Q 值等型。

四、无引线片式二极管

1. 常见种类为变容、整流（整流桥）、稳压、开关、发光、肖特基、快恢复、瞬时电压抑制、复合（独立、串联、共阳极、共阴极）等型。

2. 按封装材料不同可分为塑封、玻璃等型。

五、无引线片式三极管

按种类不同可分为普通、带阻、复合、复合带阻、功率、场效应、高反压、超高频、达林顿等型。

六、无引线片式集成电路

按载体不同可分为陶瓷、塑封等型。

电阻器的主要参数

一、电阻与电阻率

1. 电阻

当电流通过金属导体时，定向移动的自由电子与金属正离子间发生碰撞所产生的阻碍作用力称为电阻。电阻用字母 R 表示，单位是欧姆（Ω）。大电阻一般用千欧（kΩ）或兆欧（MΩ）作单位，它们的换算关系为

$$1\ \mathrm{M\Omega} = 10^3\ \mathrm{k\Omega} = 10^6\ \Omega$$

在一定温度下，导体的电阻与导体的长度成正比，与导体的截面积成反比，还与导体的材料（表现为电阻率）有关。其公式为

$$R = \rho \frac{l}{S}$$

式中 R—— 导体电阻（Ω）；

l—— 导体长度（m）；

S—— 导体截面积（m^2）；

ρ—— 导体的电阻率（Ω · m）。

2. 电阻率

电阻率的大小反映了物体的导电能力，电阻率越小导电性能越好。在常温下，不同的材料具有不同的电阻率，部分导电材料的电阻率见表 2-4 。容易导电的物体称为导体，其电阻率较小，一般小于 10^{-6} Ω · m；不容易导电的物体称为绝缘体，其电阻率较大，一般大于 10^7 Ω · m；导电能力介于导体和绝缘体之间的物体称为半导体。

表 2-4 常用导电材料的电阻率

材料名称	电阻率（Ω · m）	材料名称	电阻率（Ω · m）
银	0.016 5	钢	0.13
铜	0.017 5	铸铁	0.50
铝	0.026	锰铜合金	0.42
钨	0.049	镍铬合金	1.5

想一想 实际生活中连接电路的导线一般用什么金属制作的？为什么？

二、温度对电阻的影响

电阻的大小除取决于导体的材料、长度和截面积三个因素外，温度对导体的电阻大小也有一定影响。例如，金属的电阻随温度的升高阻值增大；半导体和绝缘体的阻值随温度的升高而减小；而有些合金，如康铜和锰铜的电阻与温度变化的关系不大，常用来制作

标准电阻。

利用电阻与温度变化的关系可制造电阻温度计。如铂电阻温度计能测量 −263 ℃ ~ 1 000 ℃ 的温度，半导体锗温度计可测量很低的温度。

三、超导现象

1911 年，荷兰物理学家昂尼斯发现，水银的电阻并不随温度的降低逐渐减小，而是当温度降到 4.15 K（−268.85℃）附近时，电阻突然降到零。我们把低于某一温度时，金属的电阻变为零的现象称为超导现象，能够发生超导现象的物质，称为超导体。超导体由正常态转变为超导态的温度称为这种物质的临界温度（或转变温度）。

现已发现大多数金属元素以及数以千计的合金、化合物都在不同条件下显示出超导性，如钨的转变温度为 0.012 K，锌为 0.75 K，铝为 1.196 K，铅为 7.193 K。超导临界温度的纪录不断地被打破，例如，1975 年，有人发现铌三锗的超导临界温度为 23.2 K（−249.8℃）；1986 年，又有人发现钡镧铜氧化物的超导临界温度为 30 K（−243℃）；1987 年 2 月，美籍华裔科学家、美国休斯敦大学的朱经武教授发现了起始转变温度为 90 K（−183℃）的高温超导陶瓷；1994 年，朱经武教授的研究小组发现了常压 135 K（−138℃），高压 164 K（−109℃）的汞镍钙铜氧化物，至 2014 年 8 月，这一纪录仍未被打破。1986 年 12 月，中国科学院的赵忠贤研究组发现了起始转变温度为 48.6 K（−244.4℃）的锶镧铜氧化物；1987 年 3 月，中国科学院发现了起始转变温度为 93 K（−180℃）的 8 种钡钇铜氧化物；1988 年，中国科学院发现了超导临界温度为 120 K（−153℃）的钛钡钙铜氧化物；1989 年我国科学家发现了 130 K（−143℃）高温超导材料。这些成就体现了我国高温超导材料的研究技术已经名列世界前茅。

加油站

K和℃

K（开尔文），是热力学温度 T 的单位；℃（摄氏度），是摄氏温度的单位。热力学温度 T 与摄氏温度 t 的关系：T=t+273。

欧姆定律

一、部分电路欧姆定律

部分电路欧姆定律的内容是：在一段不包含电源的部分电路中，如图 2–16 所示，流过导体的电流与导体两端的电压成正比，而与导体的电阻成反比。其表达式为

$$I=\frac{U}{R}$$

应用部分电路欧姆定律时若电压与电流的参考方向相反，电流应取负号，如图 2–17 所示。

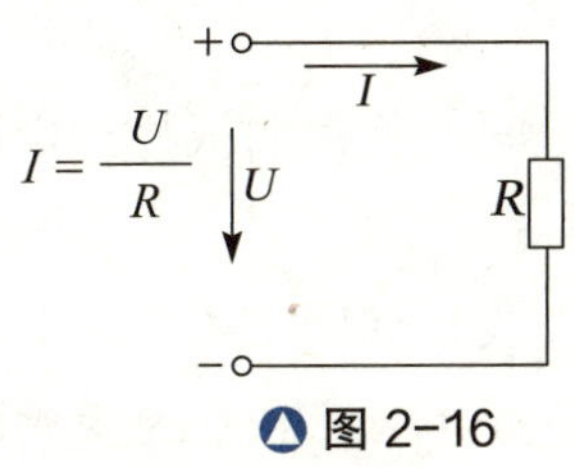

图 2-16

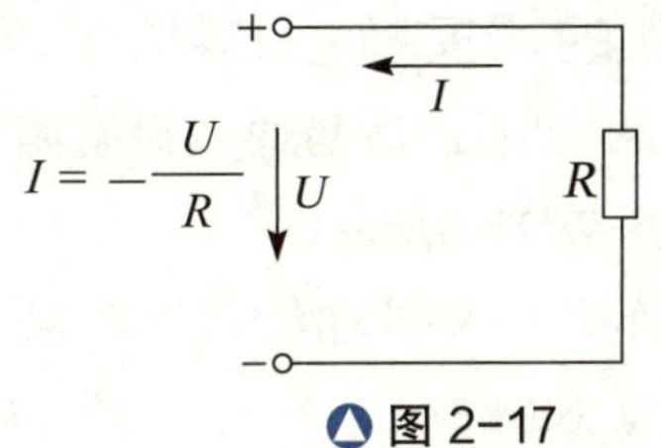

图 2-17

二、全电路欧姆定律

全电路欧姆定律的内容是：在一段含有电源的闭合电路中，流过闭合电路的电流与电源的电动势成正比，与电路的总电阻成反比。如图 2-18 所示为简单的闭合电路，R 为外电路电阻，r 为电源内电阻，则

$$I=\frac{E}{R+r}$$

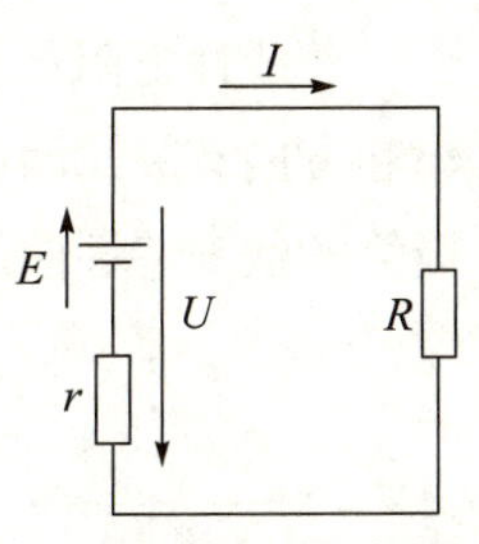

图 2-18 全电路

电源的电动势和内电阻一般认为是不变的，所以改变外电路电阻，就可以改变回路中的电流大小。

小提示 电源内（外）部的电路称为内（外）电路，内（外）电路中的电阻称为内（外）电阻。

三、电源的外特性

如图 2-19 所示的电路中，当电路接通，滑动变阻的滑片向右移动时，外电阻 R 增大，电压表的示数增大，电流表的示数减小；当滑片向左移动时，外电阻 R 减小，电压表的示数减小，电流表的示数增大。由此可知，当外电阻增大时，电流 I 减小，电源两端的电压即端电压 U 增大；当外电阻减小时，电流 I 增大，端电压 U 减小。

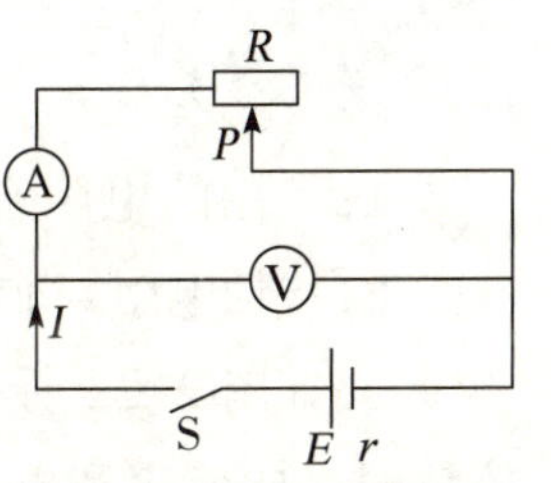

图 2-19 电路图

综上所述，在电源的电动势和内电阻一定的条件下，通过改变外电阻可使端电压 U 随电流 I 变化而变化，这种变化关系的特性称为电源的外特性。

小提示 当 $R\to\infty$ 时，外电路断开，端电压等于电源电动势；当 $R\to 0$ 时，外电路短路，端电压为零，此时的电流 I 为短路电流，达到最大。

例 如图 2-20 所示，$R_1=8\ \Omega$，$R_2=5\ \Omega$，当开关 S 扳到位置 1 时，测得电流 $I_1=0.2\ \text{A}$；当开关 S 扳到位置 2 时，测得的电流 $I_2=0.3\ \text{A}$。求电源电动势 E 和内电阻 r。

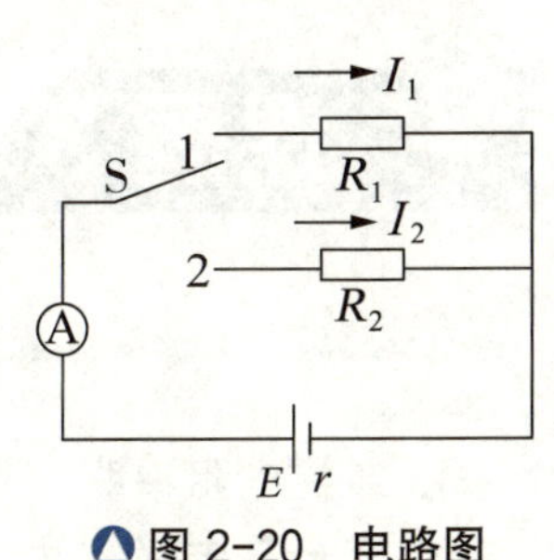

图 2-20 电路图

解：根据全电路欧姆定律，可得

$$E=I_1R_1+I_1r \qquad E=I_2R_2+I_2r$$

即 $$I_1R_1+I_1r=I_2R_2+I_2r$$

代入得 $$(0.2\times8+0.2r)\ \text{V}=(0.3\times5+0.3r)\ \text{V}$$

解得 $$r=1\ \Omega$$

代入公式，得 $$E=1.8\ \text{V}$$

四、电阻的伏安特性曲线

电阻元件两端电压 U 与通过该电阻元件的电流 I 之间的关系曲线称为电阻元件的伏安特性曲线，如图 2–21 所示。

线性电阻的伏安特性曲线是一条通过坐标原点的直线，如图 2–21（a）所示。线性电阻伏安特性服从欧姆定律，即 U/I 为常数，电阻值不随电压或电流的变化而变化，并与电压或电流的大小无关。如果电阻的伏安特性曲线不是一条直线，则称该电阻为非线性电阻。非线性电阻的伏安特性不符合欧姆定律，即 U/I 不为常数，电阻值与电压或电流的大小和方向有关，因此非线性电阻的伏安特性是一条通过坐标原点的曲线。如白炽灯和晶体二极管的伏安特性曲线分别如图 2–21（b）和图 2–21（c）所示 。

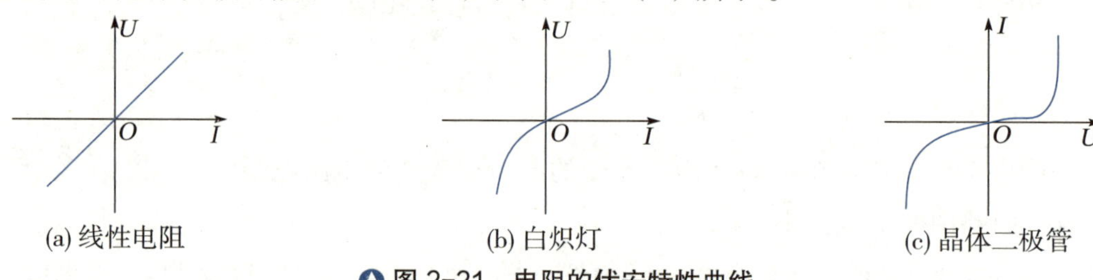

图 2–21 电阻的伏安特性曲线

学后测评

1. 常用的电阻有哪些？它们的区别是什么？电阻与温度有何关系？

2. 线性电阻与非线性电阻的区别是什么？

3. 如图 2–22 所示，开关 S 闭合后，当滑动变阻器的滑片在某一位置时，电流表和电压表的示数分别是 $I_1 = 0.20$ A，$U_1 = 1.98$ V；改变滑片的位置后，两表的示数分别为 $I_2 = 0.40$ A ，$U_2 = 1.96$ V。求电源的电动势和内电阻。

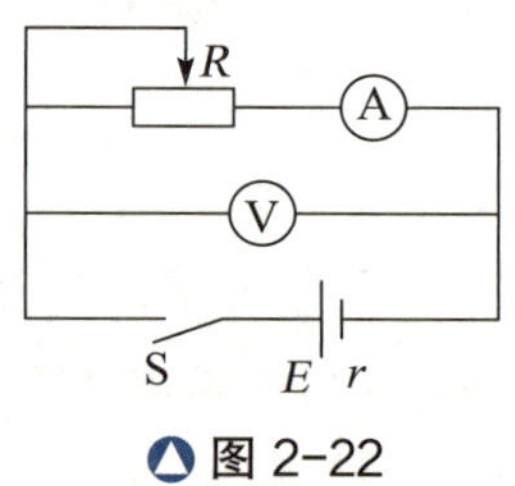

图 2–22

课题 3 电阻的连接

任务书

1. 掌握电阻串联、并联及混联的连接方式及电路特点。
2. 会计算串联、并联及混联电路的等效电阻、电压及电流。

电阻的串联

两个或两个以上的电阻元件依次相连，且中间无分支的连接方式叫作电阻的串联，如图 2-23 所示。

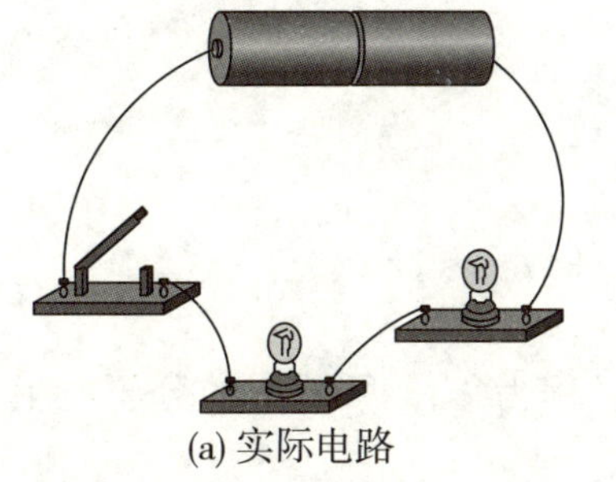
(a) 实际电路

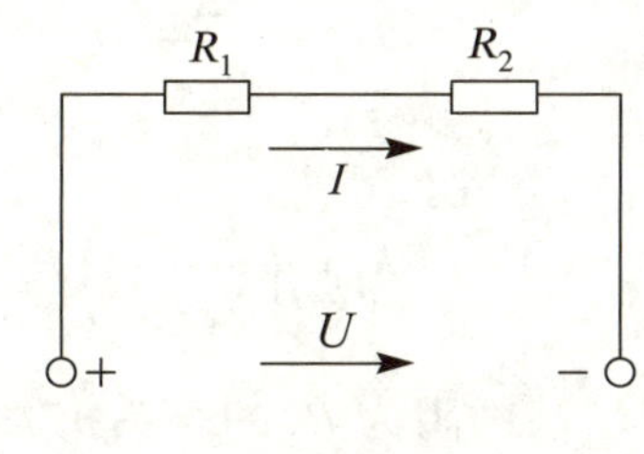

(b) 串联电路

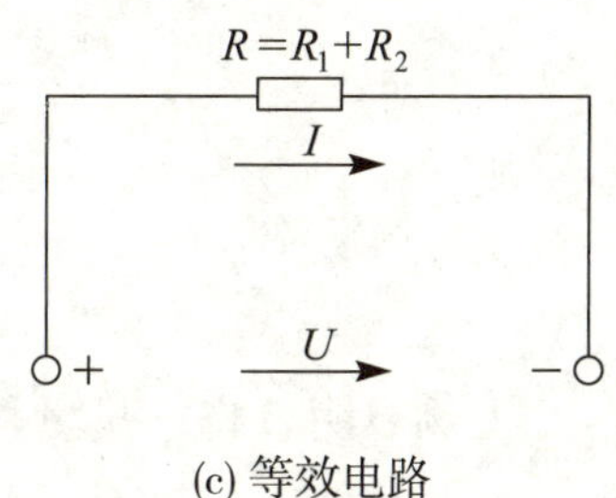

(c) 等效电路

图 2-23 电阻的串联

电阻串联电路有以下主要特点：

第一，电路中流过每个电阻的电流都相等，即

$$I = I_1 = I_2 = \cdots = I_n$$

第二，电路两端的总电压等于各个电阻两端的电压之和，即

$$U = U_1 + U_2 + \cdots + U_n$$

第三，电路两端的总电阻（等效电阻）等于各串联电阻之和，即

$$R = R_1 + R_2 + \cdots + R_n$$

第四，电路中各个电阻两端的电压与它的阻值成正比，即

$$U_1 : U_2 : U_3 : \cdots : U_n = R_1 : R_2 : R_3 : \cdots : R_n$$

第五，串联电阻有“分压”作用。在两个电阻的串联电路中，若已知电路的总电压 U 和 R_1、R_2 的阻值，则这两个电阻上的电压分配关系为

$$U_1 = U\frac{R_1}{R_1+R_2}，U_2 = U\frac{R_2}{R_1+R_2}$$

由上式可看出，电阻串联时，电阻分得的电压与其大小成正比。在电工测量仪表中，可用串联电阻来扩大电压表量程。

例 1 有一只电压表，内阻 $R_g = 1\ \text{k}\Omega$，满偏电流为 $I_g = 100\ \mu\text{A}$，要把它改成量程为 $U_n = 3\ \text{V}$ 的电压表，应该串联一只多大的分压电阻 R？

解：如图 2-24 所示。

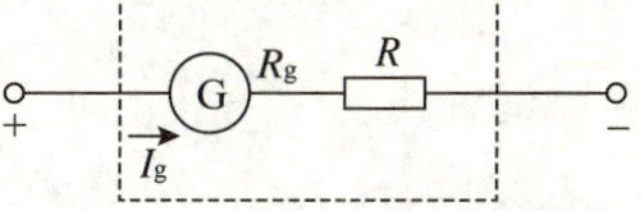

图 2-24 电压表串联

方法一：$U_R = U_n - U_g = 3 - 100\ \mu\text{A} \times 1\ \text{k}\Omega = 2.9\ \text{V}$

$$R = \frac{U_R}{I_g} = \frac{2.9\ \text{V}}{100\ \mu\text{A}} = 29\ \text{k}\Omega$$

方法二：该电流表的电压量程为 $U_g = R_gI_g = 0.1\ \text{V}$，与分压电阻 R 串联后的总电压 $U_n = 3\ \text{V}$，即将电压量程扩大到

$$n = \frac{U_n}{U_g} = 30 倍$$

利用两只电阻串联的分压公式

$$U_g = \frac{R_g}{R_g+R} U_n$$

则

$$R = \frac{U_n-U_g}{U_g} R_g = \left(\frac{U_n}{U_g} -1\right) R_g = 29\ \text{k}\Omega$$

上例表明，将一只量程为 U_g、内阻为 R_g 的表头扩大到量程为 U_n，所需要的分压电阻为 $R=(n-1)R_g$，其中 $n=\frac{U_n}{U_g}$ 为电压扩大的倍数。

电阻的并联

两个或两个以上电阻元件接在电路中相同的两点之间的连接方式叫作电阻的并联，如图 2–25 所示。

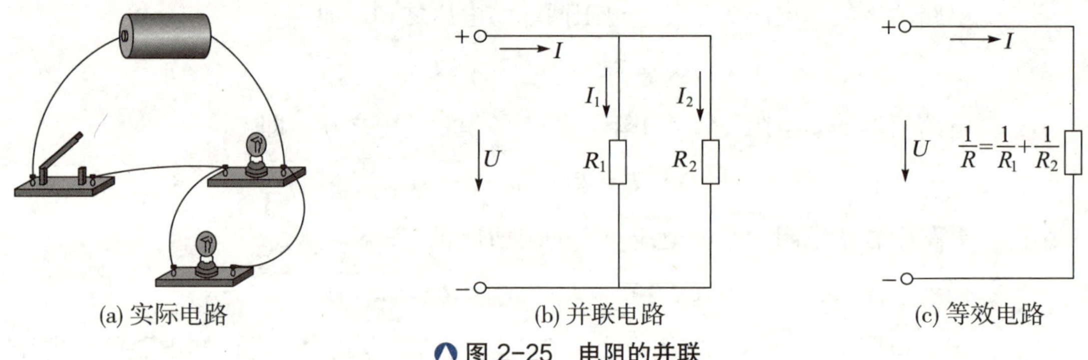

图 2–25　电阻的并联

电阻并联电路有以下主要特点：

第一，各电阻两端的电压均相等，且等于电路两端的电压，即

$$U = U_1 = U_2 = \cdots = U_n$$

第二，电路的总电流等于各电阻中流过的电流之和，即

$$I = I_1 + I_2 + \cdots + I_n$$

第三，电路的总电阻的倒数等于各并联电阻的倒数之和，即

$$\frac{1}{R} = \frac{1}{R_1} + \frac{1}{R_2} + \cdots + \frac{1}{R_n}$$

第四，电路中各个电阻分配的电流跟它的阻值成反比，即

$$I_1 : I_2 : I_3 : \cdots : I_n = \frac{1}{R_1} : \frac{1}{R_2} : \frac{1}{R_3} : \cdots : \frac{1}{R_n}$$

第五，并联电阻有分流作用。在两个电阻的并联电路中，若已知电路的总电流 I 和 R_1、R_2 的阻值时，可得分流公式

$$I_1=\frac{R_2}{R_1+R_2}I \qquad I_2=\frac{R_1}{R_1+R_2}I$$

电阻并联时，电阻分得的电流与其大小成反比。在电工测量仪表中，可用并联电阻来扩大电流表的量程。

例 2　有一只微安表，满偏电流为 $I_g=100\ \mu A$、内阻 $R_g=1\ k\Omega$，要改装成量程为 $I_n=100\ mA$ 的电流表，试求所需分流电阻 R。

解：如图 2–26 所示，方法一：$U_R=U_g=I_gR_g=100\ \mu A\times1\ k\Omega=0.1\ V$

$$R=\frac{U_R}{I_n-I_g}=\frac{0.1\ V}{100\ mA-100\ \mu A}\approx1\ \Omega$$

方法二：设 $n=\frac{I_n}{I_g}$（称为电流量程扩大倍数），根据分流公式可得

$$I_g=\frac{R}{R_g+R}I_n$$

则

$$R=\frac{R_g}{n-1}$$

本题中

$$n=\frac{I_n}{I_g}=1000$$

所以

$$R=\frac{R_g}{n-1}=\frac{1\ k\Omega}{n-1}\approx1\ \Omega。$$

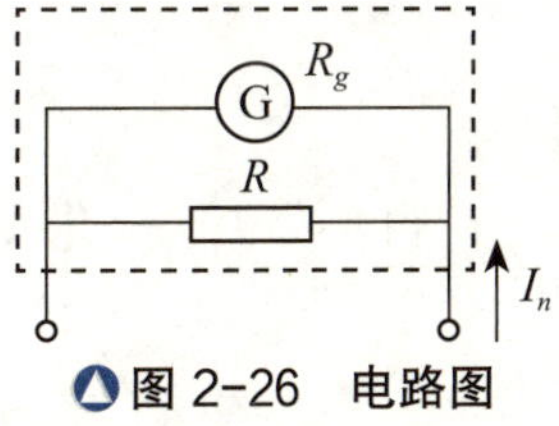

图 2–26　电路图

上例表明，将一只量程为 I_g、内阻为 R_g 的表头扩大到量程为 I_n，所需要的分流电阻为 $R=\frac{R_g}{n-1}$，其中 $n=\frac{I_n}{I_g}$ 称为电流扩大倍数。

电阻的混联

由串联和并联电阻组合而成的电路称为电阻混联电路，分析混联电路的一般步骤如下：

第一步，计算各串联电阻、并联电阻的等效电阻，再计算总的等效电阻。

第二步，由端口输入计算出端口输出。

第三步，根据串联电阻的分压关系、并联电阻的分流关系逐步计算各部分电压和电流。

例 3　如图 2–27 所示为利用滑动变阻器组成的简单分压器电路。电阻分压器的固定端 a、b 接到直流电源上，固定端 b 与活动端 c 接到负载上，通过分压器上滑动触头的滑动，可在负载电阻上输出 0 ~ U 的可变电压。已知直流理想电源电压 $U_S=9$ V，负载电阻 $R_L=800\ \Omega$，滑动变阻器的总电阻 $R=1\ 000\ \Omega$，滑动触头处于 c 的位置时 $R_1=200\ \Omega$。

(1) 求输出电压 U_2 及滑动变阻器两段电阻中的电流 I_1 和 I_2；

(2) 若用内阻为 $R_{V1}=1\,200\ \Omega$ 的电压表去测量此电压，求此时电压表的示数；

(3) 若用内阻为 $R_{V2}=3\,600\ \Omega$ 的电压表再测量此电压，求此时电压表的示数。

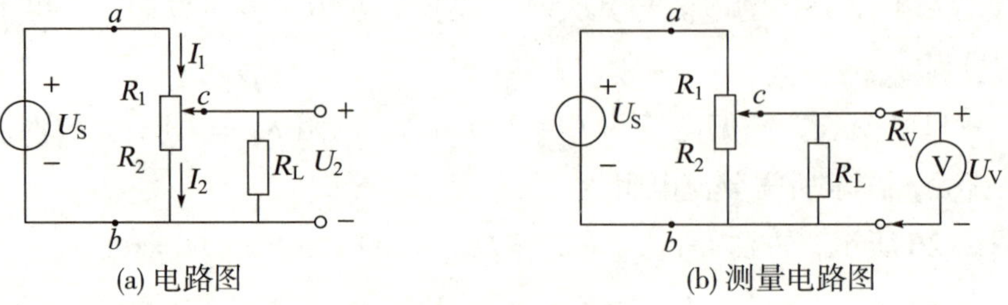

(a) 电路图　　(b) 测量电路图

图 2–27　电路图

解： (1) 在图 2–27（a）中，电阻 R_2 与 R_L 并联后再与 R_1 串联，得总电阻为

$$R_{总}=R_1+\frac{R_2R_L}{R_2+R_L}=\left(200+\frac{800\times800}{800+800}\right)\Omega=600\ \Omega$$

由欧姆定律求得总电流为

$$I_1=\frac{U_S}{R_{总}}=\frac{9}{600}\ \text{A}=0.015\ \text{A}=15\ \text{mA}$$

再由分流公式求得电流 I_2 为

$$I_2=\frac{R_L}{R_2+R_L}I_1=\frac{800}{800+800}\times0.015\ \text{A}=0.007\,5\ \text{A}=7.5\ \text{mA}$$

$$U_2=R_2I_2=800\times0.007\,5\ \text{V}=6\ \text{V}$$

(2) 在图 2–27（b）中，电阻 R_2、R_L 与电压表内阻 R_{V1} 并联后再与 R_1 串联，得总电阻为

$$R_{总}=R_1+\frac{1}{\frac{1}{R_2}+\frac{1}{R_L}+\frac{1}{R_{V1}}}=\left(200+\frac{1}{\frac{1}{800}+\frac{1}{800}+\frac{1}{1\,200}}\right)\Omega=500\ \Omega$$

由分压公式求得电压 U_{R1} 为

$$U_{R1}=U_S\frac{R_1}{R_{总}}=9\times\frac{200}{500}\ \text{V}=3.6\ \text{V}$$

$$U_{V1}=U_S-U_{R1}=(9-3.6)\ \text{V}=5.4\ \text{V}$$

(3) 在图 2–27（b）中，电阻 R_2、R_L 与电压表内阻 R_{V2} 并联后再与 R_1 串联，得总电阻为

$$R_{总}=R_1+\frac{1}{\frac{1}{R_2}+\frac{1}{R_L}+\frac{1}{R_{V2}}}=\left(200+\frac{1}{\frac{1}{800}+\frac{1}{800}+\frac{1}{3\,600}}\right)\Omega=560\ \Omega$$

由分压公式求得电压 U_{R1} 为

$$U_{R1}=U_S\frac{R_1}{R_{总}}=9\times\frac{200}{560}\ \text{V}\approx3.21\ \text{V}$$

$$U_{V1}=U_S-U_{R1}=(9-3.21)\text{ V}=5.79\text{ V}$$

由此可见，由于电压表实际上都有一定的内电阻，将电压表并联在电路中测量电压时，对被测试电路有一定的影响。电压表内电阻越大，对测试电路的影响越小。只有理想电压表的内电阻为无穷大，对测试电路才无影响，但实际中并不存在。例如，南京科华MF47万用表电压灵敏度（即电压挡内阻）为DC 20 kΩ/V，AC 9 kΩ/V；上海求精MF50万用表灵敏度为DC 10 kΩ/V，AC 4 kΩ/V。比较两者，可见MF47表的电压挡内阻不论是直流挡还是交流挡都比MF50表要高，也就是说MF47表电压挡对测试电路的影响要比MF50表要小。

1. 如图2-28（a）所示电路中，已知 $U_{ab}=6$ V，$U=2$ V，则 $R=$ ________ Ω。
2. 如图2-28（b）所示电路中，$R=$ ________ Ω。

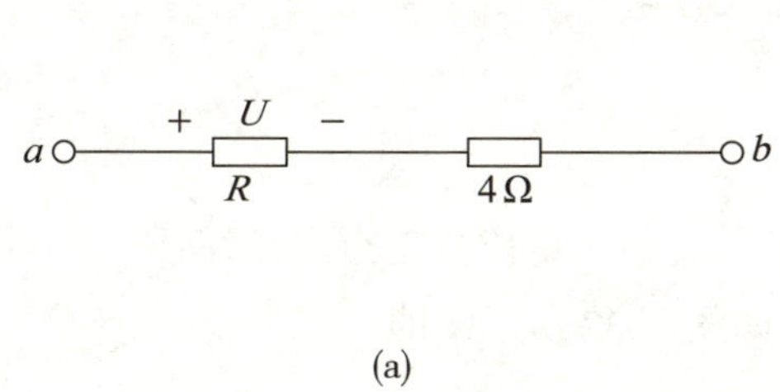

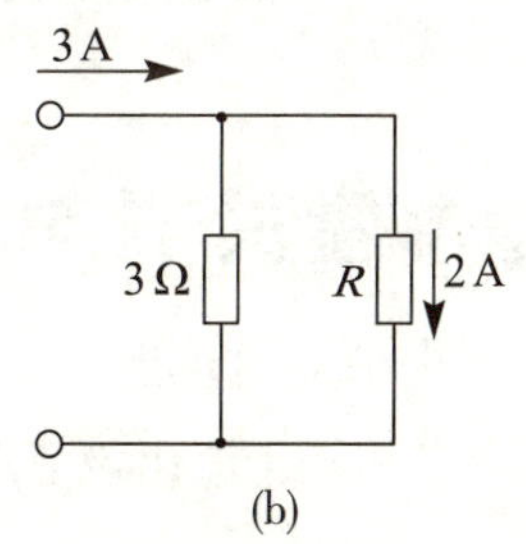

图 2-28

3. 如图2-29所示电路，求 R_{ab}。
4. 如图2-30所示电路，求各支路电流。

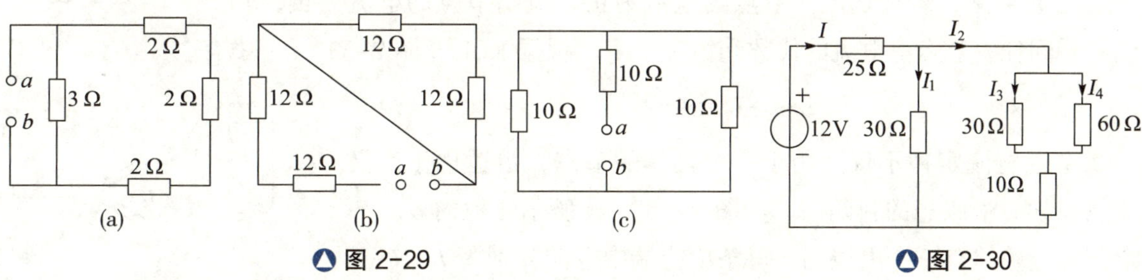

图 2-29　　图 2-30

课题 4　基尔霍夫定律及戴维宁定理

任务书

1. 理解基尔霍夫定律，能应用KCL、KVL列出电路方程。
2. 了解戴维宁定理。

如图 2–31 所示电路较为复杂，我们将这种不能用电阻串、并联化简求解的电路称为复杂电路。分析复杂电路时需要用到基尔霍夫定律。基尔霍夫定律包括节点电流定律（KCL）和回路电压定律（KVL），它们是电路分析的最基本定律。现通过图 2–31 来介绍一些名词术语。

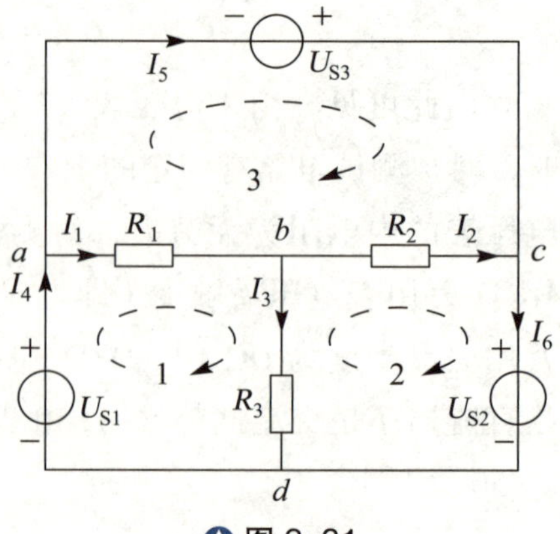

图 2–31

支路：由一个或多个元件串联构成的电流的路径称为支路。同一支路电流处处相等。图中共有 6 条支路，每条支路有一个支路电流。其中含有电源的支路称为有源支路，不含电源的支路称为无源支路。

节点：三条或三条以上支路的连接点称为节点。图中有 a、b、c、d 四个节点。

回路：电路中任一闭合路径。

网孔：内部不含支路的单孔回路。图中有三个网孔回路，并标出了网孔的绕行方向。

电路中的节点数、支路数和网孔数的关系满足下式：

$$网孔数 = 支路数 -（节点数 -1）$$

基尔霍夫节点电流定律

基尔霍夫节点电流定律（KCL）又称基尔霍夫第一定律，它指出：在任一瞬间流进某一节点的电流之和等于流出该节点的电流之和，如图 2–32 所示，即

$$\Sigma I_{进} = \Sigma I_{出}$$

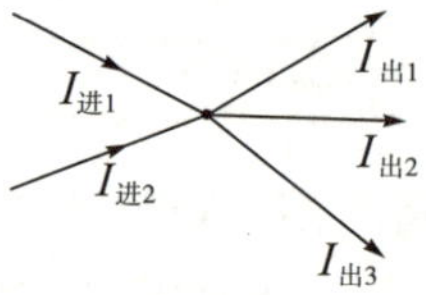

则
$$\Sigma I = \Sigma I_{进} - \Sigma I_{出} = 0$$

$I_{进1}$ $I_{进2}$ $I_{出1}$ $I_{出2}$ $I_{出3}$

图 2–32

由此可见，若规定流入节点的电流为正，流出节点的电流为负，则任一瞬间任一节点上电流的代数和恒等于零。根据 KCL，图 2–33（a）中有

$$I_1+I_2-I_3 = 0$$

节点电流定律不仅适用于一个具体的节点，也适用于广义节点，如一个假想的封闭面。如图 2–33（b）所示方框内表示一个部分电路，有三个出线端，每条出线端中电流分别为 I_1、I_2 和 I_3，应用 KCL，可以列出

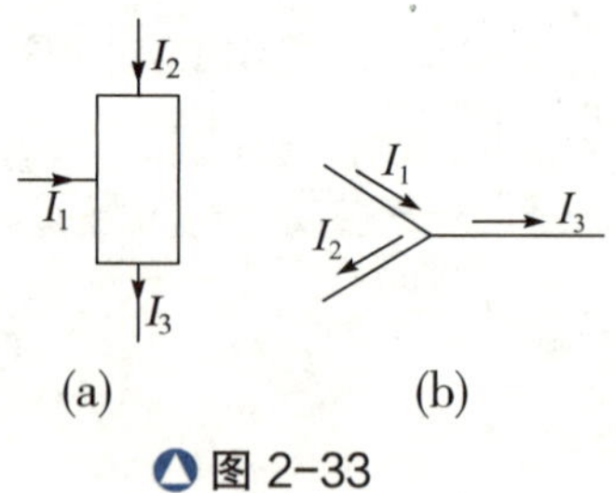

图 2–33

$$I_1-I_2-I_3 = 0$$

基尔霍夫回路电压定律

基尔霍夫回路电压定律（KVL）又称基尔霍夫第二定律。它指出：在任一闭合回路中，各段电路电压降的代数和恒等于零，即

$$\Sigma U = 0$$

如图 2–34（a）所示中网孔 1 的 KVL 方程为

$$I_1R_1+I_3R_3-U_{S1}=0$$

基尔霍夫回路电压定律可以推广应用于部分电路中。如图 2–34（b）所示为某部分电路，沿绕行方向，据 KVL 有

$$IR+U_S-U_{AB}=0$$

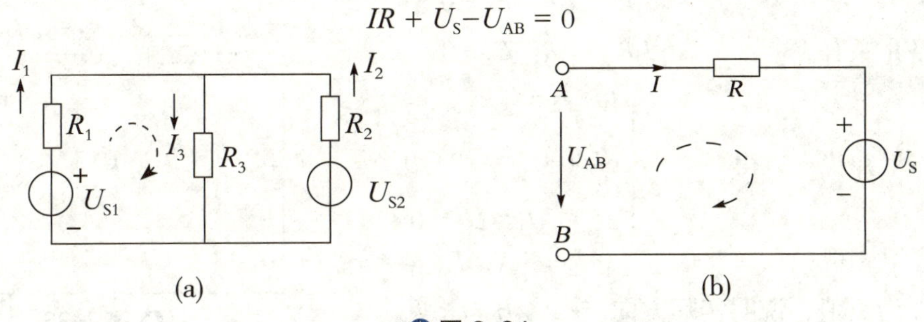

图 2–34

基尔霍夫定律的应用——支路电流法

支路电流法是已知电源和电路参数，以各支路电流为未知量，应用 KCL 和 KVL 列方程，求解出各支路电流的方法。

如图 2–35 所示，已知 U_{S1}、U_{S2}、R_1、R_2、R_3、R_4、R_5，用支路电流法求各支路中的电流。

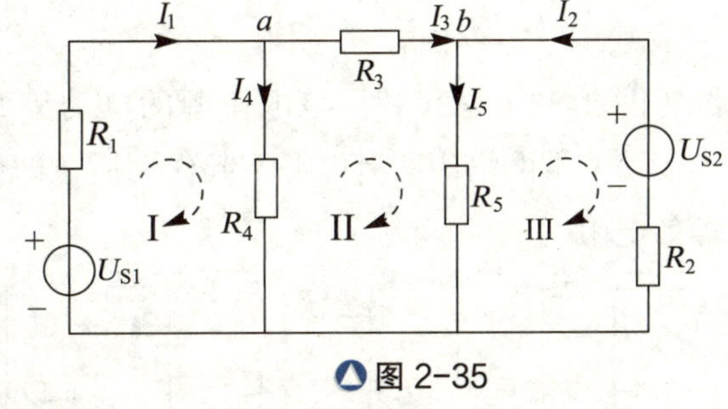

图 2–35

分析：该电路共 5 条支路，有 5 个支路电流，需列出 5 个独立方程。

电路有三个节点，据 KCL 列出的节点电流方程中，两个方程是独立的。据 KVL 对三个网孔列出的电压方程都是独立的。对网孔列电压方程有表达式最简单的优点，也可对任一回路列电压方程，但要注意列出的每一个方程必须是独立的。

(1) 标示各支路电流的参考方向，选节点，如图 2–35 所示，据 KCL 列方程：

节点 a： $I_1-I_3-I_4=0$

节点 b： $I_3+I_2-I_5=0$

(2) 确定回路绕行方向如图 2–35 所示，据 KVL 列方程：

网孔 Ⅰ： $I_1R_1+I_4R_4-U_{S1}=0$

网孔 Ⅱ： $I_3R_3+I_5R_5-I_4R_4=0$

网孔 Ⅲ： $U_{S2}-I_2R_2-I_5R_5=0$

(3) 解联立方程组，即可求得 I_1、I_2、I_3、I_4 和 I_5。

例 如图 2–36 所示电路中 $E_1 = 10\ \text{V}$，$R_1 = 6\ \Omega$，$E_2 = 26\ \text{V}$，$R_2 = 2\ \Omega$，$R_3 = 4\ \Omega$，求各支路电流。

解： 假定各支路电流参考方向如图 2–36 所示，根据基尔霍夫电流定律（KCL），

对节点 A，有 $$I_1 + I_2 = I_3$$

对回路Ⅰ，有 $$I_1R_1 + I_3R_3 - E_1 = 0$$

对回路Ⅱ，有 $$I_2R_2 + I_3R_3 - E_2 = 0$$

联立方程并代入，得
$$\begin{cases} I_1 + I_2 = I_3 \\ 6I_1 + 4I_3 - 10 = 0 \\ 2I_2 + 4I_3 - 26 = 0 \end{cases}$$

解方程组，得 $I_1 = -1\ \text{A}$，$I_2 = 5\ \text{A}$，$I_3 = 4\ \text{A}$

解得 I_1 为负值，说明实际方向与参考方向相反。

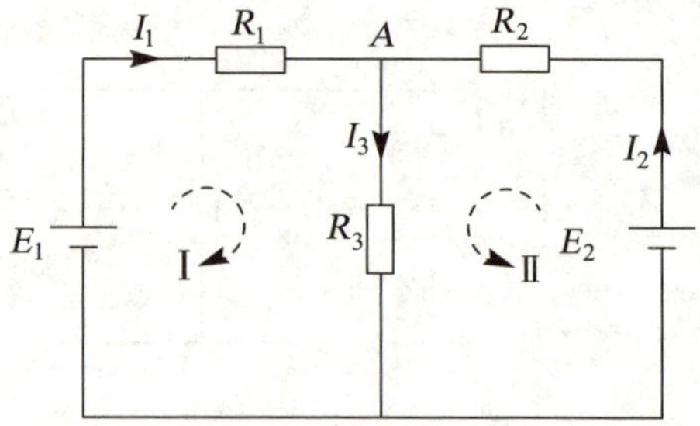

图 2–36

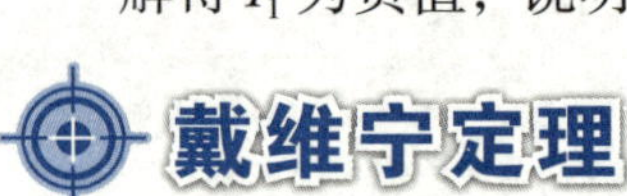

戴维宁定理

任何一个具有两个端子与外电路相连接的部分电路均可称为二端网络。根据二端网络内部是否含有电源可分为有源二端网络和无源二端网络，如图 2–37 所示；根据二端网络内部是否含有非线性器件可分为线性二端网络和非线性二端网络。

戴维宁定理内容：任何一个线性有源二端网络，对外电路而言，可以用一个等效电压源（图 2–38）来代替。该电压源的电动势 E_0 等于二端网络两端点间的开路电压；内阻 R_0 等于该二端网络中所有电源不起作用后（即令电压源短路、电流源开路，但内阻要保留）的等效电阻。

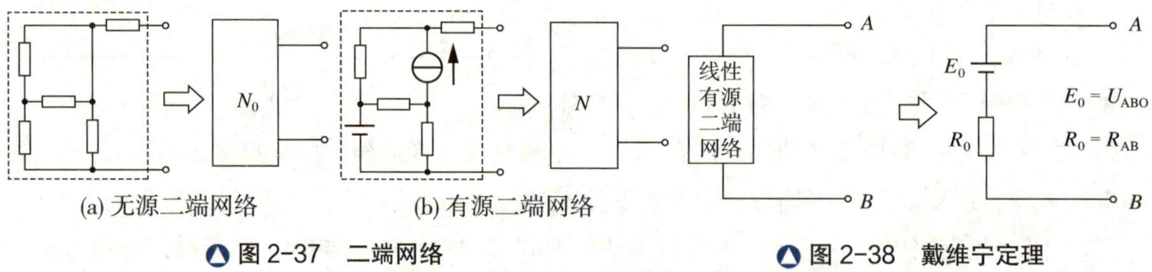

(a) 无源二端网络 (b) 有源二端网络

图 2–37 二端网络

图 2–38 戴维宁定理

学后测评

1. 如图 2–39 所示，已知 $R_1=R_2=4\ \Omega$，$R_3=8\ \Omega$，$E_1=24\ \text{V}$，$E_2=36\ \text{V}$，求各支路电流。

2. 如图 2–40 所示，已知 $E_1=8\ \text{V}$，$E_2=10\ \text{V}$，$E_3=50\ \text{V}$ 电源内阻不计，$R_1=10\ \Omega$，$R_2=R_3=20\ \Omega$，用支路电流法求各支路电流。

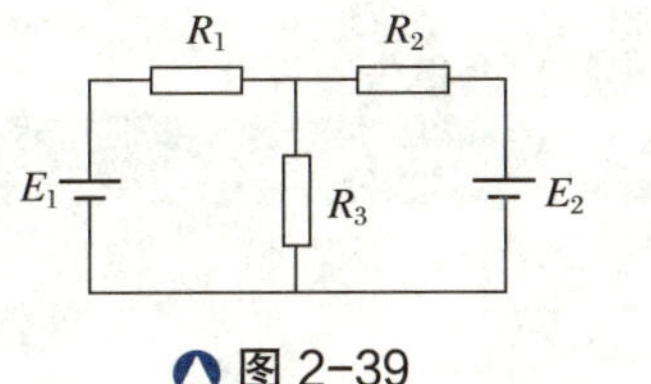

图 2-39

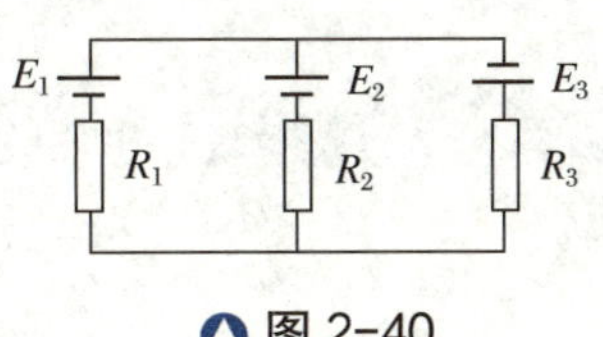

图 2-40

3. 如图 2-41 所示，E_1=8 V，E_2=12 V，电源内阻不计，R_1=4 Ω，R_2=1 Ω，R_3=3 Ω，试运用戴维宁定理求电阻 R_3 中的电流 I_3。

4. 如图 2-42 所示，已知 E_1=6 V，E_2=1 V，电源内阻不计，电阻 R_1=1 Ω，R_2=2 Ω，R_3=3 Ω，用戴维宁定理，求 R_3 支路的电流。

5. 如图 2-43 所示，已知 E_1=10 V，E_2=4 V，电源内阻不计，$R_1=R_2=R_6$=2 Ω，R_3=1 Ω，R_4=10 Ω，R_5=8 Ω，用戴维宁定理求通过电阻 R_3 的电流及其两端电压。

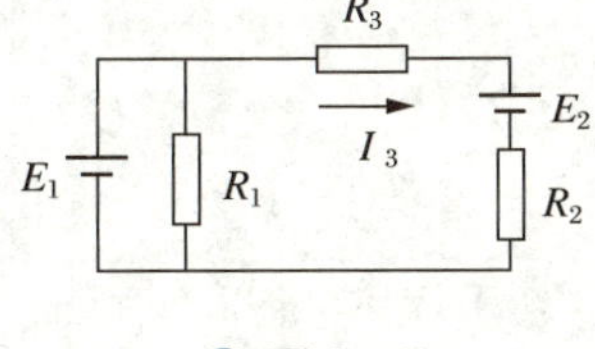

图 2-41

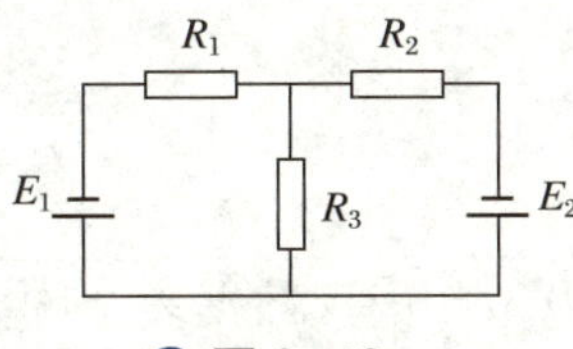

图 2-42

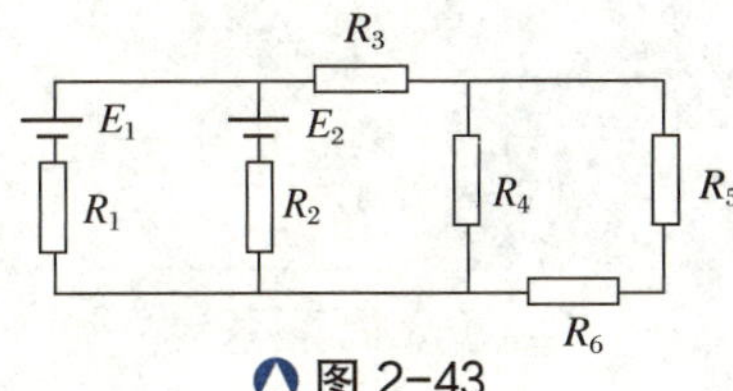

图 2-43

实训 1　直流电路中电位、电流的测量

实训目的

1. 学会使用电压表、电流表。

2. 掌握电位、电流的测量技能。

实训器材

常用电工工具 1 套，直流电压表、直流电流表各 1 只，0 V ~ 30 V 可调直流稳压电源、各种碳膜电阻若干。

实训步骤

步骤 1　直流电路电位测量

按实训电路图（图 2-44）连接电路，其中 R_6、R_7 由电阻箱提供。检查无误后，方可通电。

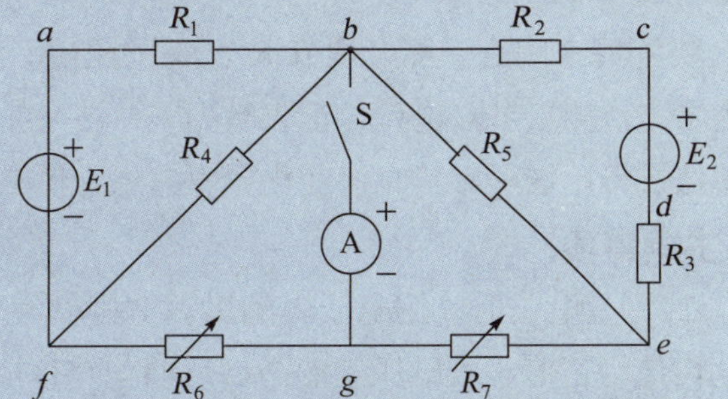

图 2-44　电流、电压电位测量电路

图中：E_1 = 12 V，E_2 = 5 V，R_1 =1 000 Ω，R_2 = 200 Ω，R_3 = 500 Ω，R_4 = 100 Ω，R_5 = 300 Ω，R_6 = 100 Ω，R_7 = 400 Ω。

(1) 以 f 点为参考点，测量各点电位（测量电位的方法请阅读实验注意事项中的第 1 点），并将数据分别记入表 2-5 内。（注：开关 S 断开）

表 2-5　直流电位测量实训报告

项　目		测量值						计算值					
参考点 f（S 断开）	电位	V_a	V_b	V_c	V_d	V_e	V_f	U_{ab}	U_{bc}	U_{cd}	U_{de}	U_{ef}	U_{fa}
	仪表量程												
	读数值												
	单位												
参考点 d（S 断开）	电位	V_a	V_b	V_c	V_d	V_e	V_f	U_{ab}	U_{bc}	U_{cd}	U_{de}	U_{ef}	U_{fa}
	仪表量程												
	读数值												
	单位												
参考点 f（S 闭合）	电位	V_a	V_b	V_c	V_d	V_e	V_f	U_{ab}	U_{bc}	U_{cd}	U_{de}	U_{ef}	U_{fa}
	仪表量程												
	读数值												
	单位												

(2) 以 d 点为参考点，测量各点电位，记入数据表 2-5 内。（注：开关 S 断开）

步骤 2　直流电路电流测量

在电路图的各支路中逐次串入直流电流表，分别测量各支路的直流电流，将直流电流测量数据填入表 2-6 中。

表 2-6　直流电流测量实训报告

电流测量	I_1	I_2	I_3	I_4	I_5
仪表量程					
读数值					
单位					

步骤 3　测量等电位点

将开关 S 闭合，配合调节 R_6、R_7 的阻值，使电流表的指示为零（$I_{bg}=0$），再次以 f 点为参考点测量各点电位，记入数据表 2-5 中，并与 S 断开时 f 点为参考点测得对应点电位值进行比较，看其有何变化，想一想为什么。

注意事项

1. 测量电位时，用电压表的黑表笔接参考点，红表笔接被测点，若指针正向偏转，则电位值为正值，若电压表的指针反向偏转，应互换表笔，然后读出电位值，则此时的电位值为负值。

2. 测量电流时，可根据前面所测量的元件电压判定电流方向，务必使电流从红表笔流入，从黑表笔流出。若出现指针反向偏转，应调换表笔。

实训 2　练习使用模拟万用表

实训目的

1. 掌握模拟万用表的使用方法。

2. 学会使用万用表测量直流电流、直流电压与电阻。

实训器材

万用表 1 只、干电池 2 节、小灯泡 1 个、开关 1 个、导线若干、不同阻值的色环电阻 10 只。

实训步骤

步骤 1 认识模拟万用表及其面板

万用表是一种多用途、量程广、使用方便的测量仪表，可用来测量直流电压、直流电流、交流电压和电阻。有些万用表还可以用来测量交流电流、电容、电感及三极管的主要参数等。图 2-45 就是常用的指针式万用表。

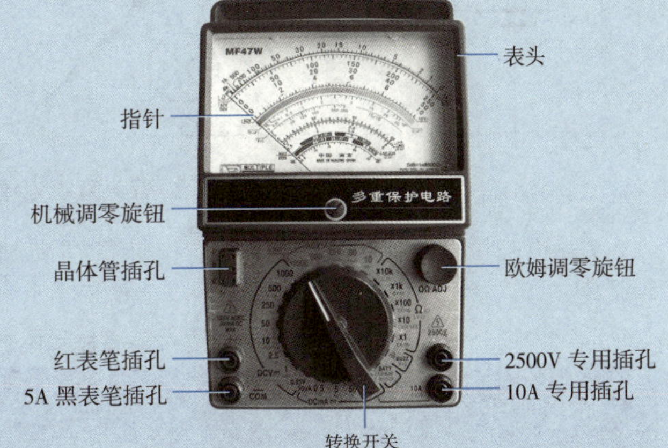

图 2-45　万用表面板图

步骤 2 使用前准备（图 2-46）

1. 将万用表按要求放置。

2. 检查指针，如果指针不在零点，应使用一字型螺丝刀转动表头上的机械调零旋钮进行机械调零。

3. 插好表笔，红表笔插“+”（p），黑表笔插“−”（“※”“N”“COM”）。有些万用表设有专用插孔以测量特量（1.5 A、2.5 A、10 μA、1 500 V、2 500 V 等），测量时应该把红表笔插入相应的插孔，黑表笔位置不变。

(a) 机械调零

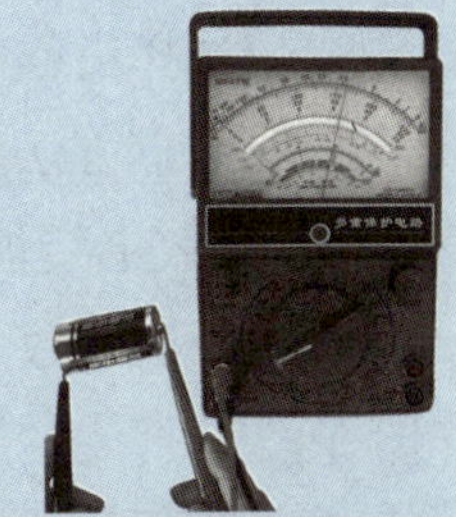
(b) 检查电池

图 2-46

4. 检查电池。可取出电池，用万用表的直流电压 2.5 V 挡测量电池的电压，低于 1.3 V 应该更换电池。

5. 选择项目和量程。如被测量大小不详，应从最大量程开始试测，依次递减至合适量程。

步骤 3 测量直流电流

1. 选择量程。

2. 测量方法。先按图 2-47 连接电路，将万用表与被测电路串联。串联时应将电路相应部分断开后，将万用表表笔接在断点的两端，红表笔接在与电路的正极相连的断点，黑表笔接在与电路的负极相连的断点。不能反接，以防表针反转、折断。

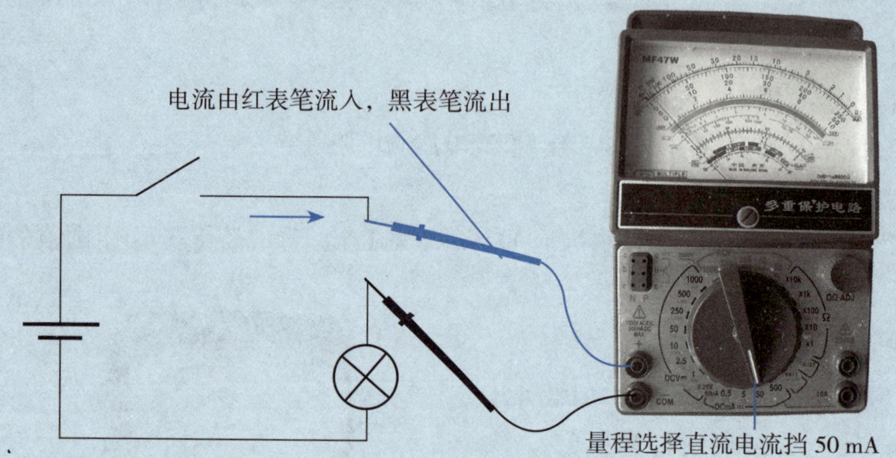

图 2-47　直流电流测量电路

3. 正确读数。测量时，尽量使指针指在满刻度的 $\frac{1}{3}\sim\frac{2}{3}$ 的范围内。将结果填入表 2-7 中。

表 2-7　直流电流测量结果

测量项目	直流电流量程	测量数据		测量结果（平均值）
		第1次	第2次	
直流电流				

步骤 4 测量直流电压

1. 选择量程。

2. 测量方法。按图 2-48 连接电路，将万用表并联在被测电路的两端。测量直流电压时，红表笔接被测电路的正极，黑表笔接被测电路的负极。

3. 正确读数。将结果填入表 2-8 中。

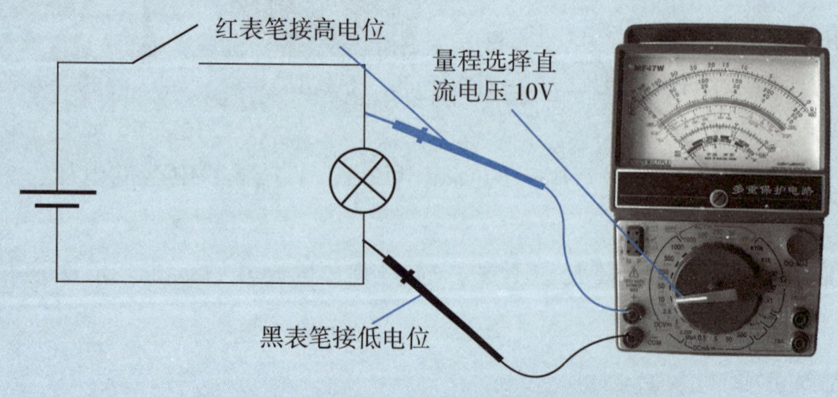

图 2-48　直流电压测量电路图

表 2-8 直流电压测量结果表

测量项目	直流电压量程	测量数据		测量结果（平均值）
		第1次	第2次	
直流电压				

步骤 5 测量电阻

1. 将 10 只电阻插在硬纸板上，根据电阻上的色环，将它们的标称阻值分别填写在表 2-9 中。

表 2-9 电阻的测量结果

某个电阻	R_1	R_2	R_3	R_4	R_5	R_6	R_7	R_8	R_9	R_{10}
标称阻值										
量程										
读数值（Ω）										
两数值之差										

2. 按要求将万用表调整好，置于欧姆挡（图 2-49），选择合适量程后，进行欧姆调零（电阻挡使用注意事项见后面）。

图 2-49 量程

3. 分别测量 10 只电阻的阻值，将测量值分别填写在表 2-9 中，测量时注意读数应乘倍率。

4. 指针指在刻度标尺的满刻度 1/2 左右（欧姆中心值）比较准确，若测量时万用表指针偏角太大或太小时，应换量程挡后再测量，换量程挡后应再次调零方可使用。

5. 检查 10 只电阻中测量正确的有几只，将测量值和标称阻值相比较，了解各电阻的误差。

步骤 6 万用表用后的维护

1. 拔出表笔。

2. 将量程选择开关拨到“OFF”或交流电压最高挡。500 型万用表左右两个旋钮开关都放在“·”位上。

3. 若长期不使用，应将万用表中的电池取出，以防电池漏液腐蚀电池架等。

4. 平时要保持万用表干燥、清洁，严禁振动和机械冲击。

注意事项

1. 不允许用万用表在带电电路中测量电阻，应把电阻从电路中拆下再测量，否则会烧坏万用表。

2. 万用表内干电池的正极与面板上“-”号插孔相连，负极与面板上的“+”号插孔相连。在测量电解电容的充放电情况和晶体二极管、三极管等半导体器件的极间电阻时，应注意区分极性。

3. 每换一次倍率挡，要重新进行调零。两支表笔不要长时间搭在一起，以免过度消耗电池电量。

4. 禁止用万用表电阻挡直接测量高灵敏度表头（微安表、检流表、标准电池等）内阻，否则会烧坏表头。

5. 切忌用两只手捏住表笔的金属部分测电阻或电阻的两根引线，否则会将人体电阻并接于被测电阻而引起测量误差。最好使用自制的用鳄鱼夹表笔代替检测杆的表笔来测量电阻，方便又准确。

6. 测量完毕，将转换开关置于 OFF 挡或交流电压最高挡。

主题3 磁场与电磁感应

情境创设

1. 讨论家用吊扇接通电源后不能正常运转，而接上起动电容器电风扇可以正常运转的原因，说明电容器在实际生活中的应用。

2. 实物展示交流发电机发电，思考从磁场可以获得电流的原因。

课题 1 磁场的基本知识

磁场

我们把能够吸引铁、钴、镍及其合金的性质称为磁性。具有磁性的物体就称为磁体。磁体上体现磁性最强的部位叫作磁极。磁极有北（简记 N）极与南（简记 S）极，并且磁极间的相互作用体现为“同极相斥、异极相吸”，磁极间的这种相互作用是通过磁场来实现的。

磁场是一种分布于磁体周围的特殊物质。我们将磁场中某点处的小磁针 N 极的稳定指向定义为该点的磁场方向。

在磁场中可以利用磁感线来形象地体现磁场。所谓磁感线，是在磁场中画出一些有方向的曲线，在这些曲线上，每点的切线方向就是该点的磁场方向，如图 3-1 所示。

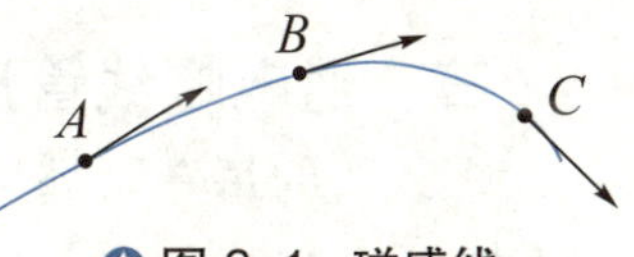

图 3-1 磁感线

电流的磁效应

电荷的运动产生磁场，这一现象称为电流的磁效应。任何磁场都是由于电荷运动形成的，这就是磁的电本质。利用电流的磁效应可获得所需的磁场，磁场方向由安培定则（又称右手螺旋法则）判定。

一、直线电流形成的磁场

如图 3-2 所示为直线导体垂直平面上的磁感线分别情况，距离导体越近，磁感线越密，磁场越强。磁场方向可由右手螺旋法则判定：右手握住直导体，大拇指的指向为电流方向，则四指的环绕方向为磁感线的方向。

如图 3-3 所示为纸面内的直导体两侧的磁感线分布情况。其中：“×”代表垂直纸面进；“•”代表垂直纸面出。

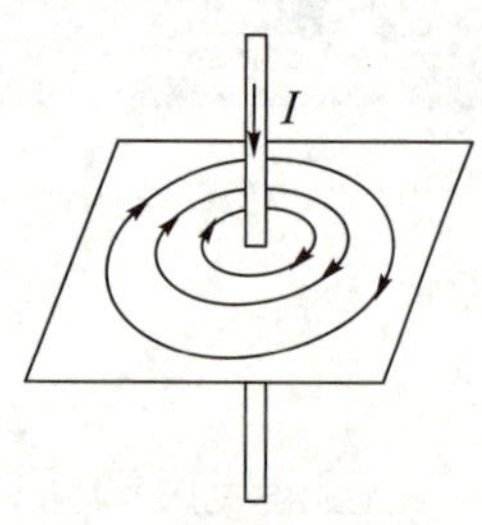

△ 图 3-2　直导体垂直平面上的磁感线

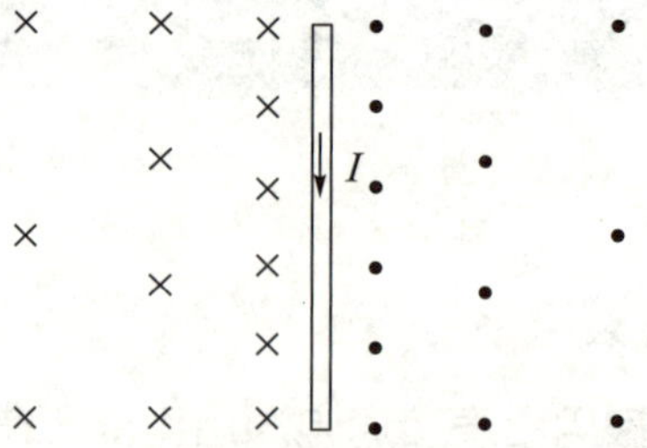

△ 图 3-3　纸面内的直导体两侧的磁感线分布

二、环形电流形成的磁场

如图 3-4（a）所示为环形导体垂直平面上的磁感线分布情况。纸面内的通电环形导体内部与外部磁场方向相反，内部的磁场方向均为垂直纸面向外，表示为图 3-4（b）。

磁场方向的判定也可归纳为右手螺旋法则：右手握住环形导体，四指的环绕方向为电流方向，则大拇指的指向为环形导体内部的磁感线方向。

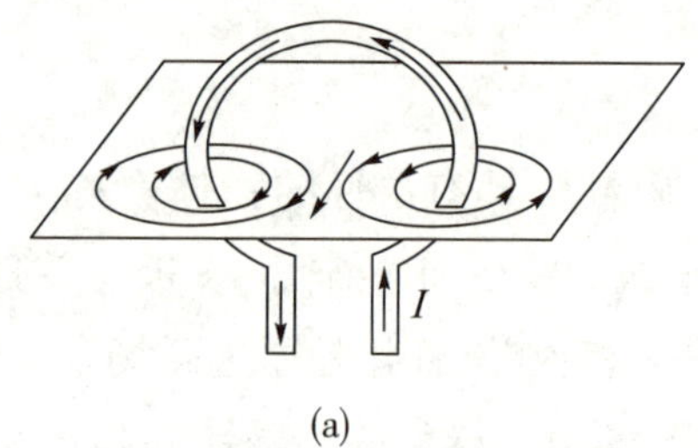

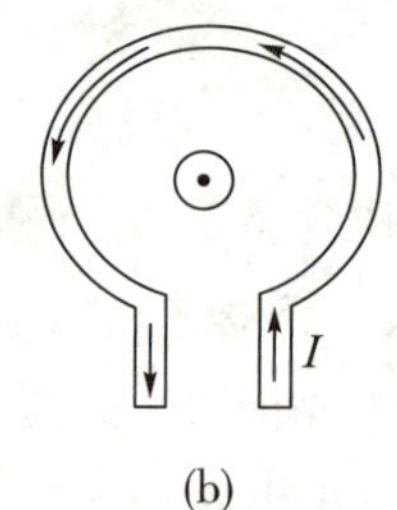

△ 图 3-4　通电环形导体产生的磁场

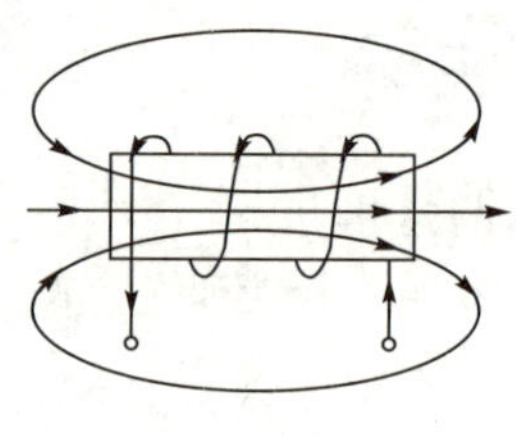

△ 图 3-5　通电螺线管产生的磁场

三、通电螺线管形成的磁场

螺线管的每一匝都可以看作环形导体，通电后产生的磁场相互叠加，磁感线的分布情况如图 3-5 所示。

磁场方向的判定可归纳为右手螺旋法则：右手握住螺线管，四指的环绕方向为电流方向，则大拇指的指向为螺线管内部的磁感线方向。

磁场的主要物理量

一、磁感应强度B

磁感应强度是来描述磁场强弱和方向基本物理量的，常用符号 B 表示，其定义为

$$B = \frac{F}{Il}$$

式中　F——通电导体在磁场受到的磁场力；

I——导体中的电流；

l——导体的有效长度。

磁感应强度 B 由磁场本身决定，当导体电流为 0 时，F 为 0，但 B 不一定为 0，F 与 Il 的比值为常数，即磁感应强度 B。

磁感应强度是矢量，其方向与磁场方向相同。磁感应强度又称磁通密度。在国际单位制（SI）中，磁感应强度的单位是特斯拉，简称特（T）。

二、磁通Φ

磁通又称磁通量，是表示磁场中穿过某截面的磁感线的总数，用符号 Φ 表示，单位 Wb（韦伯）。如图 3-6 所示，磁通的大小为

$$\Phi = BS\sin a$$

式中　B——磁感应强度，单位 T；

S——截面的面积，单位 m^2；

a——磁场方向与截面的夹角。

Φ 的大小不仅与 B、S 有关还与磁场与截面的夹角有关，在磁场中，Φ 可为零，如图 3-7 所示，当平面与 B 平行时，Φ 为零。

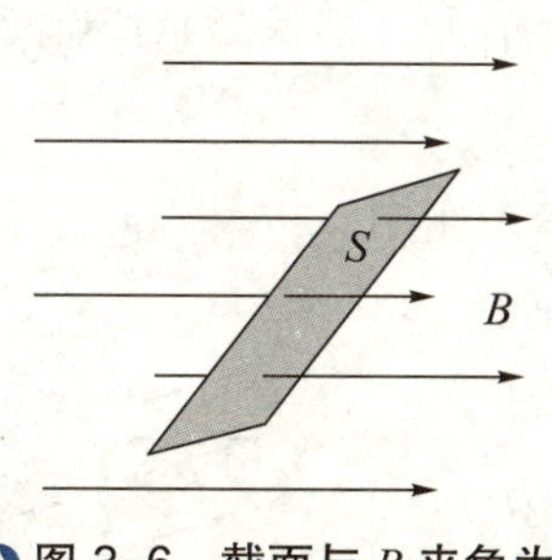

图 3-6　截面与 B 夹角为 a

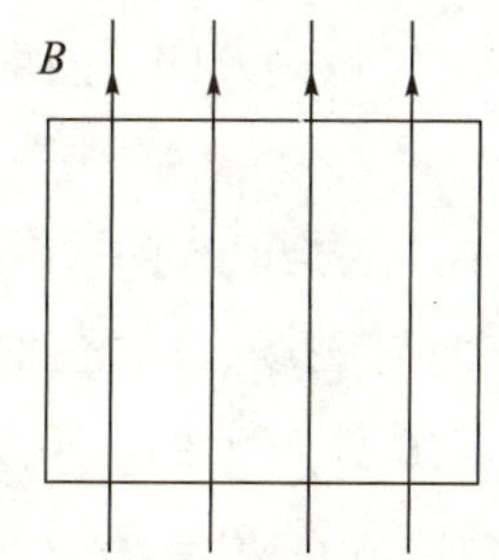

图 3-7　B 不为零，Φ 为零

三、磁导率μ

磁导率表示磁介质导磁性能的物理量，磁导率是反映一种材料在外加磁场作用下磁化的程度，用 μ 表示，不同的磁介质磁导率不同。在国际单位制中，磁导率的单位是 H/m（亨 / 米）。真空的磁导率是一常数，用 μ_0 表示，即 $\mu_0 = 4\pi \times 10^{-7}$ H/m。空气、木材、玻璃、铜、铝等物质的磁导率与真空的磁导率非常接近。

为了方便，常用相对磁导率来反映物质导磁能力。相对磁导率为某物质的磁导率与真空中的磁导率的比值，即 $\mu_r = \dfrac{m}{m_0}$。根据物质的导磁性能的不同，可把物质分以下三类：

(1) 反磁性物质：$\mu_r < 1$，这类物质产生的磁场比真空中产生的磁场要弱。

(2) 顺磁性物质：$\mu_r > 1$，这类物质产生的磁场比真空中产生的磁场要强一些。

(3) 铁磁性物质：$\mu_r \gg 1$，这类物质产生的磁场比真空中产生的磁场要强得多，如铁、钢、钴、镍等物质。

四、磁场强度H

磁场强度是用来描述形成磁场的物理量，符号 H，国际单位安 / 米（A/m）。因为磁场的强弱与磁介质有关，当磁介质发生变化时磁感应强度也发生变化，而形成该磁场的本质并

未发生变化，所以磁感应强度不能反映该磁场的本质。磁场强度的大小只与形成该磁场的电流大小及导体的外形尺寸有关，而与磁介质无关。H 的大小为：

$$H=\frac{B}{m}$$

由上式可知，当 μ 为一常数时，B 与 H 成线性关系；当磁介质为铁磁性物质时，因 μ 不是一常数，所以 B 与 H 不构成线性关系。磁场强度是矢量，在均匀的磁介质中，它的方向和磁感应强度的方向相同。

磁场对电流的作用力

一、磁场对通电直导体的作用力

1. 电磁力的大小

对于匀强磁场中的载流直导体，有以下特征：

(1) 当电流方向与磁场方向垂直时，导线受电磁力最大，根据磁感应强度 $B=\frac{F}{Il}$ 可得

$$F=BIl$$

(2) 当电流方向与磁场方向平行时，导线不受电磁力作用。

(3) 当电流方向与磁场方向之间有一定夹角时，如图 3–8 所示，可将 B 分解为两个互相垂直的分量：一个与电流方向平行的分量 $B_1=B\cos\theta$；另一个与电流方向垂直的分量 $B_2=B\sin\theta$。B_1 对电流没有力的作用，磁场对电流的作用力是由 B_2 产生的。因此，此时磁场对直线电流的作用力为

$$F=B_2Il=BIl\sin\theta$$

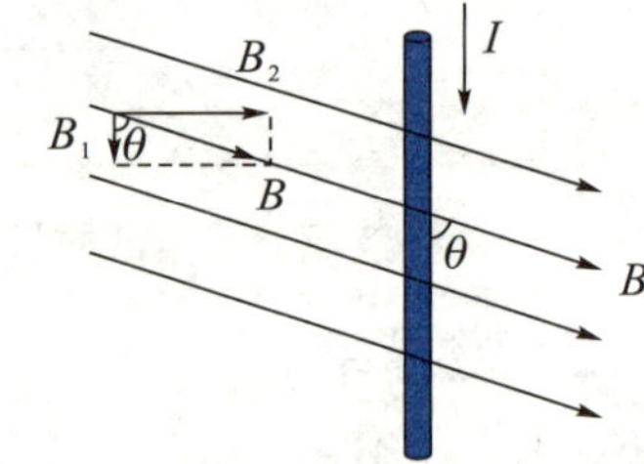

图 3–8　磁场对通电直导体的作用力

这是匀强磁场中的载流直导体所受电磁力通用公式。当 $\theta=90°$ 时，电磁力 F 最大；当 $\theta=0°$ 时，电磁力 $F=0$。应用上述公式进行计算时，各量的单位应采用国际单位制，即 F 用 N（牛顿），I 用 A（安培），l 的用 m（米），B 用 T（特斯拉）。

2. 左手定则

电磁力 F 的方向可用左手定则判断：伸出左手，使大拇指跟其余四指垂直，并都跟手掌在一个平面内，让磁感线垂直穿入手心，四指指向电流方向，大拇指所指的方向即为通电直导线在磁场中所受电磁力的方向。

若电流方向与磁场方向不是垂直的，仍旧可以用左手定则来判定磁场的方向，只是这时磁感线是倾斜进入手心的。由左手定则可知：$F\perp B$，$F\perp I$，即 F 垂直于 B、I 所决定的平面。注意 B 和 I 不一定垂直。

二、磁场对通电线圈的作用

一个 N 匝的通电线圈置于磁场 B 中，如图 3–9 所示，从上向下的俯视图如图 3–10 所示。

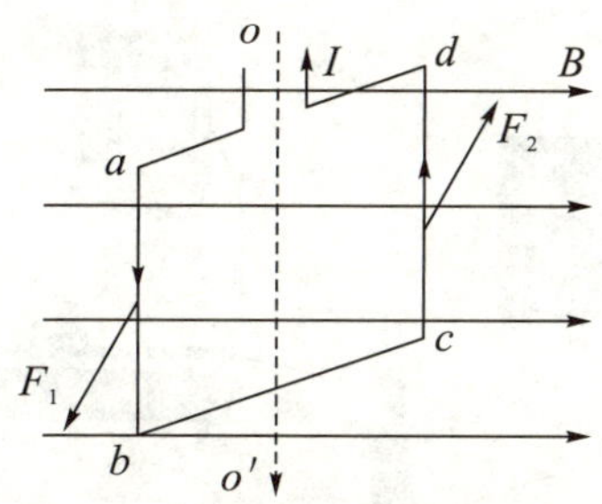

图 3-9　磁场中的通电线圈

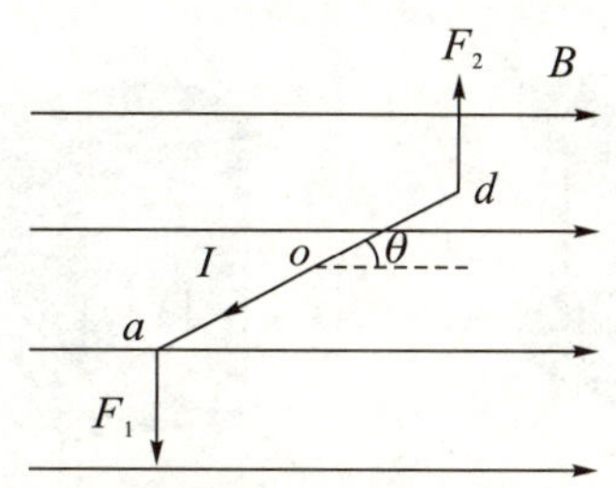

图 3-10　从上向下俯视图

ab 边所受力 $F_1 = NBIl_{ab}$，力矩 $M_1 = F_1 l_{oa} \cos\theta$；

cd 边所受力 $F_2 = NBIl_{cd}$，力矩 $M_2 = F_2 l_{od} \cos\theta$；

因 $l_{ab}=l_{cd}$，F_1 与 F_2 大小相同方向相反，力矩 M_1、M_2 大小相同方向相同。

所以转矩 $M = M_1 + M_2 = 2M_1 = 2F1l_{oa}\cos\theta$

$$= F1l_{ad}\cos\theta = NBIl_{ab}\,l_{ad}\cos\theta = NBIS\cos\theta$$

$S = l_{ab}\,l_{ad}$ 为线圈所围的面积，S 不一定是矩形面积，可以是任意形状的面积。

当 $\theta = 0°$ 时，即线圈平面与磁感线平行，M 最大。

当 $\theta = 90°$ 时，即线圈平面与磁感线垂直，M 最小，为 0。

学后测评

1. 试阐述什么是磁感线。
2. 如何判定环形电流形成的磁场方向。
3. 如何判定通电螺线管形成的磁场方向。

*课题 2　电磁感应

任务书

1. 通过对电磁感应现象的观察和分析，了解其产生的条件。
2. 能运用右手定则和楞次定律判断感应电动势的方向并能计算出其大小。

一、电磁感应现象

如图 3-11 所示，ab 为闭合电路中的一段导线，当 ab 在磁场中做切割磁感线运动时，电流计的指针发生偏转，电路中就有电流产生；当 ab 沿磁场方向运动时，电流计的指针不动，电路中无电流产生。

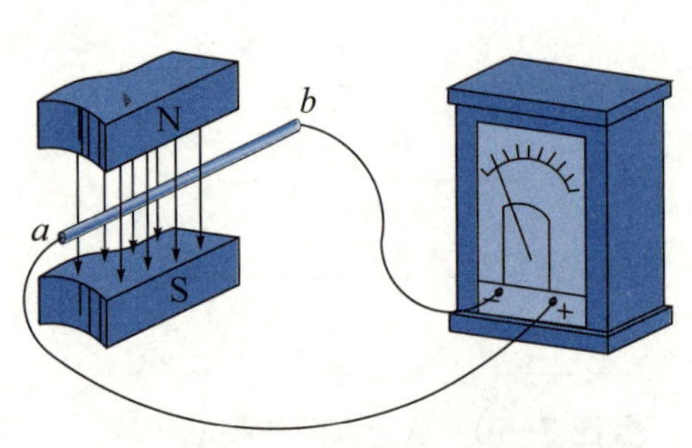

图 3-11　导线切割磁感线

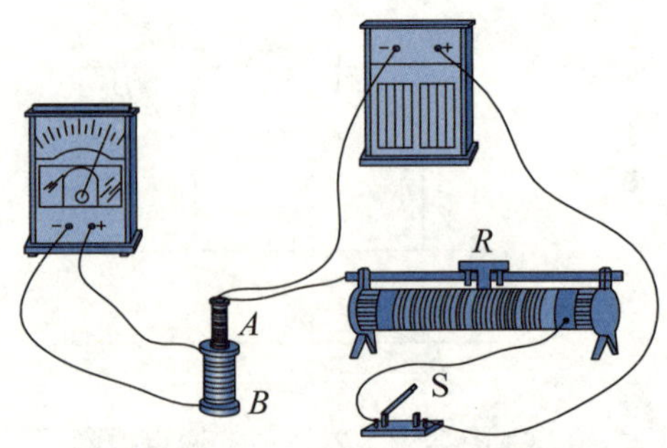

图 3-12　磁通量发生变化

如图 3-12 所示，当合上开关 S 给螺线管 A 通电的瞬间，电流表发生偏转，螺线管 B 中有电流产生；当断开开关 S，在螺线管 A 断电瞬间，指针反向偏转，螺线管 B 中有反向电流产生；当开关 S 合上一段时间后，螺线管 A 中的电流稳定不变时，电流表指针不再转动，螺线管 B 中没有电流产生。

通过以上两个实验可知，只有导体做切割磁感线运动或线圈中的磁通量发生变化时，闭合电路中才会有电流产生。我们将这种由磁场产生电流的现象称为电磁感应现象。由电磁感应产生的电动势称为感应电动势，由电磁感应产生的电流称为感应电流。

二、感应电动势的方向和大小

1. 感应电动势的方向

直导体切割磁感线时感应电动势的方向可以由右手定则来判定，线圈中的磁通量发生变化时的感应电动势的方向可用楞次定律来判定。

(1) 右手定则

右手定则的使用方法如图 3-13 所示，伸平右手，拇指与其余四指垂直，且与掌心在同一平面内，让磁感线垂直穿过掌心，拇指指向导体运动方向，此时四指所指的方向即为感应电动势（或感应电流）的方向。

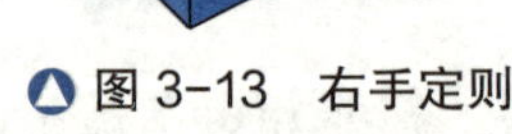

图 3-13　右手定则

(2) 楞次定律

楞次定律指出了磁通量的变化与感应电动势在方向上的关系，即感应电流产生的磁通总是阻碍原磁通的变化。

如图 3-14（a）所示，当磁铁插入线圈时，穿过线圈的磁通量增加，感应电流产生与原磁通方向相反的磁通去阻碍它的增加，则线圈感应电流磁场的方向应向下（上 S 下 N），再用右手螺旋定则可判定出感应电流由左端流进检流计；同理，如图 3-14（b）所示，当线圈中的磁通量减少时，感应电流就产生与原磁通方向相同的磁通去阻碍它的减少，感应电流由右端流进检流计。

用楞次定律判断感应电流方向的步骤如下：

第一，明确闭合电路中原来的磁场方向；

第二，确定穿过线圈的原磁通量是否有变化（增加还是减少）；

第三，根据楞次定律确定感应电流的磁场方向；

第四，根据右手螺旋法则确定感应电流的方向。

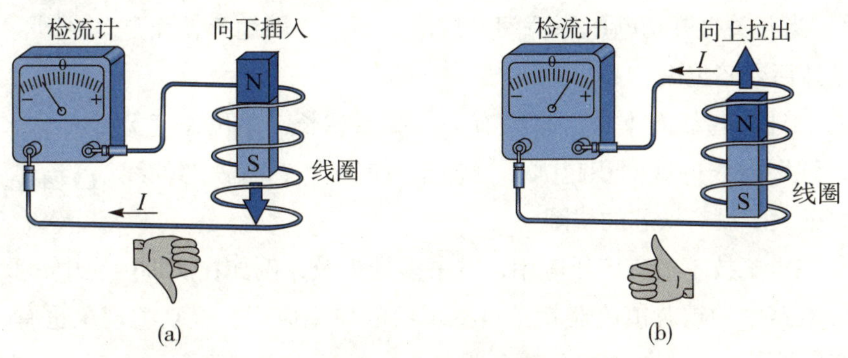

图 3-14　楞次定律

2. 感应电动势的大小

在直导体切割磁感线时，若导体运动方向和磁感线方向互相垂直，则导体中的感应电动势为

$$e = Blv$$

如果导体运动方向与磁感线方向有一夹角 θ 时，则导体中的感应电动势为

$$e = Blv \sin\theta$$

式中　e —— 感应电动势（V）；

B —— 匀强磁场的磁感应强度（T）；

l —— 导体的长度（m）；

v —— 导体切割磁感线的速度（m / s）。

小提示　若 v 为一段时间内的平均速度，则 e 为这段时间内感应电动势的平均值；若 v 为某一时刻的瞬时速度，则 e 就为该时刻感应电动势的瞬时值。

由图 3-14 所示的实验可以发现磁铁运动的速度越慢，指针偏转角度越小；反之，越大。由此可知，在线圈中感应电动势的大小与线圈中磁通量的变化率有关。法拉第电磁感应定律指出：闭合回路中感应电动势的大小与其磁通量的变化率 $\frac{\Delta\Phi}{\Delta t}$ 成正比，即

$$e = \frac{\Delta\Phi}{\Delta t}$$

式中　$\Delta\Phi$ —— 导线回路里磁通的变化量（Wb）；

Δt —— 磁通变化所需要的时间（s）。

若线圈有 N 匝，则

$$e = N\frac{\Delta\Phi}{\Delta t}$$

三、自感

当线圈中电流发生变化时，在本线圈中会产生电磁感应现象，这种电磁感应现象称为

自感现象，产生的电动势和电流分别称为自感电动势和自感电流。如图 3–15 所示，当开关打开切断电源瞬间，灯泡并不会立即熄灭，而是瞬间发出亮光然后变暗熄灭。

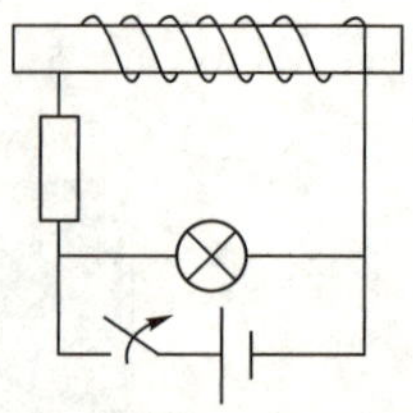

线圈的自感能力与线圈本身的特性有关：线圈越长，单位长度上的匝数越密，线圈导线的截面积越强，自感能力就越大；有铁芯的线圈的自感能力远大于没有铁芯的线圈。

图 3–15 自感现象

自感现象在电工技术中有广泛应用，本书多处提及，例如在实训内容中，我们要安装与检修的荧光灯电路中的铁芯镇流器就是自感现象的典型应用。但自感现象也有不利的一面，如电动机、变压器等有铁芯绕组或线圈的设备，在切断电源的瞬间，由于电流在短时间内发生很大变化会产生较高的自感电动势，绕组或线圈的电感越大或断开前电流越大，断开时绕组或线圈的储能就越多，感应电动势就越大，感应电动势会使电路开关或接触器的断开点之间的空气电离从而导电产生电弧，形成放电回路，烧坏开关或接触器的主触头，还可能烧坏与设备并联的仪器、仪表。

为防止自感电动势损坏电气设备、仪器仪表，往往在电气设备或仪器仪表的绕组或线圈的两端并联放电电阻或二极管，使自感电动势有通路。例如南京科华 MF47 万用表和上海求精 MF50 万用表，就在表头线圈的两端并联了二极管，用以保护表头线圈。

四、互感

由于一个线圈的电流变化，而使相邻线圈产生感应电动势的现象叫作互感现象，如图 3–16 所示。互感能力与两个线圈的匝数、几何形状、尺寸、相对位置及周围的介质有关。

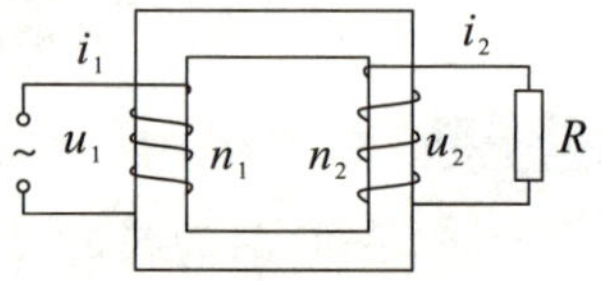

互感现象在电工技术和无线电技术中得到广泛的应用。本书主题 5 所讲的变压器和电动机，实训室使用的自耦调压器，工厂大量使用的电焊机、电压互感器、电流互感器、钳形电流表等都是利用互感原理制成的。无线电技术中的耦合，也是互感现象的应用。

图 3–16 互感现象

科技之窗

电磁炉

电磁炉又称电磁灶。电磁炉采用磁感应电流（涡流）的热效应原理。由整流电路将“220 V 50 Hz”的交流电变成 300 V 直流电，再由 LC 并联谐振电路把直流电变成 20 ~ 40 kHz 的高频电流，能使紧贴在电磁炉面板下的螺旋状线圈盘产生高频交变磁场，铁磁材料（铸铁、不锈钢、不锈铁）的锅具放置在炉面上，锅具底部切割高频交变磁感线而产生涡流，涡流使锅具底部铁分子高速无规则运动，分子互相碰撞，摩擦生热，用以加热烹饪食物。

电磁炉的热源来自锅具底部而不是电磁炉本身发热再传导给锅具，打破了传统的明火烹调方式，所以热效率比其他传统炊具高出许多，达 8% ~ 92%，具有升温快（15 s 可使锅具升至 300℃以上)、无明火、无烟尘、无有害气体、对环境不产生热辐射、体积小巧、外形美观、安全性好等优点，能完成家庭绝大多数烹调任务，炒、煮、蒸、炖、涮样样皆行。

但是电磁炉热效率高、升温快、火力猛也带来一些问题，在使用时须注意以下几点：

第一，锅具应选用复（厚）底。单层薄底锅具的锅底很快变形，凹凸不平影响使用，进而穿孔漏水。

第二，灶面和锅具底部应保持清洁，以防脏物在灶表面烧结而损坏灶面。

第三，电磁炉火力猛，锅内的水很容易烧干，使用时应人不离炉。离开时必须先关闭电磁炉的电源，以防水被烧干。虽然现在的电磁炉都有水烧干自动报警断电的功能，但水烧干的高温仍会使锅具底部和电磁炉表面变色甚至变形，造成所烹调的食物烧焦炭化。

第四，隔水炖煮食物不宜用铁磁材质碗具、杯具，因为碗具、杯具的底部和锅具底部一样切割电磁炉线圈盘的交变磁感线而产生涡流进行加热，失去隔水炖煮的意义，而上下两层铁磁材质的底部同时产生的涡流会相互影响，使两者或其中之一产生变色甚至变形。

五、涡流

在有铁芯的线圈中通以交流电，就有交变的磁通穿过铁芯内部形成感应电流，由于这种感应电流在铁芯内部形成闭合回路，其形状如同水中漩涡，故将这种感应电流叫作涡电流，简称涡流。

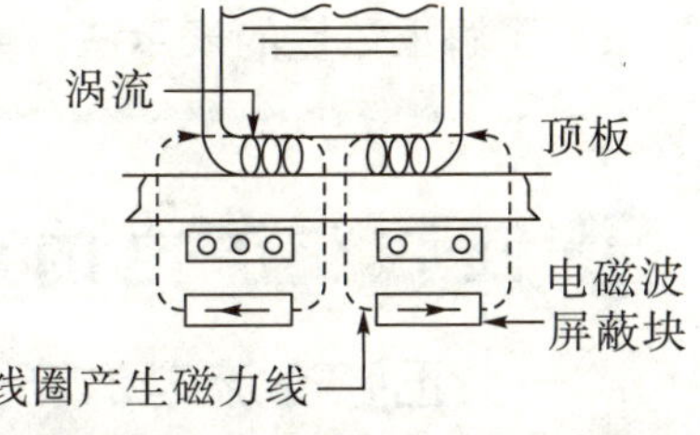

图 3-17　电磁炉工作示意图

涡流有热和机械两种效应，此外，涡流还有去磁作用，会削弱原磁场。工业生产中采用高频电炉来冶炼金属或者进行加热锻件就是利用涡流的热效应实现的；通过利用机械效应制造了磁性转速表和转差电磁离合器等仪器设备。电磁炉就是涡流在现实生活中的利用如图 3-17 所示。

学后测评

1. 试阐述电磁感应现象是如何产生的。

2. 楞次定律的内容是什么？使用步骤是什么？

3. 有一线圈其匝数为 200 匝，若通过的磁通量在 10 s 内由 0.5 Wb 增至 0.6 Wb，则该线圈产生的感应电动势为多大？

4. 某线圈中的磁通量在 0.2 s 内均匀地由 1.2×10^{-4} Wb 增加到 2.8×10^{-4} Wb 时，若线圈中产生的感应电动势为 4.8 V，则线圈的匝数为________。

5. 右手定则的内容是什么？

主题4 正弦交流电路

情境创设

1. 用视频及图片展示家用配电电器，如空气开关、熔断器等，思考家用电器在生活中还有哪些应用。

2. 用示波器观察交流信号的波形，判断交流电的变化规律。

课题1 正弦交流电路的基本物理量

任务书

1. 了解正弦交流电的产生过程及其波形图。
2. 掌握频率、角频率、周期的概念及其关系。
3. 掌握最大值、有效值的概念及其关系。
4. 了解初相位与相位差的概念，会进行同频率正弦量相位的比较。
5. 了解正弦量的表示法，能进行正弦量解析式、波形图、相量图的相互转换。

正弦交流电的产生

一、正弦交流电的产生

根据电流（电压）的大小和方向是否随时间变化来分类，电源大致可以分为直流电源和交流电源，具体分类见表 4-1。在生产和生活中使用的电能大多是交流电，即使是电解、电镀、电信等行业需要直流供电，大多数也是将交流电通过整流装置变成直流电的。

表 4-1 直流电和交流电的种类、特点及波形图

名称		特点	波形图
直流电	稳恒直流电	电流或电压的大小和方向均不随时间而变化	

（续表）

名称			特点	波形图
直流电	脉动直流电		大小随时间变化，但方向不变化	
交流电	周期性交流电	正弦交流电	大小和方向按照正弦规律变化	
		非正弦周期性交流电	大小和方向均随时间变化，但不是正弦规律	
	随机性交流电		大小和方向均随时间变化，但无规律性	

如图 4–1 所示为交流发电机的示意图，当线圈在匀强磁场中逆时针旋转时，导线切割磁感线，于是，线圈产生感应电动势。

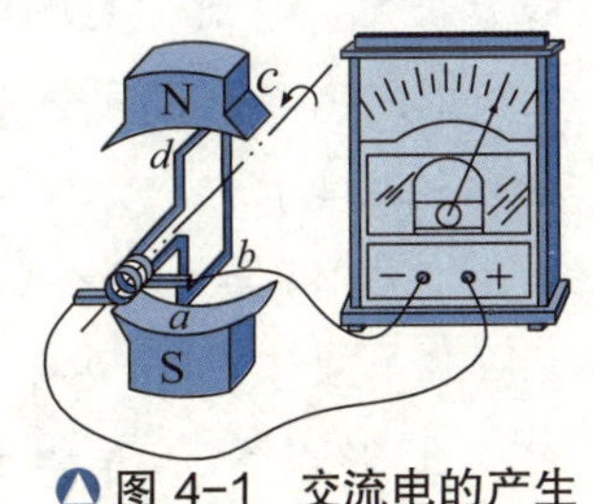

图 4–1　交流电的产生

如图 4–2 所示，设磁感应强度为 B，若匀强磁场中的线圈共有 N 匝，线圈平面以角速度 ω 沿逆时针方向匀速转动，在线圈平面与中性面（与磁场垂直的平面）重合时开始计时，则经过一段时间 t 后，线圈中感应电动势为

$$e = NBS\,\omega\sin\omega t = E_m \sin\omega t$$

式中　e —— 电动势的瞬时值（V）；

B —— 磁感应强度（T）；

S —— 平面的面积（m^2）；

E_m —— 电动势的最大值（V）；

ω —— 线圈的角速度（rad / s）。

如图 4–2 所示为正弦电动势的波形图，由图可知，在匀强磁场中匀速转动的线圈里产生的感应电动势是按正弦规律变化的。

当线圈平面跟中性面有一夹角 ϕ 时开始计时，感应电动势为 $e = E_m \sin(\omega t + \phi)$，该式为正弦交流电动势的解析式，正弦交流电压、电流等解析式与此相似。

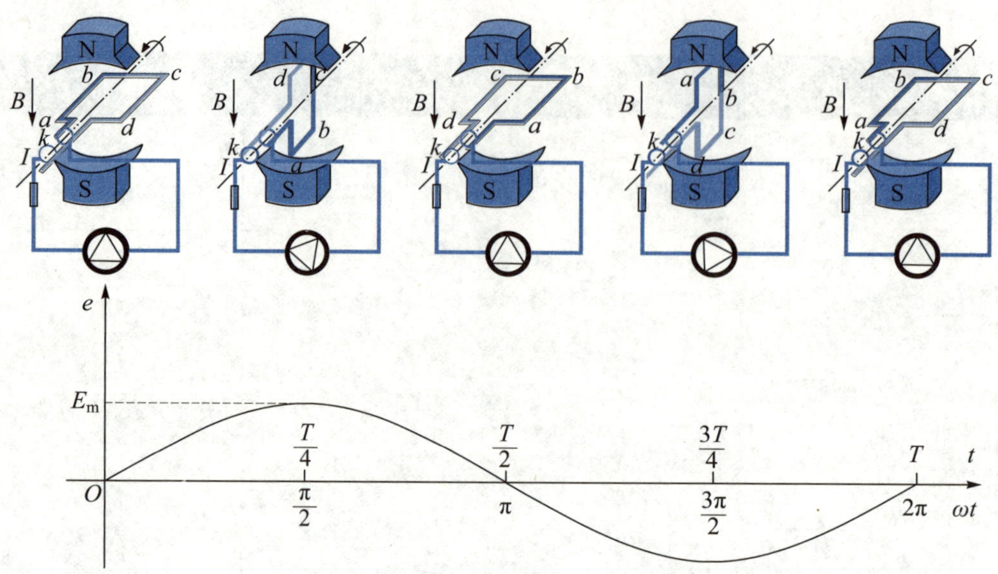

图 4-2 正弦交流电的产生

科技之窗

中国的巨型交流发电机组

一、水力发电

1. 举世闻名的三峡水利枢纽共安装单机容量为 70 万千瓦的水轮发电机组 32 台，单机容量 5 万千瓦水轮发电机组 2 台，总装机容量为 2250 万千瓦，在 2012 年 7 月全部投产发电。目前，其规模为世界第一。

2. 2014 年 6 月全部投产发电的溪浴渡水电站，共安装 18 台单机容量为 77 万千瓦的水轮发电机组，总装机容量为 1386 万千瓦。目前，其规模为世界第三，中国第二。

3. 2014 年 7 月全部投产发电的向家坝水电站，共安装 8 台单机容量为 80 万千瓦和 3 台单机容量为 45 万千瓦的水轮发电机组，总装机容量为 775 万千瓦。

4. 将在 2020 年完工的乌东德水电站，将安装 11 台单机容量为 85 万千瓦的水轮发电机组，总装机容量为 935 万千瓦。

5. 将在 2022 年完工的白鹤滩水电站，将安装 16 台单机容量为 100 万千瓦的水轮发电机组，总装机容量为 1600 万千瓦。届时，白鹤滩水电站总装机容量将位居中国第二。

二、火电发电

至 2014 年 7 月为止，中国目前投产运行的 100 万千瓦超超临界（火电汽轮机组根据蒸汽的压力和温度分为“超临界”和“超超临界”两类，“超超临界”机组的蒸汽压力 >25 Mpa，温度 >580℃，能源利用率更高）火电汽轮机组共有 66 台。

三、核能发电

1. 截至 2014 年 8 月，中国建成投入运行单机容量最大的核电机组是福建宁德核电站一期 4 台机组中于 2012 年 12 月投产和 2014 年 1 月投产的 2 台，每台为 108 万千瓦。

2. 目前在建的浙江三门核电站，将安装 6 台单机容量为 125 万千瓦的核电机组。

3. 截至 2014 年 8 月，中国建成投入运行的单机容量 100 万千瓦以上核电机组共 11 台。

想一想 日常家庭用电最多是哪一种电？

正弦交流电的基本参数

一、周期、频率和角频率

交流电每重复变化一次所需的时间称为周期，用字母 T 表示，单位为秒（s）。每秒变化的次数称为频率，用字母 f 表示，单位为赫兹（Hz）。频率与周期之间具有倒数关系，即

$$f=\frac{1}{T} \text{ 或 } T=\frac{1}{f}$$

我国和其他大多数国家都采用 50 Hz 作为电力标准频率（工频），像日本、美国等国家采用 60 Hz 的频率。

交流电每秒所变化的角度（电角度）称为角频率，用字母 ω 表示，单位为弧度/秒（rad/s）。因为交流电一周期内经历了 2π 弧度，所以角频率为

$$\omega=\frac{2\pi}{T}=2\pi f$$

上式中 T、f、ω 三者之间的关系，只要知道其中之一，其余参数均可求出。

二、最大值与有效值

1. 最大值

正弦交流电在一个周期所能达到的最大瞬间值称为最大值，用大写字母加下标表示，如 I_m、U_m 及 E_m。

2. 有效值

有效值用大写字母 I、U、E 表示，是根据电流的热效应来规定的。让一个交流电流和一个直流电流分别对相同的负载电阻供电，如果在相同的时间内产生的热量相等，那么就把这一直流电的数值叫作这一交流电的有效值。正弦交流电的有效值与最大值有如下关系：

$$\text{有效值}=\frac{1}{\sqrt{2}}\times\text{最大值}$$

即

$$I=\frac{I_m}{\sqrt{2}},\ U=\frac{U_m}{\sqrt{2}},\ E=\frac{E_m}{\sqrt{2}}$$

一般所讲的正弦电压或电流的大小，如交流电压 380 V 或 220 V 都是指有效值。交流安培表和伏特表的刻度也是根据有效值来确定的。

三、相位、初相位与相位差

正弦量是随时间变化的，它在任意时刻的电角度称为相位角，也称相位或相角，如 $i_1 = I_m \sin(\omega t + \varphi_0)$ 中，角度“$\omega t + \varphi_0$”称为正弦量的相位角或相位。当 $t = 0$ 时的相位角称为初相位角或初相，初相的范围为 $\varphi_0 \in (-\pi, +\pi]$。

小提示 所取计时起点不同，正弦量的初相位不同，其初始值也就不同。人们通常将正弦量的周期、有效值和初相称为正弦交流电的三要素。

两个同频率交流电的相位角之差称为相位差，也就是初相之差，用字母 $\Delta\varphi$ 表示，即

$$\Delta\varphi = (\omega t + \varphi_1) - (\omega t + \varphi_2) = \varphi_1 - \varphi_2,\quad \Delta\varphi \in [-\pi, +\pi]$$

如图 4-3(a) 所示，当 $\varphi_1 > \varphi_2$，即 $\Delta\varphi > 0$ 时，i_1 在 i_2 之前达到最大值，所以称 i_1 超前于 i_2，也可以说 i_2 滞后于 i_1。反之，若 $\Delta\varphi < 0$，则表示 i_1 滞后于 i_2 或 i_2 超前于 i_1。

如图 4-3（b）所示，当 $\varphi_1 - \varphi_2 = 0$，即 $\Delta\varphi = 0$ 时，两个正弦量同时到达零值或最大值，此时称为同相。

如图 4-3（c）所示，当 $\varphi_1 - \varphi_2 = \pm 180°$，即 $\Delta\varphi = \pm 180°$ 时，两个正弦量一个到达正向最大值，一个到达负向最大值，此时称为反相。

如图 4-3（d）所示，当 $\varphi_1 - \varphi_2 = \pm 90°$，即 $\Delta\varphi = \pm 90°$ 时，i_1 和 i_2 的相位相差 90°，即为正交。

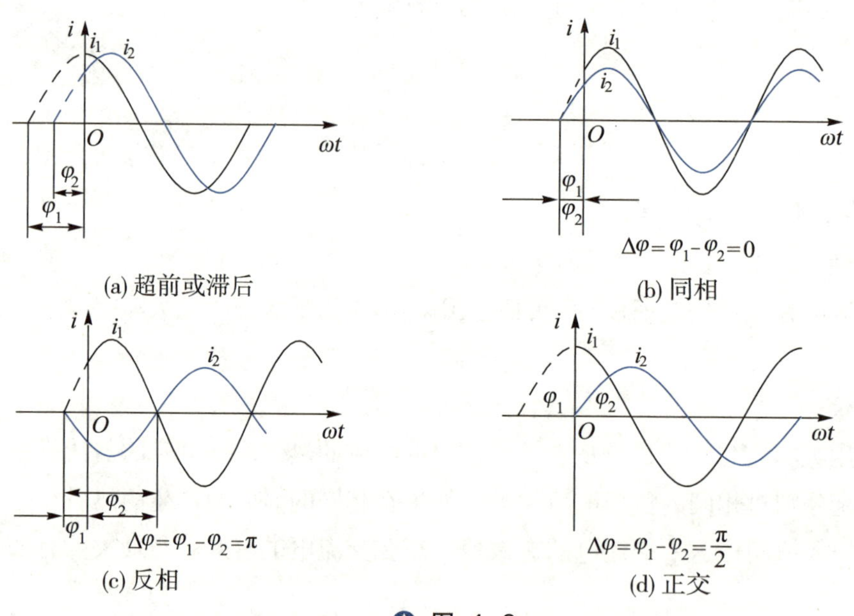

图 4-3

例 1 已知两正弦电流为 $i_1 = 10\sqrt{2}\sin(100\pi t - 30°)$ A，$i_2 = 10\sqrt{2}\sin(100\pi t + 30°)$ A。求：(1) 各电流的最大值和有效值；(2) 相位、初相位；(3) 画出波形图。

解：(1) 最大值　　$I_{m1}=10\sqrt{2}$ A　　$I_{m2}=10\sqrt{2}$ A

有效值　　$I_{m1}=\frac{10\sqrt{2}}{\sqrt{2}}$ A $=10$ A　　$I_{m2}=\frac{10\sqrt{2}}{\sqrt{2}}$ A $=10$ A

(2) 相位　　$\varphi_1=100\pi t-30°$　　$\varphi_2=100\pi t+30°$

初相位　　$\varphi_{01}=-30°$　　$\varphi_{02}=30°$

(3) 波形图如图 4–4 所示。

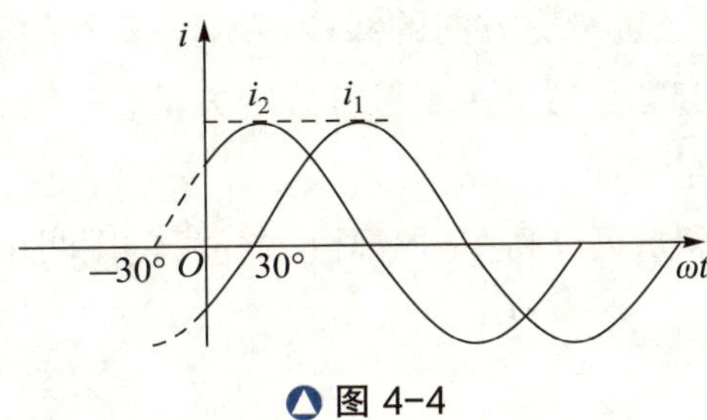

图 4–4

正弦交流电的表示法

正弦交流电的三要素有频率、最大值、初相。正弦交流电可以通过不同的方法表示。

一、解析式表示法

用正弦函数的数学表达式来表示正弦交流电的方法称为解析式表示法。例如，交流电压解析式为 $u=14.14\sin\left(100\pi t+\frac{\pi}{4}\right)$，由解析式可知

有效值　　$U=\frac{U_m}{\sqrt{2}}=\frac{14.14}{\sqrt{2}}\text{ V}\approx 10\text{ V}$

频率　　$f=\frac{\omega}{2\pi}=\frac{100\pi}{2\pi}\text{ Hz}=50\text{ Hz}$

初相位　　$\varphi_u=\frac{\pi}{4}$

二、波形图表示法

用与正弦交流电的解析式相对应的正弦曲线来表示该正弦交流电量称为波形图表示法。用波形图来表示正弦交流电时，其横坐标可以表示时间 t 或角度 ωt，如图 4–5 所示。

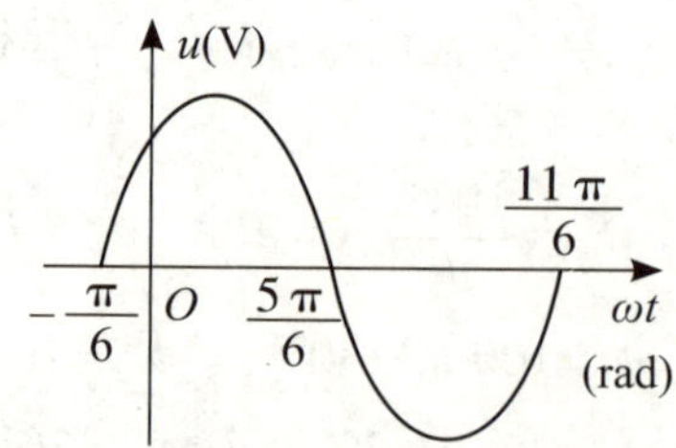

图 4-5　正弦交流电的波形图表示法

三、相量图表示法

在平面直角坐标系中，通过量有方向的线段表示正弦交流电的方法为正弦交流电的相量法。只需画出旋转矢量的起始位置。为了区分旋转矢量和一般的空间矢量，我们用大写字母上方加黑点来表示旋转矢量，如 $\dot{U}_m$ 、$\dot{E}_m$ 、$\dot{I}_m$ 等。

同频率的几个正弦量的相量可以画在同一图上，这样的图叫相量图，如图 4-6 所示。

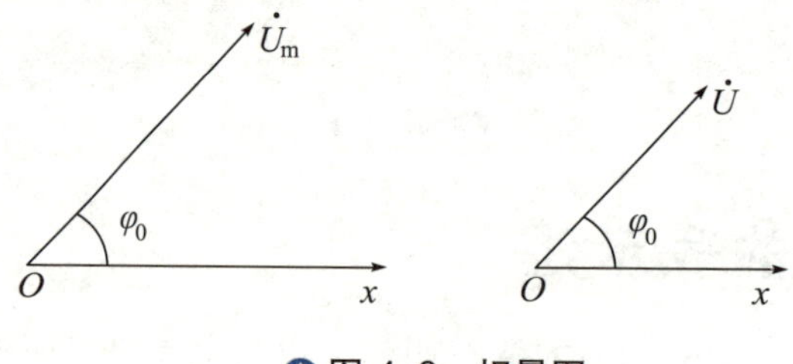

图 4-6　相量图

从相量图中可以看出正弦量的相位关系，利用平行四边形法则可以求同频率两正弦量的和与差。

例 2 已知 $u_1 = 30\sqrt{2}\sin(314t + 30°)$ V，$u_2 = 40\sqrt{2}\sin(314t - 60°)$ V，试画出 u_1、u_2 的相量图，并求 $u = u_1 + u_2$。

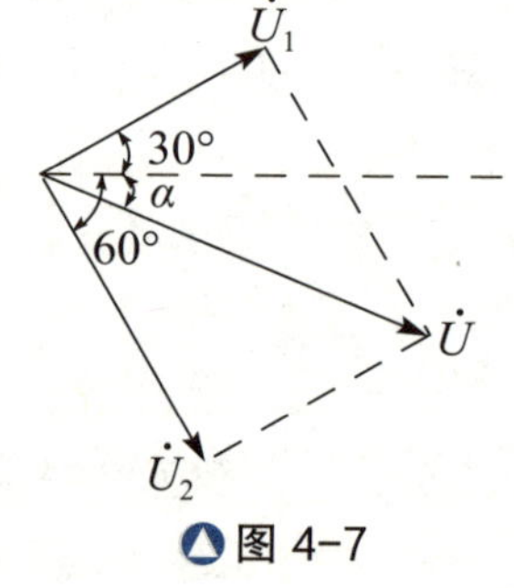

图 4-7

解： 相量图如图 4-7 所示，根据平行四边形法则，$\dot{U} = \dot{U}_1 + \dot{U}_2$，由图知：

$$U = \sqrt{U_1^2 + U_2^2} = \sqrt{30^2 + 40^2}\ \text{V} = 50\ \text{V}$$

$$\alpha = 60° - \arctan\frac{U_1}{U_2} = 60° - \arctan\frac{30}{40} \approx 60° - 36.9° = 23.1°$$

$$u = 50\sqrt{2}\sin(314t - 23.1°)\ \text{V}$$

学后测评

1. 已知 $i_1 = 14.1\sin(628t - 50°)$ A，$i_2 = 70.7\sin(628t + 40°)$ A，求它们的最大值、有效值、角频率、频率、周期、初相位、相位差，并画出相量图及波形图。

2. 已知电压、电流、电动势分别为 $u = 220\sqrt{2}\sin\left(\omega t - \frac{\pi}{6}\right)$ V，$i = 10\sqrt{2}\sin\left(\omega t + \frac{\pi}{6}\right)$ A，

$e=110\sqrt{2}\sin\left(\omega t+\dfrac{\pi}{3}\right)$ V，试写出它们的相量式，并画出有效值相量图。

3. 已知正弦电流 $i=10\sin(314t+120°)$ A。求：(1) I_m、I、T、f、ω、φ_i；(2) t 分别为 0 和 5 ms 时的瞬时值；(3) 画出波形图。

实训 3　练习使用测电笔和钳形电流表

实训目的

掌握测电笔和钳形电流表的使用方法。

实训器材

发光测电笔、数显测电笔及钳形电流表。

知识准备

一、认识测电笔

测电笔简称电笔，用来检查或测量低压导体和电气设备外壳是否带电，可区分火线与零线。其主要分为发光式测电笔、数显式测电笔和感应式测电笔，如图 4–8 所示，生活中常用的是前两种。

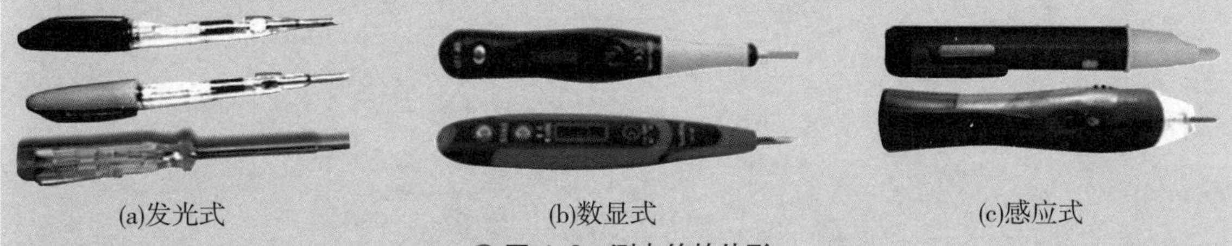
(a)发光式　(b)数显式　(c)感应式

图 4–8　测电笔的外形

普通测电笔一般有钢笔式和螺丝刀式两种结构，它的前端是金属探头，后部塑料外壳内装有氖泡、安全电阻和弹簧，尾部有金属端盖或钢笔型金属挂鼻，是使用时必须触及的金属部分。普通测电笔结构如图 4–9 所示。普通测电笔一般测量电压在 60~500 V 之间，低于 60 V 测电笔内的氖泡不会发光，高于 500 V 就不能用普通测电笔测量了，容易造成触电事故。测量交流电时，氖泡两端都发光，测量直流电时只有一端发光。

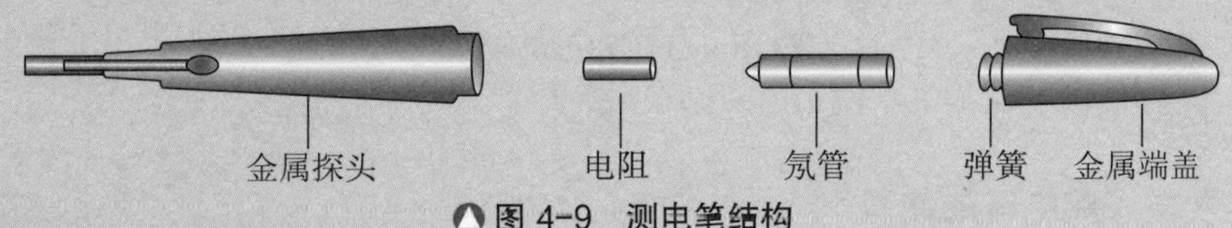

图 4–9　测电笔结构

数显式测电笔因能直接显示带电体的电压，并具有感应电压测量、断点测量等优点，被越来越多地使用。图 4–10 为数显式测电笔各部分名称。

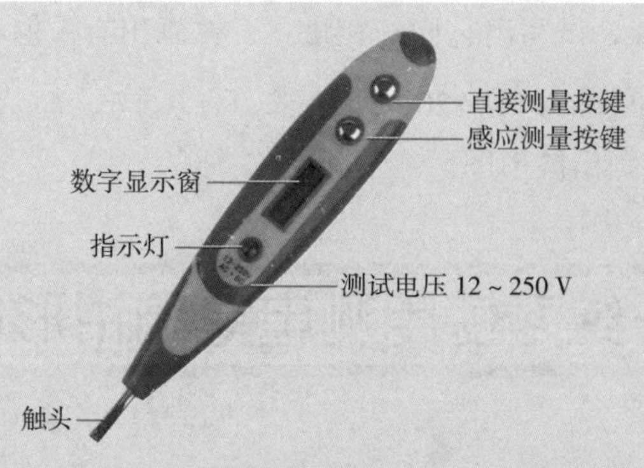

△ 图 4-10 数显式测电笔

二、认识钳形电流表

1. 钳形电流表的结构

钳形电流表是一种用于在不拆断线路的情况下直接测量线路中电流的仪表，它主要由铁芯可以张开的穿心式电流互感器和一个电磁式电流电流表构成，如图 4-11 所示。

2. 钳形电流表的工作原理

被测载流导线置于钳口中央，该载流导线即成为电流交感器匝数为一匝的一次绕组，铁芯中有交变磁通通过，绕在铁芯另一侧的二次绕组产生感应电流通过电流表显示出被测电流的数值。

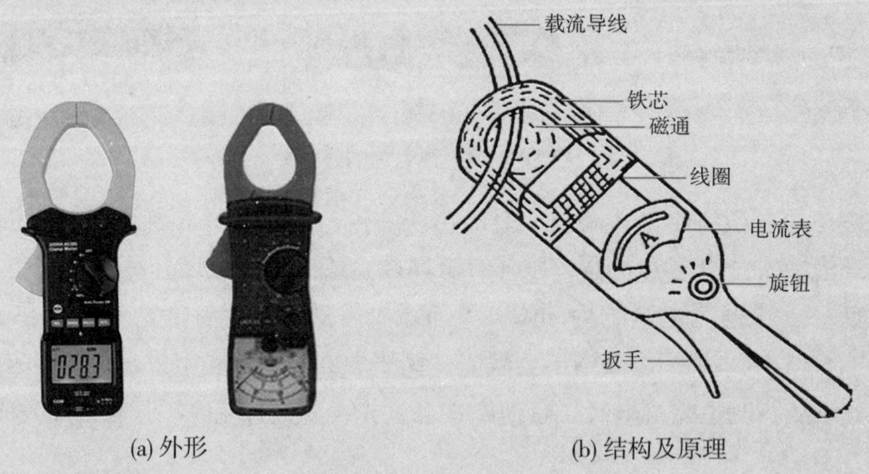

(a) 外形　　(b) 结构及原理

△ 图 4-11 钳形电流表

实训步骤

步骤 1 发光测电笔的使用

如图 4-12 所示为钢笔式和螺丝刀式两种发光测电笔的使用方法。

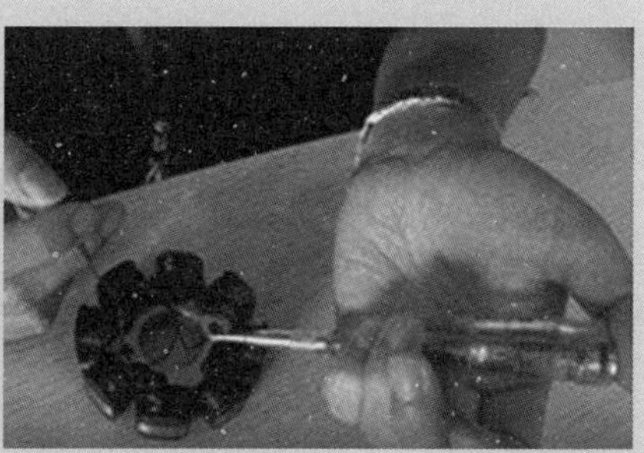
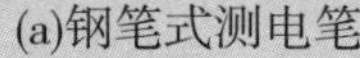
(a)钢笔式测电笔

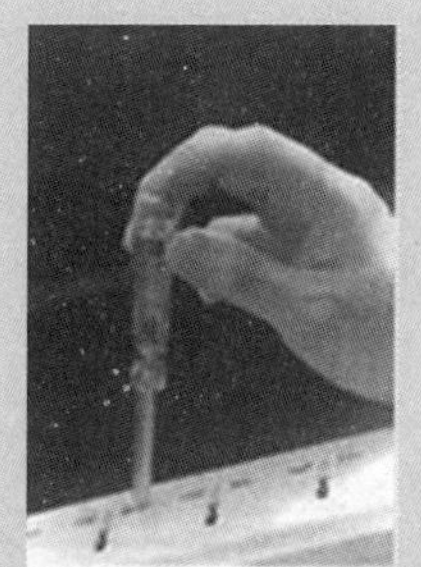
(b)螺丝刀式测电笔

图 4-12 发光测电笔的使用

步骤 2 数显式测电笔的使用

如图 4-13 所示为数显式测电笔常用的几种测量功能。

1. 直接检测

① 最后数字为所测电压值；

② 未到高断显示值 70% 时，显示低断值；

③ 测量直流电时，应手碰另一极。

2. 间接检测

按住 B 键，将触头靠近电源线，如果电源线带电，数显式测电笔的显示器上将显示高压符号。

3. 断点检测

按住 B 键，沿电线纵向移动时，显示窗内无显示处即为断点处。本测电笔适用于直接检测 12~250 V 的交直流电和间接检测交流电的零线、相线，还可测量不带电导体。

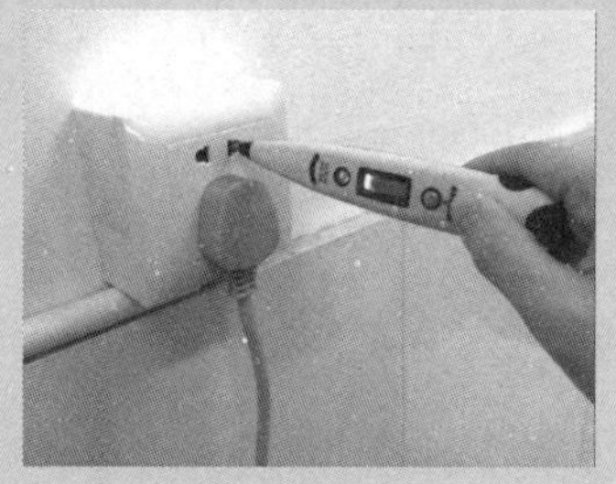
(a) 电压测量

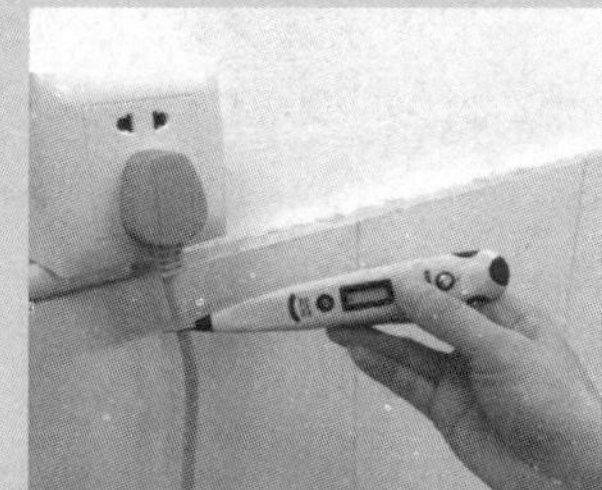
(b) 感应电压测量

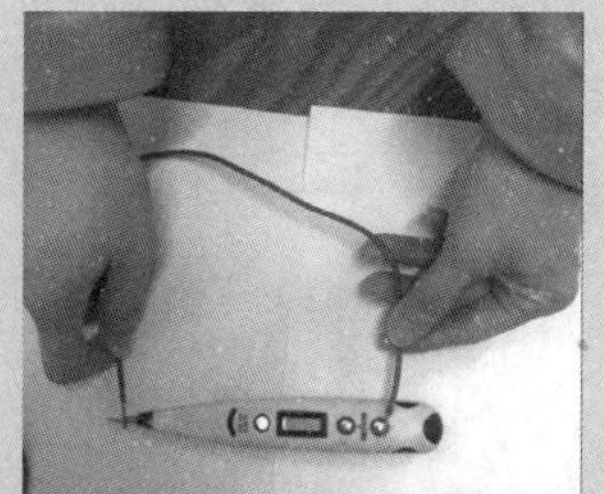
(c) 导线通断测量

图 4-13 数显式测电笔的使用

步骤 3 钳形电流表的使用

1. 根据被测电流的种类电压等级正确选择钳形电流表。

2. 正确检查钳形电流表的外观情况，钳口闭合情况及表头情况等是否正常。

3. 根据被测电流大小来选择合适的钳形电流表的量程。

4. 正确测量。测量时，应按紧扳手，使钳口张开。将被测导线放入钳口中央，松开扳手并使钳口闭合紧密。

5. 读数后，将钳口张开，退出被测导线，将挡位置于电流最高挡或“OFF”挡。

注意事项

1. 使用测电笔时的注意事项

⑴ 使用测电笔时，不能用手触及测电笔前端的金属探头，这样做会造成人身触电事故。

⑵ 使用测电笔时，一定要用手触及测电笔尾端的金属部分。

⑶ 在测量电气设备是否带电之前，先要找一个已知电源，测试测电笔的氖管能否正常发光，能正常发光，才能使用。

⑷ 在明亮的光线下测试带电体时，应特别注意氖管是否真的发光（或不发光），必要时可用另一只手遮挡光线仔细判别。

2. 使用钳形电流表应注意的事项

⑴ 测量前，指针式钳形电流表应进行机械调零。

⑵ 选择量程时，应先估计被测电流值，如不能估计，则从最大量程开始，依次递减。测量过程中，不能带电转换量程。

⑶ 每次只能测量单相载流导线。

⑷ 为减少测量误差，被测载流导线应置于钳口中央。

⑸ 测量过程中，钳口要闭合对正，接触紧密。如遇有杂音，可张开钳口，检查是否清洁，或重新张合钳口，使钳口对正，直至杂音消失为止。

⑹ 观测读数时，要注意人体的任何部位（特别是头部）与带电导线的安全距离不得小于钳形电流表的整个长度。

⑺ 注意三相导线间的距离要均等。

⑻ 当电缆有一相接地时，严禁测量。

⑼ 在配电室或变电站测量高压回路的电流应使用高压钳形电流表并按高压操作规程进行。

⑽ 测量结束后，应把钳形电流表量程转换旋钮转到最高挡并保存在干燥的室内。

课题 2　单相正弦交流电路的分析

任务书

1. 理解纯电阻电路的电压与电流的关系，了解其瞬时功率、有功功率。
2. 理解纯电感电路的电压与电流的关系，了解其感抗、有功功率和无功功率。
3. 理解纯电容电路的电压与电流的关系，了解其容抗、有功功率和无功功率。

纯电阻交流电路的分析

一、电压与电流的关系

交流电路中负载只有电阻的电路称为纯电阻电路，如图 4–14（a）所示。在日常生活中，如白炽灯、电炉、电烙铁等都属于电阻性负载，它们与交流电源连接可看成纯电阻电路。

1. 电压与电流的大小关系

设加在电阻 R 上的交流电压 $u=U_m\sin\omega t$，实验证明，在一瞬间通过电阻的电流 i 仍可用欧姆定律计算，即

$$i=\frac{u}{R}=\frac{U_m\sin\omega t}{R}=I_m\sin\omega t$$

在等式 $I_m=\dfrac{U_m}{R}$ 两边同除以 $\sqrt{2}$，则得

$$I=\frac{I_m}{\sqrt{2}}=\frac{U_m}{\sqrt{2}R}=\frac{U}{R}$$

由此可知，在纯电阻电路中，电流与电压的瞬时值、最大值、有效值都符合欧姆定律。

2. 电压与电流的相位关系

由 $u=iR$ 可知，在纯电阻电路中，流经电阻中的端电压和电流同相，即电阻对电流和电压的相位关系没有影响，它们的波形图及相量图如图 4–14（b）(c）所示。

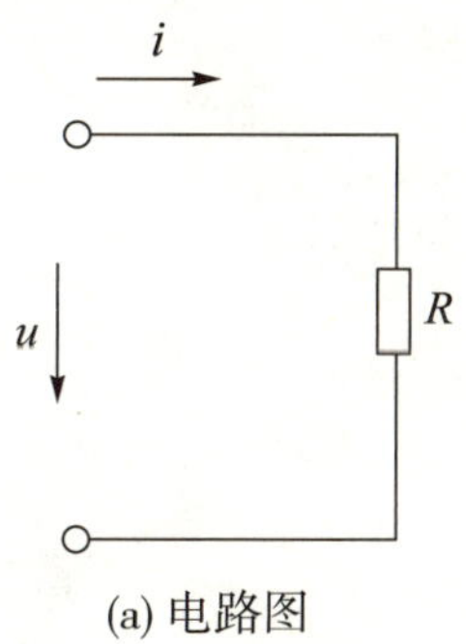

(a) 电路图

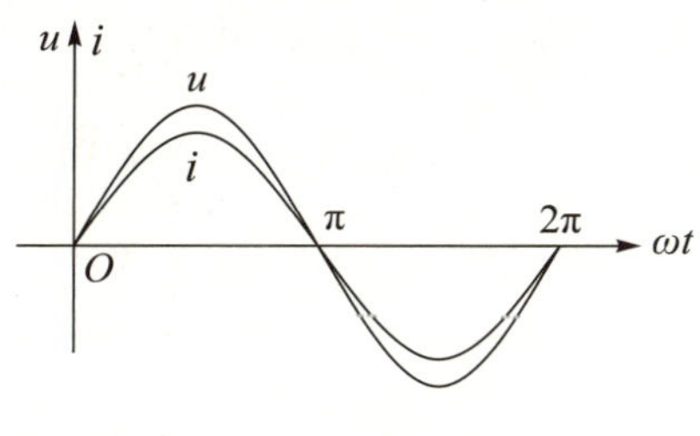

(b) 电压与电流正弦波形图

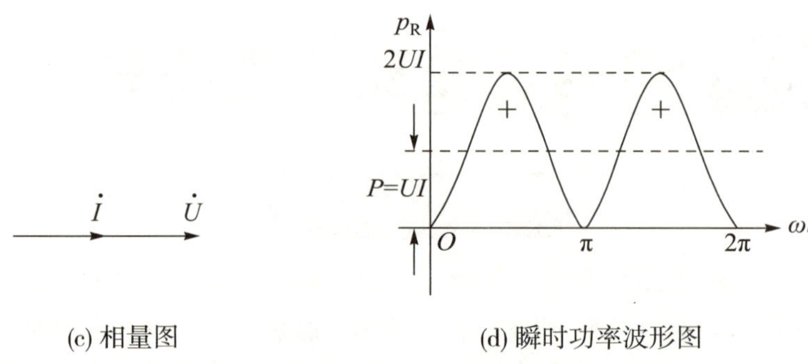

(c) 相量图 (d) 瞬时功率波形图

图 4-14 纯电阻电路

二、功率

1. 瞬时功率

在任一瞬间，电阻中电流瞬时值与电压瞬时值的乘积，称为电阻获取的瞬时功率。用字母 p_R 表示，即

$$p_R = ui = \frac{U_m^2}{R}\sin^2\omega t\ (\text{或}\ p_R = UI - UI\cos 2\omega t)$$

瞬时功率是随时间变化的，其功率曲线如图 4-14（d）所示。由于电流和电压同相，所以 p_R 在任一瞬时间的数值都大于或等于零，这就说明电阻元件总要消耗功率，是耗能元件。

2. 有功功率

由于瞬时功率是变化的，不便计算，因此我们通常用电阻在一个周期内消耗的功率的平均值来表示功率的大小，这称为有功功率，又称平均功率，用大写字母 P 表示，单位为瓦（W），计算公式为

$$P = UI = RI^2 = \frac{U^2}{R}$$

例 1 有一个额定值为 220 V、1 000 W 的电阻炉，接在 220 V 的交流电源上，求通过电阻炉的电流和它的电阻。如果连续使用 1 小时，则所消耗的电能是多少？

解： 电流 $$I = \frac{P}{U} = \frac{1\,000}{220}\ \text{A} \approx 4.5\ \text{A}$$

电阻 $$R = \frac{U^2}{P} = \frac{220^2}{1\,000}\ \Omega = 48.4\ \Omega$$

电能 $$W = Pt = 1\,000\ \text{W}\cdot\text{h} = 1\ \text{kW}\cdot\text{h}$$

认识电感器

一、电感器的种类

电感器俗称电感线圈，它的应用范围很广，发电机、电动机、变压器、继电器等电气设备中的绕组就是各种各样的电感线圈。由于电感器件的形态各异，应用场合也有差别，常见的电感线圈图形符号及其文字符号见表 4–2。

表 4–2　常见的电感线圈图形符号及其文字符号

类型	图形符号	电感器件	类型	图形符号	电感器件
空心电感线圈	L		铁芯电感器	L	
带磁芯可调电感线圈	L		磁芯电感器	L	

二、检测电感器的好坏

1. 检测电感器通断情况

电感器通断情况的检测方法见表 4–3。

表 4–3　电感器通断情况的检测

检测方法	现　象	可能原因	结　论
将万用表调至“$R\times1$”挡，两表笔不分正、负，与电感器的两引脚相接	表针指示电阻值为零点几欧	—	电感良好
	表针不动	断路	电感损坏
	表针指示电阻值为零	严重短路	电感损坏
	表针指示电阻值很大	线圈中有几股断线	电感损坏

2. 检测绝缘情况

将万用表调至与“$R\times10$ k”挡，检测电感器的绝缘情况，此种方法主要针对具有铁芯或者金属屏蔽罩的电感器。检测时，测量线圈引线与铁芯或金属屏蔽罩之间的电阻值，若电阻值无穷大（或表针不动），说明电感器绝缘较好；反之，说明该电感器绝缘不良。

电感量

当电流 I 流过线圈时，线圈周围会产生磁场。当线圈的匝数 N 固定时，通过的电流越大，则产生的磁通 Φ 也越大。由此可知，产生的总磁通（匝数 N 与磁通的乘积）和电流成正比，其比值称为电感量，简称电感，用字母 L 表示，即

$$L=\frac{N\Phi}{I}$$

电感量的国际单位是亨利，简称亨，用字母 H 表示。常用的单位还有毫亨（mH）和微亨（μH），三者之间的关系是

$$1\ \mathrm{H}=10^3\ \mathrm{mH}=10^6\ \mu\mathrm{H}$$

电感量为常数的电感器称为线性电感。线性电感的电感量只与线圈的形状、尺寸和匝数有关，与电流的大小无关。磁通 Φ 的单位为韦伯（Wb）。

加油站

电感器的主要参数

1. 电感量：电感器的电感量反映了电感器产生磁通的能力，也表示了其储存磁场能的本领。不同的电感器有不同的电感量，其大小与线圈的匝数、外形、尺寸及内部磁介质有关。

2. 品质因数 Q：表示线圈质量的一个物理量，用字母 Q 表示，为感抗 X_L 与其等效电阻的比值，即 $Q=\frac{X_L}{R}$。

3. 允许偏差：指电感量实际值与标称值之差除以标称值所得的百分数。

4. 额定电流：指线圈允许通过的电流大小，通常用字母 $A \sim E$ 分别表示，具体见表 4-4。

表 4-4 电感线圈额定电流的等级

标　记	*A*	*B*	*C*	*D*	*E*
额定电流（mA）	50	150	300	700	1 600

5. 分布电容：指线圈的匝与匝之间存在的电容，分布电容越小越好。

纯电感交流电路分析

一、电压与电流的关系

在交流电路中，如果用电感线圈做负载，且这些线圈的内阻忽略不计，那么这个电路称为纯电感电路，如图 4-15（a）所示。

1. 电压与电流的大小关系

在纯电感电路中，电流与电压成正比，与感抗成反比，即

$$I=\frac{U}{X_L}$$

这就是纯电感电路欧姆定律的表达式。感抗表示线圈对通过的交流电所呈现的阻碍作

用，其单位也为欧姆（Ω）。

小提示 虽然感抗与电阻的作用相似，但是它与电阻对电流的阻碍有本质的区别。

将上式两端同乘 $\sqrt{2}$ 可得

$$I_m = \frac{U_m}{X_L}$$

由此可知，在纯电感电路中，线圈电压和电流的最大值、有效值之间的关系也符合欧姆定律。

理论和实验证明，感抗的大小与电源频率成正比，与线圈的电感成正比。感抗公式为

$$X_L = 2\pi f L$$

由此可知，频率越高，感抗越大，表明电感对高频电流阻碍作用越大；对于直流而言，由于频率为零，所以感抗为零，可将电感视为短路，所以电感具有“通直流、阻交流”和“通低频、阻高频”的作用。

2. 电压与电流的相位关系

实验证明，在纯电感电路中，在相位上电流比电压滞后 90°（即 $\varphi_u - \varphi_i = 90°$）。电压和电流的波形图及相量图如图 4-15（b）（c）所示。

由此可见，电感元件的电压与电流的瞬时值不满足欧姆定律。

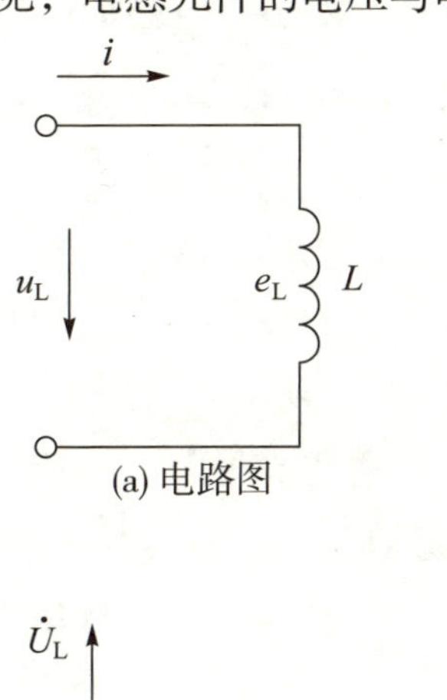

(a) 电路图

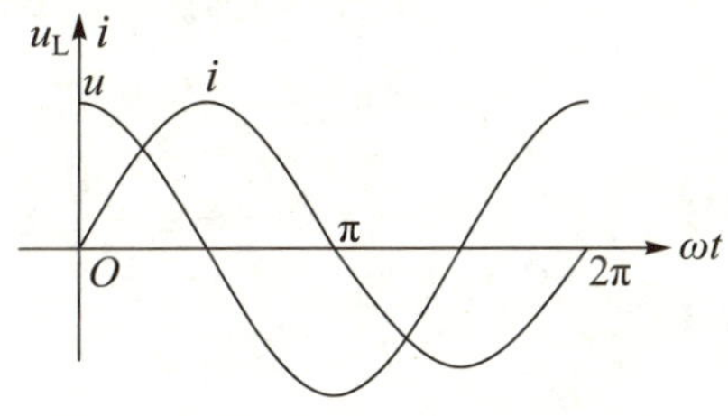

(b) 电压与电流正弦波形图

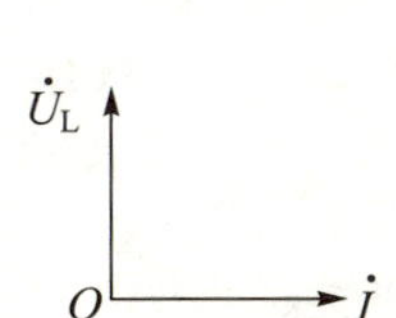

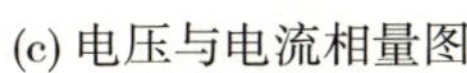

(c) 电压与电流相量图

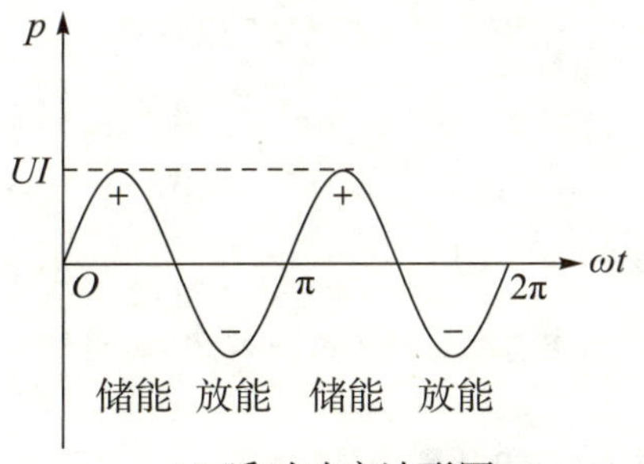

(d) 瞬时功率波形图

图 4-15　纯电感电路

二、功率

1. 瞬时功率

任一瞬间，电感上的电压与电流的瞬时值的乘积称为瞬时功率，即

$$p_L = ui = UI\sin 2\omega t$$

瞬时功率的曲线如图 4-15（d）所示。

2. 有功功率

由电感元件瞬时功率波形图可知，瞬时功率在一个周期内吸收的能量与释放的能量相等，也就是说电感元件是储能元件，并不消耗功率，所以有功功率为 0，即 $P = 0$。

3. 无功功率

电感瞬时功率的最大值称为无功功率，用来反映电能与磁场能交换的规模，用大写字母 Q_L 表示，即

$$Q_L = UI = X_L I^2 = \frac{U^2}{X_L}$$

在国际单位制中无功功率的单位为乏（var）。

小提示 无功功率并不是无用功率，无功只表示不对外做功，它仍具有实际物理含义。

例2 一个线圈的电感 $L = 350\ \text{mH}$，其电阻可忽略不计，接至频率为 50 Hz、电压为 220 V 的交流电源上。

⑴ 求流过线圈的电流 I。以电压为参考相量，画出相量图，并计算无功功率。

⑵ 若保持电源电压不变，电源频率改为 5 kHz 时，线圈中的电流与无功功率又是多少？

解：⑴ 线圈感抗 $X_L = 2\pi f L = 2\pi \times 50\ \text{Hz} \times 0.35\ \text{H} \approx 110\ \Omega$

流过线圈的电流 $I = \frac{U}{X_L} = \frac{220}{110}\ \text{A} = 2\ \text{A}$

无功功率 $Q_L = I^2 X_L = 2^2 \times 110\ \text{var} = 440\ \text{var}$

设 $\dot{U} = 220\angle 0°\ \text{V}$，则 $\dot{I} = 2\angle -90°\ \text{A}$，相量图如图 4-16 所示。

⑵ 若电源频率改为 5 kHz，线圈感抗

$$X_L = 2\pi f L = 2\pi \times 5\,000\ \text{Hz} \times 0.35\ \text{H} = 10\,990\ \Omega$$

流过线圈电流 $I = \frac{U}{X_L} = \frac{220}{10\,990}\ \text{A} \approx 20\ \text{mA}$

无功功率 $Q_L = I^2 X_L = [(20 \times 10^{-3})^2 \times 10\,990]\ \text{var} \approx 4.4\ \text{var}$

$\dot{U}$ $\dot{I}$

图 4-16 相量图

想一想 试说明电感元件与电阻元件之间的差别。

认识电容器

一、电容器的结构和类型

1. 电容器的结构

电容器是一种储能元件，实物如图 4-17 所示。

图 4-17 电容的实物

电容器是两块导体之间存在绝缘材料的一种电路元件，这两块导体称为电容器的极板，隔开的绝缘材料叫电介质，简称介质，其结构及图形符号如图 4-18 所示。

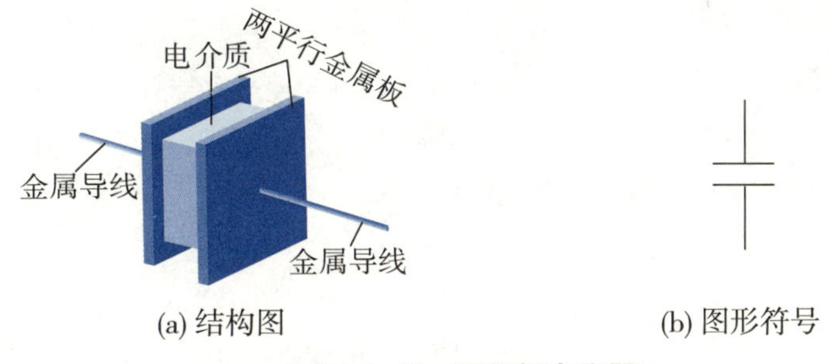

图 4-18 平行板电容器

2. 电容器的种类

电容器广泛应用于电子电路中的耦合、滤波及调谐等；在电力系统中，电容器也常用于提高电动机等感性负载电路的功率因数。根据不同分类方式，电容器种类较多，具体分类如图 4-19 所示。

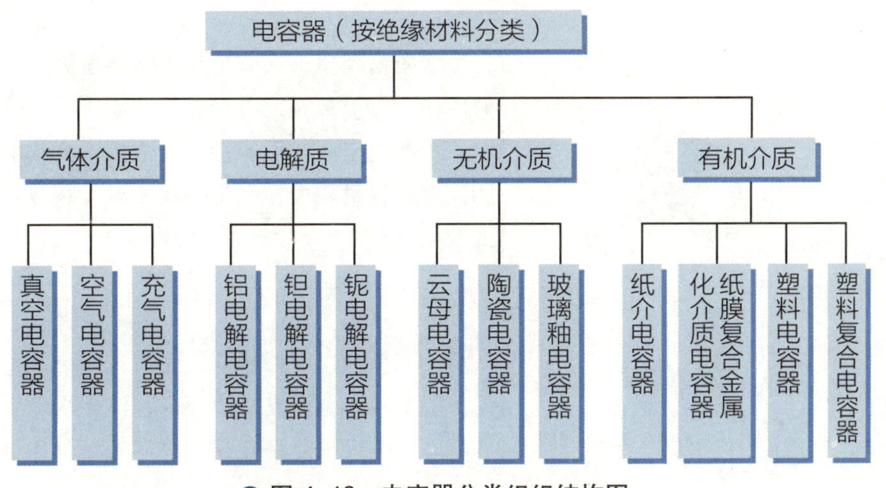

图 4-19 电容器分类组织结构图

下面介绍几种常见的电容器。

（1）固定电容器

固定电容器的电容量是固定不可变的，常用的固定电容器的分类及特点见表 4-5。

表 4-5 固定电容器的分类及特点

名 称	外形图	特点及应用
纸介电容器	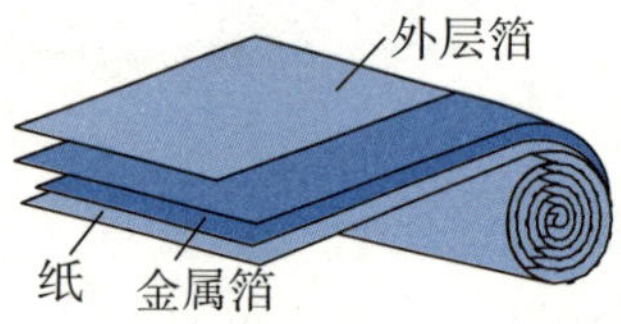 外层箔 纸 金属箔	用两片金属箔做电极，夹在极薄的电容纸中，卷成圆柱形或扁柱形芯子，然后密封在金属壳或绝缘材料（如火漆、陶瓷、玻璃釉等）壳中制成。特点是体积较小，容量较大。但固有电感和损耗都比较大，用于低频电路中
云母电容器	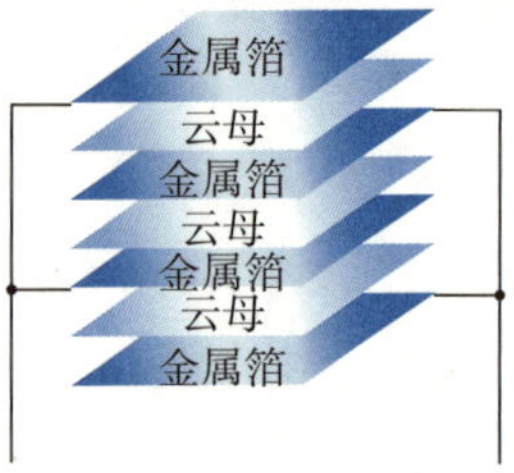 金属箔 云母 金属箔 云母 金属箔 云母 金属箔	以云母为介质，金属箔或金属膜为电极，一层一层叠合后，再压铸在胶木粉或封固在环氧树脂中制成。特点是介质损耗小，绝缘电阻大，温度系数小，适用于高频电路中
电解电容器	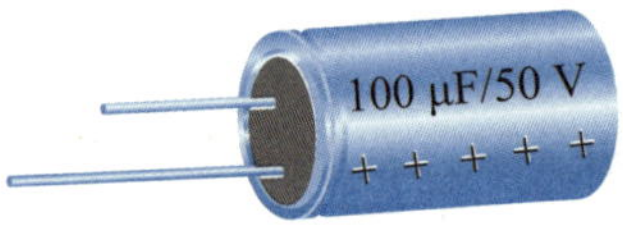 100 μF/50 V + + + + +	分为铝电解电容器和钽电解电容器。铝电解电容器容量大，能耐受大的脉动电流，容量误差大，泄漏电流大，不宜使用在 25 kHz 以上频率电路中，而常用于低频电路、信号耦合、电源滤波电路中。钽电解电容器的寿命长，容量误差小，体积小，常用于超小型、高可靠机件中
陶瓷电容器	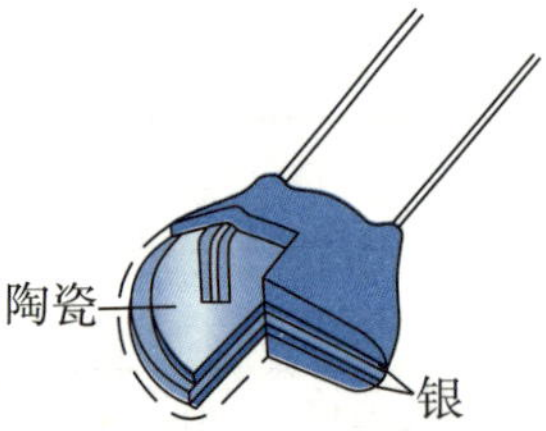 陶瓷 银	用陶瓷做介质，在陶瓷基体两面喷涂银层，然后烧成银质薄膜做极板制成。特点是体积小，耐热性好、损耗小、绝缘电阻高，但容量小，适用于高频电路中。铁电陶瓷电容容量较大，但是损耗和温度系数较大，适用于低频电路中
薄膜电容器	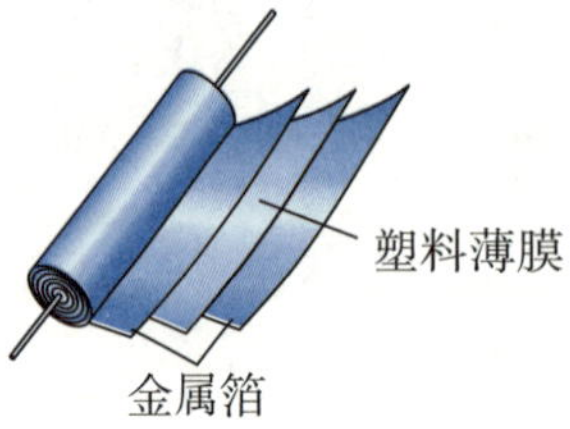 塑料薄膜 金属箔	结构和纸介电容器相同，介质是涤纶或聚苯乙烯。涤纶薄膜电容器，介电常数较高，体积小，容量大，稳定性较好，适宜做旁路电容。聚苯乙烯薄膜电容器，介电损耗小，绝缘电阻高，耐热能力差

（2）可变电容器

可变电容器的电容量在一定范围内是可以调节的，如图 4–20 所示，常用于无线通信设备的调谐电路中。

图 4-20　可变电容器

（3）电力电容器

电力电容器是使用在电力线路上，用于补偿无功功率提高功率因数及其他用途的电容器。和一般电容器相比，电力电容器有体积大、耐压高的特点。

电力电容器的种类很多，按电压等级分为高压、低压；按安装地点分为户外、户内；按使用环境分为高原、湿热地带、污秽地区；按相数分为单相、三相；按用途分为串联、并联、电热、均压、耦合、滤波。

电力电容器主要由外壳、电容元件、固体或液体绝缘、紧固体、引出线和套管等元件组成。电容元件主要采用卷绕的形式；外壳有金属外壳和塑料外壳两种；固体绝缘可以是聚丙烯膜、电容器纸、复合介质等；液体绝缘可以是十二烷基苯、二芳基乙烷、卡基甲苯及苯基乙苯基乙烷等。

二、检测电容器的好坏

利用万用表的指针摆动情况可以检测大、小容量电容器的故障现象，其具体描述见表 4-6。

表 4-6　检测大、小容量电容器的故障现象

电容器	量程选择	正常	断路	短路损坏	漏电现象
大容量	“$R\times1$ k”或“$R\times100$ k”	先向右偏转，再迅速向左回归	指针不动	向右偏转后不向左回归	$R<500$ k
小容量	“$R\times10$ k”	所测电阻值越大越好	指针不动	电阻值很小或为零	漏电电阻值约几十兆欧至几百兆欧

小提示　小容量电容器一般是指 10 pF 以下的电容器。

电容量

一、电容量的定义

电容器所带电量 Q 与两极板间电压 U 之比称为电容器的电容量，简称电容，用符号 C 表示。其定义式为

$$C=\frac{Q}{U}$$

电容的单位为法拉（F），但因实际电容器的容量不大，常用单位是微法（μF）、纳法（nF）、皮法（pF）等，四者之间的关系为

$$1\ \text{F} = 10^{6}\ \mu\text{F} = 10^{9}\ \text{nF} = 10^{12}\ \text{pF}$$

小提示 类比法理解电容的概念（水容器与电容器）

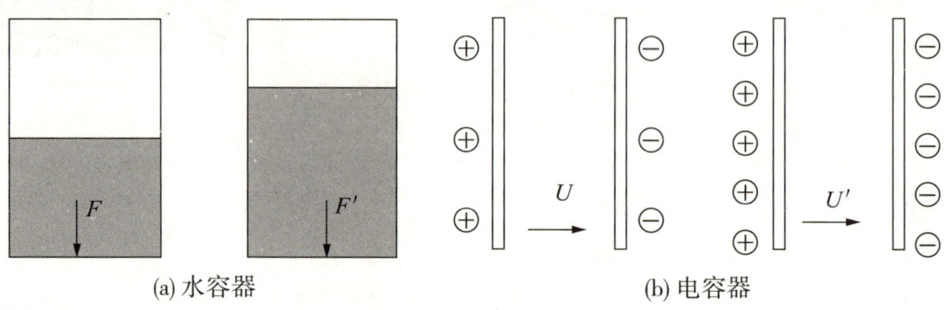

图 4-21　水容器与电容器

如图 4-21 所示，水杯容纳的水越多，对杯底产生的压力越大，但水杯的水容量与它容纳的水多少无关；电容器容纳的电荷越多，两极间电压越大，但电容器所能容纳电荷的能力与其已容纳的电荷多少无关。

二、平行板电容器的电容

平行板电容器（图 4-18）的电容 C 与介电常数 ε 及两极板的正对面积 S 成正比，与极板间的距离 d 成反比，即

$$C = \frac{\varepsilon S}{d}$$

式中介电常数 ε 由介质的性质决定，单位是 F/m 。真空介电常数

$$\varepsilon_0 \approx 8.86 \times 10^{-12}\ \text{F/m}$$

某种介质的介电常数 ε 与真空介电常数 ε_0 之比称为该介质的相对介电常数，用 ε_r 表示，即

$$\varepsilon_r = \frac{\varepsilon}{\varepsilon_0}$$

小提示 介质的相对介电常数 ε_r 没有单位。

三、电容器的标注

电容器的种类很多，为了区别开来，我国也常用几个字母来表示电容的类别。具体描述见表 4-7。

表 4-7　电容器的类别和符号

顺　序	类　别	名　称	简　称	符　号
第一个字母	主称	电容器	容	C
第二个字母	介质材料	纸介	纸	Z
		电解	电	D
		云母	云	Y
		高频瓷介	瓷	C
		低频瓷介	—	T
		金属化纸介	—	J
		聚苯乙烯有机薄膜	—	B
		涤纶等有机薄膜	—	L
第三个字母以后	形状	筒形	筒	T
		管状	管	G
		立式矩形	立	L
		圆片形	圆	Y
	结构	密封	密	M
	大小	小型	小	X

电容器的主要参数有电容量、额定电压、允许偏差、工作温度等。电容器的标注尚没有一套国际标准的规定，以下介绍几种常见的标注法。

1. 直标法

直标法是将主要参数和技术指标直接标注在电容器表面上，如图 4-22（a）所示。电容器上标有“CD292　400 V　560 μF”，这表示该电容器为电解电容器，额定电压为 400 V，电容量为 560 μF 。

2. 数标法

数标法通常由三位数字表示，前两位表示有效数字，第三位上的数字表示倍率，单位为皮法（pF），如图 4-22（b）所示。电容器上标有“225 J　400 V”表示该电容器的电容量为 22×10^5 pF ，误差为 5 %，额定电压为 400 V 。

(a) 直标法

(b) 数标法

图 4-22　电容器的标注

容量大的电容器其容量值在电容器上直接标明，容量小的电容器其容量值在电容器上用字母或数字表示。允许偏差值数码表见表 4-8。

表 4-8 允许偏差值数码表

符号	B	C	D	F	G	J	K	M	N
允许偏差	0.1 %	0.25 %	0.5 %	1 %	2 %	5 %	10 %	20 %	30 %

加油站

电容器的其他标注法

1. 字母标注法

字母标注法使用的标注字母有 p、n、μ、m 四个，分别表示 pF、nF、μF、mF 。字母既表示小数点，又表示后缀单位。如 p10 表示 0.1 pF ，1p0 表示 1.0 pF ，6p8 表示 6.8 pF ，2μ2 表示 2.2μF，7p5 表示 7.5 pF，2n2 表示 2.2 nF 。

2. 色标法

色标法可用三环或四环标注法标注出电容器的电容量与误差值，其规则与电阻的色环标注法大体相同，但误差值的色环有所不同，具体见表 4-9 。例如，电容器色环为黄紫橙，表示电容量为 47×10^3 pF 。

表 4-9 色环误差值

颜色	白	黑	棕	红	橙	绿
误差值	10 %	20 %	1 %	2 %	3 %	5 %

纯电容交流电路分析

一、电压与电流的关系

在交流电路中，如果电容器的漏电阻和分布电感可以忽略不计，这种电路称为纯电容电路，如图 4-23（a）所示。

1. 电压与电流大小关系

在纯电容电路中，电流与电压成正比，与容抗成反比，即

$$I=\frac{U}{X_C}$$

这就是纯电容电路欧姆定律的表达式。容抗表示电容器对电路中的交流电所呈现的阻碍作用，用符号 X_C 表示，单位为欧姆（Ω）。

将上式两端同乘 $\sqrt{2}$ 可得

$$I_m=\frac{U_m}{X_C}$$

由此可知，在纯电容电路中，电压和电流的最大值、有效值之间的关系也符合欧姆定律。

理论和实验证明，容抗 X_C 与电容器的电容量 C 和交流电的频率 f 成反比，公式为

$$X_C = \frac{1}{\omega C} = \frac{1}{2\pi fC}$$

上式表明，同一个电容器（C 为定值），对不同频率的正弦电流表现出不同的容抗，频率越高，容抗越小，所以，电容器在电路中有“通交流、隔直流”和“通高频、阻低频”的作用。

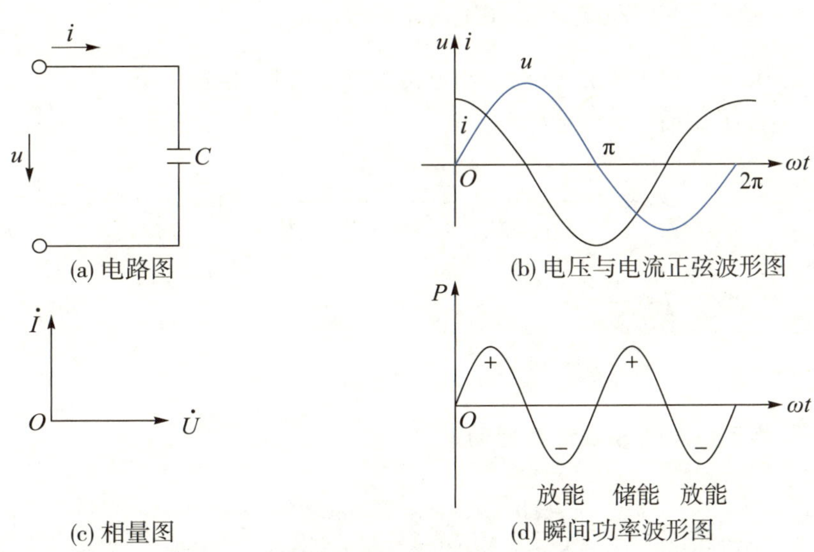

图 4-23 纯电容电路

2. 电压与电流的相位关系

实验证明，在纯电容电路中，电流在相位上比电压超前 90°（即 $\varphi_u - \varphi_i = 90°$）。电压 u 和电流 i 的波形图及相量图如图 4-23（b）(c）所示。

二、功率

1. 瞬时功率

任一瞬间，电容元件上的电流与电压瞬时值的乘积称为瞬时功率，即

$$p_C = ui = \sqrt{2}U\sin\omega t \times \sqrt{2}I\sin(\omega t + 90°) = UI\sin 2\omega t$$

瞬时功率波形图如图 4-23（d）所示。

2. 有功功率

与电感一样，电容元件是储能元件，不消耗功率，所以有功功率为零，即 $P = 0$。

3. 无功功率

与电感一样，用瞬时功率的最大值表示电能与电场能交换的规模，即

$$Q_C = UI = X_C I^2 = \frac{U^2}{X_C}$$

例3 设有一个电容量 $C = 50\ \mu F$ 的电容器，接在 $f = 50$ Hz、$U = 10$ V 的交流电源上，求无功功率，并画出相量图。当电源频率变为 2 500 Hz，而电压有效值不变时，电路中的电流和无功功率分别是多少？

解：(1) 当 $f = 50$ Hz 时，

容抗 $$X_C = \frac{1}{2\pi fC} = \frac{1}{2\pi \times 50 \times 50 \times 10^{-6}}\ \Omega \approx 63.7\ \Omega$$

电流 $$I = \frac{U}{X_C} = \frac{10}{63.7}\ \text{A} = 0.16\ \text{A}$$

无功功率 $$Q_C = UI = 10 \times 0.16\ \text{var} = 1.6\ \text{var}$$

设 $\dot{U} = 10\angle 0°$ V，则 $\dot{I} = 0.157\angle 90°$ A，相量图如图 4-24 所示。

(2) 当 $f = 2\ 500$ Hz，时

容抗 $$X_C = \frac{1}{2\pi f} = \frac{1}{2\pi \times 2\ 500 \times 50 \times 10^{-6}}\ \Omega \approx 1.3\ \Omega$$

图 4-24

电流 $$I = \frac{U}{X_C} = \frac{10}{1.3}\ \text{A} \approx 7.7\ \text{A}$$

无功功率 $$Q_C = UI = 10 \times 7.7\ \text{var} = 77\ \text{var}$$

想一想 试说明电感元件与电容元件之间的差别。

学后测评

1. 在 50 Ω 电阻的两端加上电压 $u=311\sin 314t$ V，求：(1) 流过电阻的电流有效值；(2) 电路的有功功率。

2. 将一只标称值为“100 W 220 V”的白炽灯接到 $u=220\sqrt{2}\sin(314t+30°)$ V 的交流电源上。求：(1) 电流 i 的解析式；(2) 画出相量图。

3. 一个线圈的电阻有几欧姆，自感系数为 0.6 H，该线圈接入工频交流电源，线圈的感抗是多少？比较线圈电阻与感抗，说明在粗略计算时，是否可以忽略线圈电阻，为什么？

4. 有一个自感系数为 0.5 H 的电感线圈，其电阻可忽略不计，将其接在 $u = 220\sqrt{2}\sin(314t + 60°)$ 的交流电源上。求：(1) 电流 i 的解析式；(2) 画出相量图；(3) 电路的无功功率 Q_L。

实训 4　单一参数交流电路的分析与测量

实验目的

1. 学会正确地选用电气元件按原理图接线。

2. 掌握电阻器、电感器、电容器对交流电流的作用。

实验器材

通用电工实验台，小灯泡（6 V）1 只，电阻器 1 只，电容器（C = 47 μF、100 μF、470 μF）3 只，电感线圈 1 只，铁棒一条，电源线两条，导线若干。

实验步骤

步骤 1　观察电阻对交流电、直流电的阻碍作用

如图 4-25（a）所示，在电路两端接上 6 V 的直流电源，观察灯 H 的亮度；然后接上 6 V 的交流电源，比较灯 H 的亮度。

步骤 2　观察电感线圈对交流电、直流电的阻碍作用

如图 4-25（b）所示，在电路两端接上 6 V 的直流电源，观察灯 H 的亮度；然后接上 6 V 的交流电源，比较灯 H 的亮度。

步骤 3　观察电容器对交流电、直流电的阻碍作用

如图 4-25（c）所示，在电路两端接上 6 V 的直流电源，观察灯 H 的亮度；然后接上 6 V 的交流电源，比较灯 H 的亮度。

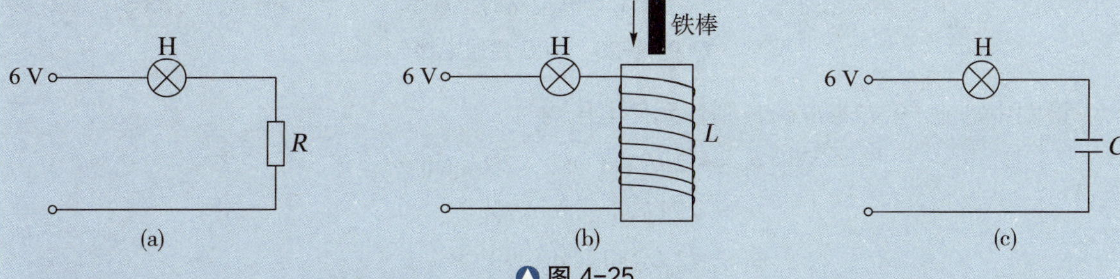

图 4-25

步骤 4　填写实训记录表（表 4-10）

表 4-10　实训记录表

项　目	纯电阻电路	纯电感电路	纯电容电路
接直流电源，灯 H 的亮度情况			
接交流电源，灯 H 的亮度情况			
对交直流电路中电流的作用如何			
与频率关系			
属何种性质元件			
功率			
特点			

课题 3 RLC 串联电路分析

任务书

1. 理解 RLC 串联电路的阻抗概念。
2. 了解电压三角形、阻抗三角形、功率三角形的应用。
3. 了解功率因数的概念。
4. 掌握提高功率因数的方法。

RLC 串联电路

一、RLC 串联电路电压与电流关系

将电阻、电感和电容串联后接入交流电源，就构成了 RLC 串联电路，如图 4-26（a）所示。

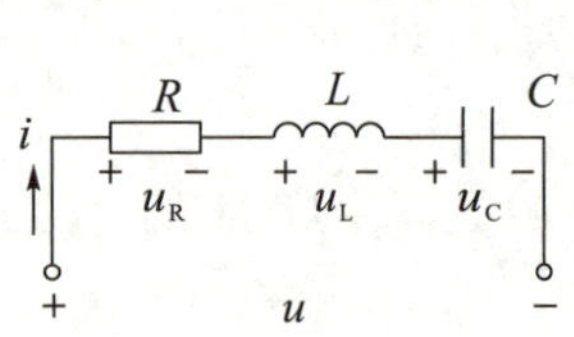

(a) RLC 串联电路

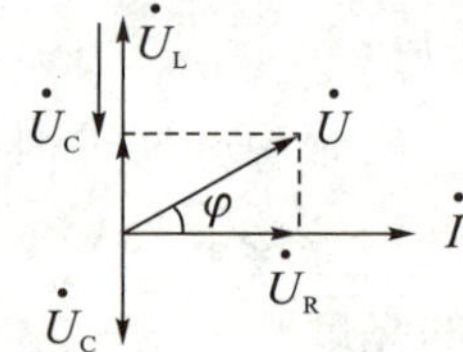

(b) RLC 串联电路的相量图

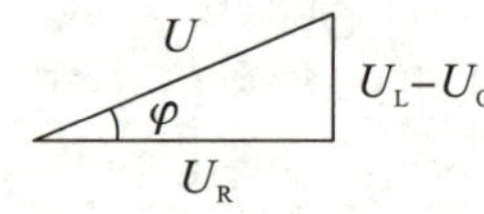

(c) 电压三角形

图 4-26 RLC 串联电路

设图中电流 $i=\sqrt{2}I\sin\omega t$，则各元件电压为

$$u_R=\sqrt{2}IR\sin\omega t=\sqrt{2}U_R\sin\omega t$$

$$u_L=\sqrt{2}U_L\sin(\omega t+90°)$$

$$u_C=\sqrt{2}U_C\sin(\omega t-90°)$$

电路端电压 $u=u_R+u_L+u_C$

以电流为参考相量画相量图（假设 $X_L>X_C$），如图 4-26（b）。由图可知，电路端电压与各元件端电压大小关系为 $U=\sqrt{U_R^2+(U_L-U_C)^2}$，此式反映了端电压和各元件电压之间的大小关系，该三角形关系称为电压三角形，如图 4-26（c）所示。

因 $U=\sqrt{U_R^2+(U_L-U_C)^2}=I\sqrt{R^2+(X_L-X_C)^2}=I|Z|$，故 $I=\dfrac{U}{|Z|}$，这就是 RLC 串联电路中的欧姆定律。

由相量图还可以看出，端电压和电流间的相位差为

$$\varphi=\arctan\frac{U_L-U_C}{U_R}=\arctan\frac{X_L-X_C}{R}$$

小提示 如图 4-27 所示，用三角形表示电压 U_R 与 U_X，阻抗 $|Z|$ 与电阻 R、电抗 X 的关系。

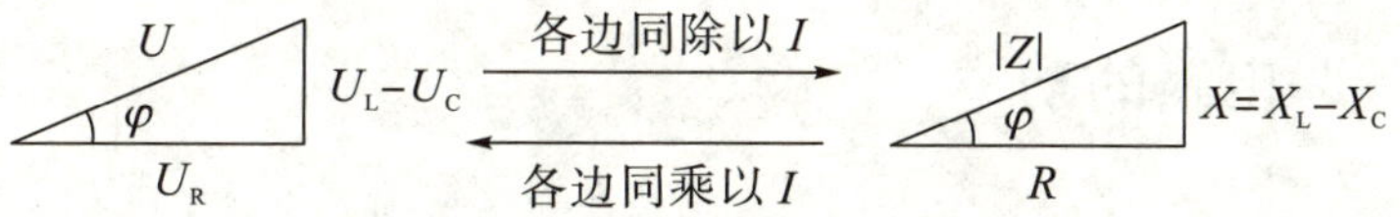

图 4-27　电压三角形与阻抗三角形

例 1 如图 4-28 所示电路中，已知 U=200 V，R=40 Ω，X_L=30 Ω，X_C=60 Ω，求各交流仪表的读数。

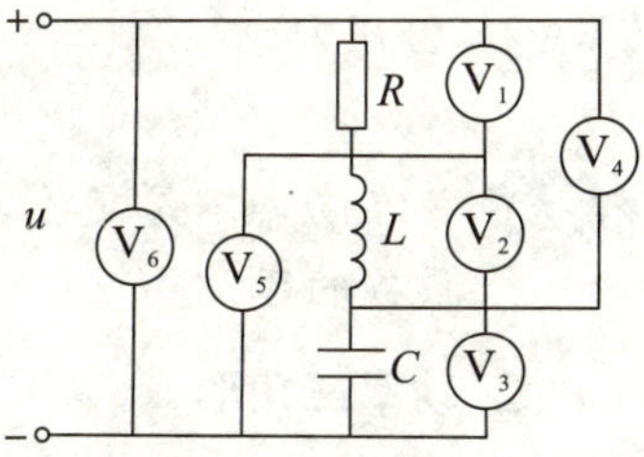

图 4-28　例题 1 图

分析： 在交流电路中，各交流仪表的读数均是指交流电的有效值，明确各仪表测量的对象。在交流电路中，正弦量求和不能直接用有效值相加，必须要考虑它们的相位关系。

解： $|Z|=\sqrt{R^2+(X_L-X_C)^2}=\sqrt{40^2+(30-60)^2}=50\ \Omega$

$\therefore I=\dfrac{U}{|Z|}=\dfrac{200}{50}=4\ \text{A}$

$\therefore U_R=IR=4\ \text{A}\times 40\ \Omega=160\ \Omega$

$U_L=IX_L=4\ \text{A}\times 30\ \Omega=120\ \Omega$

$U_C=IX_C=4\ \text{A}\times 60\ \Omega=240\ \Omega$

$U_4=\sqrt{U_R^2+U_L^2}$

$=\sqrt{160^2+120^2}=200\ \text{V}$

（由相量图知两者相差 90°）

$U_5=\sqrt{(U_4-U_C)^2}=\sqrt{(120\ \text{V}-240\ \text{V})^2}=120\ \text{V}$，$U_6=U=200\ \text{V}$

所以电压表 V_1、V_2、V_3、V_4、V_5、V_6 的读数分别是 160 V、120 V、240 V、200 V、120 V、200 V。

二、RLC 串联电路的性质

在 RLC 串联电路中，因为 X_L 与 X_C 大小的关系，电路会出现以下三种情况：

(1) $X_L>X_C$，$\varphi=\arctan\dfrac{X_L-X_C}{R}>0$，电压超前电流，电路呈电感性。

(2) $X_L=X_C$，$\varphi=\arctan\dfrac{X_L-X_C}{R}=0$，电压与电流同相，电路呈电阻性。

(3) $X_L<X_C$，$\varphi=\arctan\dfrac{X_L-X_C}{R}<0$，电压滞后电流，电路呈电容性。

小提示 当 $X_L=X_C$ 时，电路呈电阻性，又称谐振。此时 $\omega_0=\dfrac{1}{\sqrt{LC}}$、$f_0=\dfrac{1}{2\pi\sqrt{LC}}$分别称为谐振角频率和谐振频率，它们仅与电路参数 L 和 C 有关，与 R 无关。f_0 又称为电路的固有频率，当电源频率与电路固有频率 f_0 相同时电路发生谐振，如果电源频率一定时，也可以通过改变电路参数 L 或 C 的值，使电路达到谐振状态。谐振电路一般作电子电路中选频之用。

三、RLC 串联电路的功率

1. 视在功率

在交流电路中，端电压与电流的乘积，称为视在功率。用字母 S 表示，单位伏安（VA）。公式为

$$S=UI$$

小提示 视在功率不是交流电路实际消耗的功率，只表示电源可能提供的最大功率，或指某设备的容量。

2. 功率三角形

若把电压三角形的三条边同时乘以电流 I，则可以得到一个与其相似的三角形，表示有功功率 P、无功功率 Q 和视在功率 S 三者之间也满足三角形关系，称为功率三角形，如图 4–29 所示。

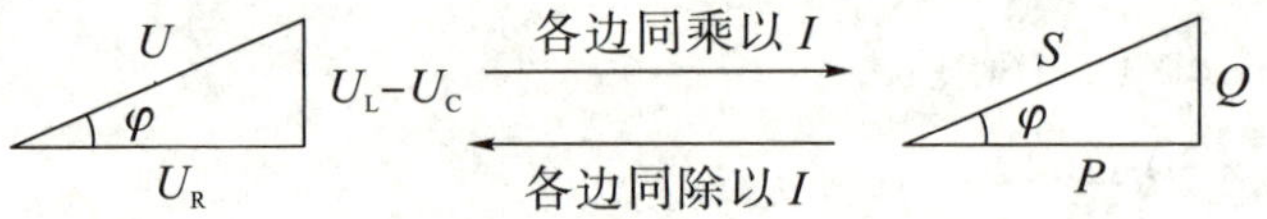

U φ U_R U_L-U_C 各边同乘以 I → ← 各边同除以 I S φ P Q

图 4–29 电压三角形和功率三角形

由功率三角形可知，视在功率与有功率 P 和无功功率 Q 的关系为

$$P=U_RI=UI\cos\varphi \qquad Q=(U_L-U_C)I=UI\sin\varphi$$

$$S=UI=\sqrt{P^2+Q^2} \qquad \varphi=\arctan\frac{Q}{P}$$

功率因数及其提高方法

一、功率因数

由于交流电路中只有电阻元件才消耗能量，因此我们用有功功率和视在功率的比值来表示电源的利用率，称为功率因数，即

$$\lambda=\frac{P}{S}$$

由功率三角形知 $\cos\varphi=\dfrac{P}{S}$，所以功率因数可以用 $\cos\varphi$ 来表示，其中 φ 表示端电压和电流的相位差（即阻抗角），且 $\cos\varphi\in[0，1]$。

功率因数的高低关系到输配电线路、设备的供电能力，影响电能的有效利用，也影响到其功率损耗。若负载功率因数过低，将会带来如下问题：

第一，电源设备的容量不能充分利用。额定视在功率（S_N）一定的电源，其输出的有

功功率 $P=S_N\cos\varphi$。负载 $\cos\varphi$ 越低，P 越小，从而使电源的经济性能下降。

第二，增大了输电线路的功率损耗。输电电压 U 与功率 P 一定时，$\cos\varphi$ 越低，其电流 I 就越大，则线路上的功率损耗就越大，从而降低了电源的供电效率。

对于居民用电负荷来说，其特点是主要由一些家用电器及照明负载构成，其中大部分用电设备为感性负载，其功率因数都很低，影响了线路及配电变压器的经济运行。通过合理的电路设计可以提高系统的功率因数，以达到节约电能、降低损耗的目的。

二、感性电路功率因数的提高

对于感性电路常用的方法是在负载两端并联容量适当的电容器来补偿无功功率，以提高线路的功率因数，如图 4–30（a）所示。

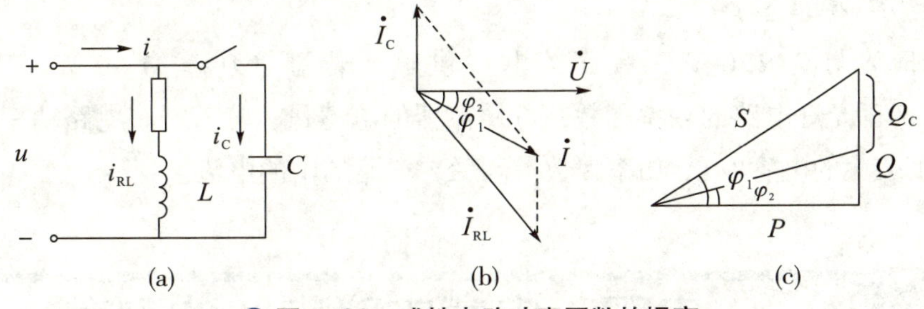

图 4–30　感性电路功率因数的提高

如图 4–30（b）所示为相量图的变化，如图 4–30（c）所示为功率三角形的变化，可见，提高电路功率因数时，总电流 I 减小，有功功率 P 不变，无功功率 Q 和视在功率 S 均减小。提高电路的功率因数，一般不能改变电路的性质。此时电容器容量可以从功率三角形分析，具体如下：

并联电容器之前　　$Q_L=P\tan\varphi_1$

并联电容器之后　　$Q=P\tan\varphi_2$

故　　$Q_C=Q_L-Q=P(\tan\varphi_1-\tan\varphi_2)$

$$\therefore \frac{U^2}{\dfrac{1}{\omega C}}=P(\tan\varphi_1-\tan\varphi_2)$$

$$\therefore C=\frac{P}{U^2\omega}(\tan\varphi_1-\tan\varphi_2)$$

目前，中小型工厂供配电系统普遍采用低压集中自动补偿方式：将低压电力电容器集中安装在配电室的低压母线上，以补偿低压母线前的无功功率，低压集中补偿都采用自动补偿，使补偿系统随负荷无功功率的变化的自动投切相应的电力电容器，使工厂的用电功率因数保持在供电部门要求的规定值（$\cos\varphi$ 不低于 0.9）。

学后测评

1. 在RLC串联电路中，已知电源电压为220 V，现测得电流 I=5 A，电压 U_L=100 V，U_C=200 V。求：（1）电阻元件端电压 U_R；（2）电阻、感抗及容抗的大小；（3）画出相量图，并说明电路的性质。

2. 在RLC串联电路中，已知 $u=100\sqrt{2}\sin(1\,000\,t+30°)$ V，$R=8\ \Omega$，$L=6$ m，C=83.33 μF，求电路中的电流 i 和各元件端电压 u_R、u_L、u_C，并画出相量图，说明电路的性质。

3. 将有功功率为400 kW，无功功率为260 kvar的负载功率因数提高到0.9，所需并联电容补偿的无功功率是多少？

4. 家用日光灯为220 V工频交流电源供电，若灯管功率为40 W，工作电流为0.5 A。求：(1) 日光灯电路的功率因数；(2) 镇流器的电感量；(3) 若需将电路功率因数提高到0.866，应并联多大的电容？ (4) 功率因数提高后，电路的中的电流。

实训5 电阻、电感串联电路的测量

实验目的

1. 学习双踪示波器的使用。
2. 理解RL串联电路中元件电压与端电压的大小关系。
3. 理解RL串联电路中端电压与电阻电压（电流）的相位关系。

实验器材

单相调压器、双踪示波器各1台，电阻器、电感器、刀开关、万用表各1只。

实验步骤

1. 按照图4-31连接电路。
2. 调节调压器，输出合适电压 U，并填入表4-11。
3. 闭合开关S，用万用表分别测量电感电压 U_L 和电阻电压 U_R，并填入表4-11。
4. 用双踪示波器测量端电压 u 和电阻电压 u_R 的波形，读取相位差，填入表4-11。
5. 改变电阻 R，重复步骤3、步骤4。

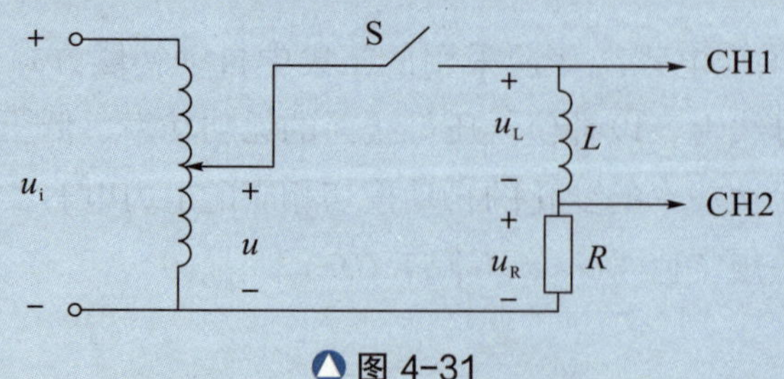

图4-31

表 4-11　RL 串联电路测试记录表

测试次数	电阻值	测量对象			三个电压大小关系	相位差 $\varphi_u-\varphi_{uR}$
		U	U_R	U_L		
1						
2						
3						

注意事项

1. 按操作规定进行操作，要注意人身安全。

2. 使用示波器测量信号时要注意示波器的使用方法和注意事项，要做到正确、安全地使用示波器。

3. 调压器在通电、断电前必须置于输出为零位。实训时，调节调压器要慢慢旋转调节旋钮。

课题 4　三相交流电路

任务书

1. 了解三相交流电的优点、产生及相序的概念。
2. 了解实际生活中的三相四线供电制。
3. 掌握三相交流电路的负载连接。

三相交流电

一、三相交流电的优点

目前电能的产生、输送和分配几乎都是采用三相交流电。日常生活用的单相交流电是三相交流电的一部分，和单相交流电相比，三相交流电具有如下特点：

第一，耗用材料少。制造三相发电机和三相变压器比制造容量相同的单相发电机和单相变压器省材料。

第二，降低了维护费用。在输电距离、输电功率、负载线电压、负载功率因数、输电损耗及输电线材料都相同的条件下，用三相输电所需电线的金属用量仅为单相输电时的 75%。

第三，降低了系统的设置。三相电流能形成旋转磁场，从而能制造结构简单，性能良好的三相异步电动机。

第四，电源供应种类较多。单相发电机只能供应单相电源，而三相发电机可供应单相、二相及三相电源。

小提示 一般家庭中用的大多是单相交流电，而工厂中使用的大功率设备一般采用三相交流电。

二、三相交流电动势的产生

三相交流电由三相交流发电机产生，三相交流发电原理图如图 4–32 所示。它主要是由转子和定子组成。转子是转动的磁极，定子是在铁芯槽上放置的三个几何尺寸与匝数相同的线圈（定子绕组），它们彼此相差 120° 排列在圆周上，分别为 U1—U2（U 相）、V1—V2（V 相）、W1—W2（W 相），U1、V1、W1 表示各相绕组的首端，U2、V2、W2 表示各相绕组的末端。各相绕组的电动势的参考方向规定为由线圈的末端指向首端，即电流从始端流出时为正，反之为负。

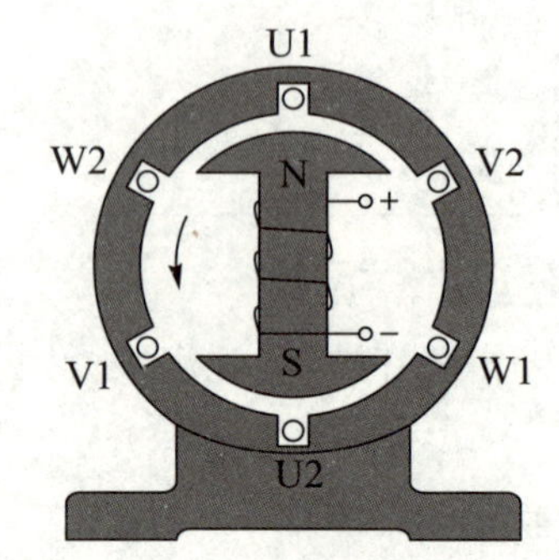

图 4-32 三相交流发电原理图

当转子在原动机（水力发电的原动机是水轮机，火力发电和核能发电的原动机是汽轮机）带动下以角速度 ω 做逆时针匀速转动时，三相定子绕组依次切割磁感线，产生三个对称的正弦交流电动势，其解析式为

$$e_U = E_m\sin(\omega t + 0°)\ V$$

$$e_V = E_m\sin(\omega t - 120°)\ V$$

$$e_W = E_m\sin(\omega t + 120°)\ V$$

e_U、e_V、e_W 的波形图及相量图如图 4–33 所示。

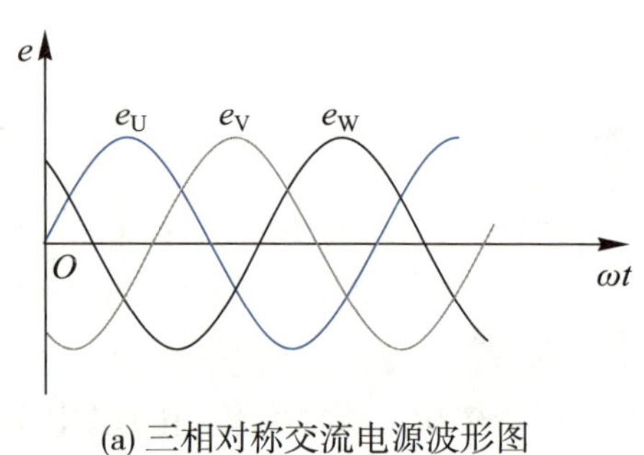

(a) 三相对称交流电源波形图

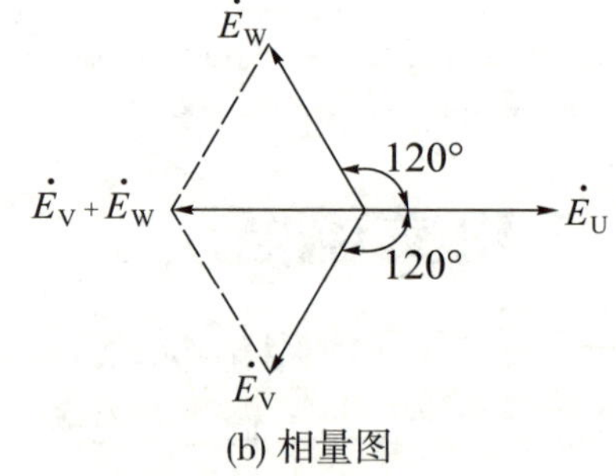

(b) 相量图

图 4-33

三个交流电动势到达最大值（或零）的先后次序叫相序。如按 U → V → W → U 的次序循环称为正相序，按 U → W → V → U 的次序循环则称为反相序。

小提示 由三相对称交流电动势的相量图知：$e_U + e_V + e_W = 0$。

三相交流电源的连接

目前在低压系统中多数采用三相四线制供电，如图 4–34（a）所示。三相四线制是将三相发电机绕组的三个末端连接在一起，成为一个点，该点称中性点，用 N 表示。这种连接方法称为星形连接。

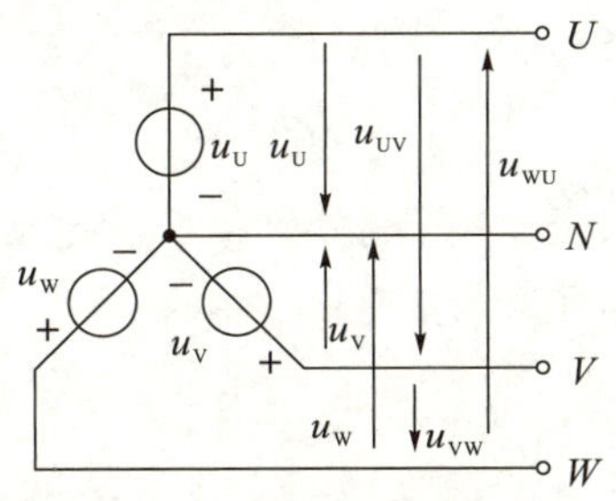

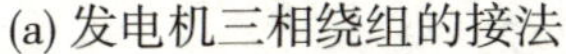
(a) 发电机三相绕组的接法

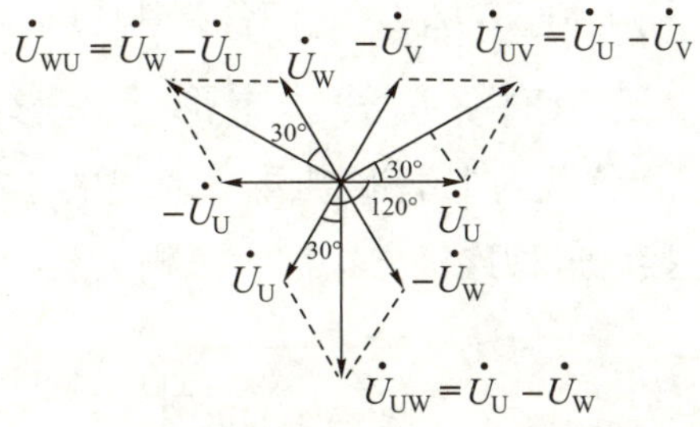

(b) 发电机三相绕组电压相量图

图 4-34　发电机绕组的星形连接及其电压相量图

从中性点引出的导线称为中性线，简称中线。从始端 U1、V1、W1 引出的三根导线 U、V、W 称为相线或端线，俗称火线。

小提示　在低压系统，中性点通常接地，所以也称地线。

如图 4-34（a）所示，每相始端与末端间的电压，即火线与中线间的电压，称为相电压，分别用 $\dot{U}_U$ 、$\dot{U}_V$ 、$\dot{U}_W$ 表示。而任意两始端间的电压，即两火线间的电压，称为线电压，分别用 $\dot{U}_{UV}$ 、$\dot{U}_{VW}$ 、$\dot{U}_{WU}$ 表示。

如图 4-34（b）所示为 $\dot{U}_U$ 、$\dot{U}_V$ 、$\dot{U}_W$ 的相量图，由此可得线电压与相电压之间的关系为

$$\dot{U}_{UV}=\dot{U}_U-\dot{U}_V \qquad \dot{U}_{VW}=\dot{U}_V-\dot{U}_W \qquad \dot{U}_{WU}=\dot{U}_W-\dot{U}_U$$

由于发电机绕组上的内阻抗电压降与相电压比较是很小的，可以忽略不计，所以相电压和对应的电动势基本上相等，因此可以认为相电压同电动势一样，也是对称的，故由相电压而得出的线电压也是对称的，且在相位上比相应的相电压超前 30°。

至于线电压和相电压在大小上的关系，也很容易从相量图上得出

$$\frac{1}{2}U_{线}=U_{相}\cos 30°=\frac{\sqrt{3}}{2}U_{相}$$

即

$$U_{线}=\sqrt{3}\,U_{相}$$

发电机（或变压器）的绕组在连成星形时，可引出四根导线（三相四线制），这样就可为电路负载提供两种电压。通常在低压配电系统中相电压为 220 V，线电压为 380 V。负载对称时，发电机（或变压器）的绕组在连成星形时，不一定都引出中线。

小提示　三根相线和一根中线组成的输电方式称为三相四线制，通常在低压配电中采用。三根相线组成的输电方式称为三相三线制，在高压输电工程中采用。

*三相负载的连接

用电器按其对供电电源的要求，可分为单相负载和三相负载。工作时只需单相电源供电的用电器称为单相负载，如照明灯、电视机、小功率电热器、电冰箱等。需要三相电源供电才能正常工作的电器称为三相负载，如三相异步电动机、三相电炉等。每相负载阻抗的阻抗值和阻抗角

均相等的三相负载称为三相对称负载，否则为三相不对称负载。三相负载有星形（Y）连接和三角形（△）两种连接方法，它们各有其特点，适用于不同的场合。

一、三相对称负载的星形（Y 形）连接

将三相负载的末端连接再一起，并与电源的零线连接，三个首端分别与三相电源的三根相线连接，这种连接方式称为三相负载的 Y 形连接，如图 4–35 所示。

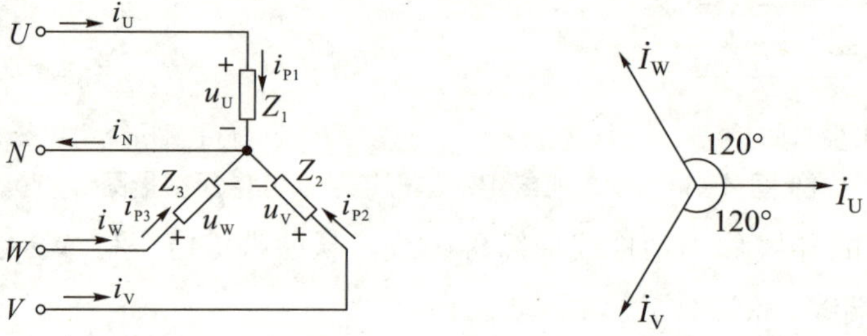

(a) 三相负载的 Y 形连　　(b) 对称负载 Y 形连接电流相量图

图 4–35

1. 三相负载 Y 形连接的结构特点

(1) 因为有中线的存在，故每相负载所获得的相电压均对称，且大小为线电压的 $\frac{1}{\sqrt{3}}$，相位上滞后对应的线电压 30°，即

$$U_P = \frac{U_L}{\sqrt{3}},\ \varphi_{u_L} - \varphi_{u_P}=30°$$

(2) 电源相线上的电流（线电流）与负载中的电流（相电流）为同一电流，故线电流等于对应的相电流，即

$$I_L = I_P$$

(3) 中线电流，根据 KCL 知，中线电流等于各相线电流之和，即

$$i_N = i_U + i_V + i_W$$

2. 三相负载 Y 形连接的对称特点

若三相负载为对称负载（$Z_1 = Z_2 = Z_3 = Z = |Z| \angle \varphi$），则各相电流、线电流也将对称，由图 4–35（b）相量图知中线电流为零，即

$$i_N = i_U + i_V + i_W= 0$$

小提示 三相四线制供电系统中中性线的作用：一是可以提供两套不同的电压（线电压和相电压），二是保证不对称的负载获得对称的相电压；中线上不能安装熔断器或开关。三相对称电路中中线电流为零，可省略。

二、三相负载的三角形（△形）连接

将三相负载的首末端依次连接，然后分别与三相电源的三根相线相连，这种连接方式称为三相负载的△形连接，如图 4–36 所示。

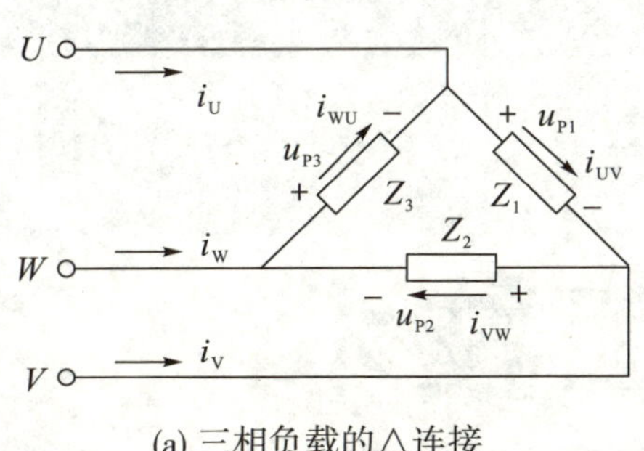

(a) 三相负载的△连接

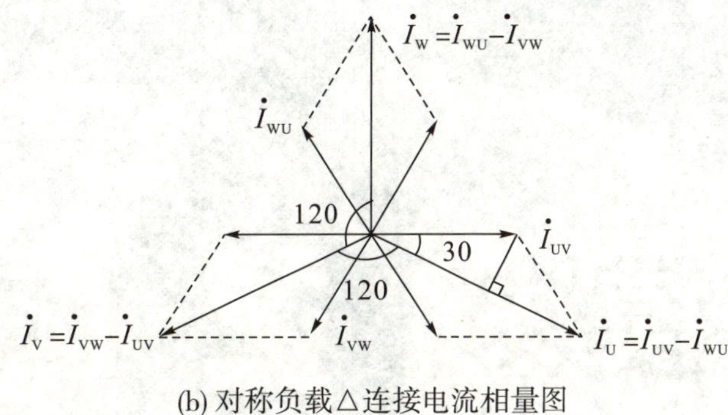

(b) 对称负载△连接电流相量图

图 4-36

1. 三相负载△连接的结构特点

⑴ 因各相负载实质上就是接在两根相线之间，因此，负载相电压就等于对应的相电压，即

$$U_P = U_L$$

⑵ 各相线电流由两个相电流确定，服从 OML，即

$$i_U = i_{UV} - i_{WV},\ i_V = i_{VW} - i_{UV},\ i_W = i_{WU} - i_{VW}$$

说明：根据广义节点理论，由 KCL 知，$i_U + i_V + i_W = 0$

2. 三相负载△连接的对称特点

若三相负载对称，则各相电流也将对称，线电流也对称，且由图 4-36（b）相量图知，线电流大小为相电流的 $\sqrt{3}$ 倍，相位上滞后对应的相电流 30°，即

$$I_L = \sqrt{3}\,I_P,\ \varphi_{i_L} - \varphi_{i_P} = -30°$$

小提示 三相电路一般分析步骤：

$$\text{电源线电压} \xrightarrow[\triangle]{Y} \text{负载相电压} \xrightarrow{OML} \text{相电流} \xrightarrow[\triangle]{Y} \text{线电流}$$

学后测评

1. 若已知对称三相交流电源相电压为 $u_U = 220\sqrt{2}\sin(\omega t + 30°)$ V，根据习惯相序写出其他两相的电压的瞬时值表达式及三相电源的相量式，并画出波形图及相量图。

2. 有一对称三相负载连成星形，已知电源线电压为 380 V，线电流为 6.1 A，三相功率为 3.3 kW，求：每相负载的电阻和感抗。

3. 有一三相对称负载，每相负载的电阻是 80 Ω，感抗是 60 Ω，在下列两种情况下，求：负载上通过的电流、相线上的电流和电路消耗的功率。（1）负载连成星形，接于线电压为 380 V 的三相电源上；（2）负载连成三角形，接于线电压为 380 V 的三相电源上。

模块 2 电工技术

内容纲要

- 变压器与电动机
- 常用低压电器及三相异步电动机的控制线路
- 用电技术

主题5 变压器与电动机

情境创设

1. 视频展示电力系统的运行，了解发电、输电和配电过程。
2. 视频展示日常生活中的节约用电的方式，树立节约能源的意识。
3. 视频展示日常中的触电事故，思考怎样保护人与设备的安全。

课题1 变压器

任务书

1. 初步认识变压器，了解变压器的作用、结构及种类。
2. 了解变压器的工作原理、外特性及其损耗和效率。

认识变压器

一、变压器的作用

变压器是利用电磁感应原理，从一个电路向另一个电路传递同频率电能或传输信号的一种电气设备。它是电力系统中生产、输送、分配和使用电能的重要装置，也是自动控制系统中电能传递或作为信号传输的重要器件。

在输送电能的过程中变压器是不可缺少的元件。变压器不仅能将交流电压升高或降低，又可将交流电流变大或变小，还可以用来变换交流阻抗、相位等，用途十分广泛。

图 5-1 机床照明变压器

如图 5-1 所示的日常生活中的机床照明变压器将 220 V 或 380 V 的电压变为安全电压。

二、变压器的结构

变压器主要由铁芯和绕组组成，其基本结构及图形符号如图 5-2 所示。

1. 铁芯

小型变压器的铁芯一般是用厚度为 0.35 ~ 0.5 mm 两侧涂有绝缘层的硅钢片叠制而成的，其作用是增强电磁感应减小损耗。根据铁芯和绕组的结构不同，铁芯可分为心式和壳式两种，其结构如图 5-3 所示。

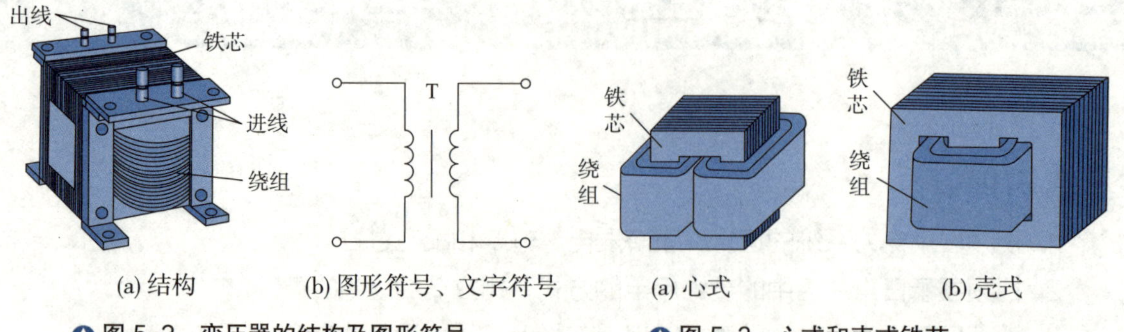

(a) 结构　(b) 图形符号、文字符号　(a) 心式　(b) 壳式

图 5-2　变压器的结构及图形符号　图 5-3　心式和壳式铁芯

2. 绕组

变压器的绕组通常是用外包绝缘材料的铜线绕制而成的。小型变压器的绕组采用漆包线来绕制，中大型变压器则用经过绝缘处理的铜线或铜排来绕制。

变压器的工作原理

一、变换交流电压原理

如图 5-4 所示为两个独立线圈及一个铁芯所组成的变压器负载运行原理图，其中和电源相连的线圈称为一次绕组 N_1（又称原线圈或初级绕组），和负载相连的线圈称为二次绕组 N_2（又称副线圈或次级绕组）。

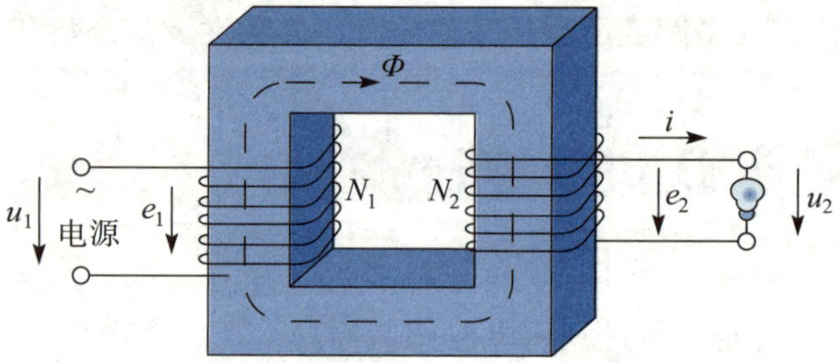

图 5-4　变压器负载运行原理图

当变压器上的一次绕组接上交流电源 u_1 后，电流流过一次绕组，铁芯产生交变磁通 Φ（称为主磁通）；主磁通 Φ 经铁芯通过一、二次绕组构成一个闭合的磁路，因主磁通是交变的，则会在一、二次绕组上产生感应电动势。若二次绕组接上负载，就有感应电流流过负载。

忽略绕组电阻和各种电磁能量损耗的变压器称为理想变压器。在相同磁通作用下，一、二次绕组感应电动势的有效值为

$$U_1 \approx E_1 4.44 f N_1 \Phi_m$$

$$U_2 \approx E_2 4.44 f N_2 \Phi_m$$

一次绕组产生的感应电动势 E_1 与其两端电压 U_1 近似相等，即 $U_1 \approx E_1$。二次绕组相当于一个无内阻的电源，因此，二次绕组两端电压 U_2 等于感应电动势 E_2，即 $U_2 \approx E_2$。则

$$\frac{U_1}{U_2} \approx \frac{E_1}{E_2} = \frac{N_1}{N_2} = K$$

由此可见，变压器一、二次绕组的端电压之比等于绕组的匝数比 K，其中 Φ_m 为主磁通的最大值，匝数比又称变压比。

小提示　当线圈中通以电流后，大部分磁通沿铁芯、衔铁和工作气隙构成回路，这部分磁通称为主磁通。还有一小部分磁通没有通过铁芯、衔铁和工作气隙，而是经空气自成回路，这部分磁通称为漏磁通。在铁芯线圈中，漏磁通较小，通常忽略不计。磁通流过的闭合路径叫磁路。

根据变压比 K 与 1 的关系，变压器又可分为不同的种类，具体描述见表 5–1。

表 5–1　不同作用的变压器的条件及应用

名　称	条　件	应　用
升压变压器	$N_1<N_2$，则 $K<1$，$U_1<U_2$	发电厂要将电能输送出去，首先用升压变压器进行升压
降压变压器	$N_1>N_2$，则 $K>1$，$U_1>U_2$	机床照明变压器就是将 380 V 或 220 V 的交流电经降压变压器变换后再转变为安全电压的
隔离变压器	$N_1=N_2$，则 $K=1$，$U_1=U_2$	它的作用是将设备与电网隔离，这样设备如果出现故障（如短路）等，就不会影响到整个电网，如果电网出现小幅度波动，也不会影响到设备运行

二、变换交流电流原理

变压器能从电源中获取能量，并通过电磁感应进行能量转换，最终将电能输送给负载。在理想状态下，变压器在工作过程中，无论变换后的电压是升高还是降低，电能都不会变化。根据能量守恒定律，变压器的输出功率与它从电源上获取的功率相等（$P_1=P_2$），即 $U_1I_1=U_2I_2$。由此可见，变压器工作时，一、二次绕组的电流跟绕组的匝数成反比，即

$$\frac{I_1}{I_2}=\frac{U_2}{U_1}=\frac{N_2}{N_1}=\frac{1}{K}$$

小提示　高压绕组通过的电流小，用较细的导线绕制，以节约铜材；低压绕组通过的电流大，用较粗的导线绕制，以减小电阻，降低损耗。

三、变换交流阻抗原理

根据变压器变换交流电压和交流电流的特性可知，当变压器负载运行时，设变压器一次输入阻抗为 $|Z_1|$，二次负载阻抗为 $|Z_2|$，若忽略变压器的损耗，则

$$\frac{|Z_1|}{|Z_2|}=\frac{\dfrac{U_1}{I_1}}{\dfrac{U_2}{I_2}}=\frac{U_1}{U_2}\times\frac{I_2}{I_1}=K^2$$

即

$$|Z_1|=K^2\,|Z_2|$$

小提示　变压器只能变换交流阻抗的模值，而阻抗角不变。

可见，二次绕组接上负载 $|Z_2|$ 时，相当于电源接上阻抗为 $K^2\,|Z_2|$ 的负载。变压器的这种阻抗变换特性在电路中常用来实现阻抗匹配，使负载获得最大功率。如教室内的广播喇

叭，其扬声器负载的阻抗只有几欧、十几欧，而广播室的放大器输出阻抗为几千欧，这就必须通过变压器达到阻抗匹配，使得变压器输入阻抗和电源的阻抗一致，从而使信号源处获得最大功率。

加油站

变压器的铭牌数据及额定值

1. 变压器的铭牌

为了使变压器安全、经济、合理地运行，同时让用户对变压器性能有所了解，制造厂家对每一台变压器都安装了一块铭牌（表 5-2），标明变压器的型号及各种额定数据。

表 5-2　铝线变压器的铭牌数据

产品标准				型　号	SJL-560/10
额定容量	560 kVA	相数	3	额定频率	50 Hz
额定电压	高压	10 000 V	额定电流	高压	32.3 A
	低压	400 ~ 230 V		低压	808 A
出厂序号	×××厂			年　月	出品

变压器的型号范例如下：

S J L — 560 /10

表示相数，如 S 表示三相，D 表示单相

表示冷却方式，如 J 表示油浸自冷式

表示线材，如 L 表示铝导线，铜导线不标注

表示容量，如 560 表示 560 kVA

表示高压侧电压等级，10 表示10 kV

2. 变压器的额定值

(1) 额定电压 U_{1N}、U_{2N}

额定电压 U_{1N} 是指加在一次绕组上交流电压的额定值。U_{2N} 是指在一次绕组上加额定电压，二次绕组不带负载时的开路电压。三相变压器中 U_{1N} 、U_{2N} 均指线电压。

(2) 额定电流 I_{1N}、I_{2N}

额定电压 I_{1N}、I_{2N} 均指在允许发热的条件下而规定的一、二次绕组允许长期通过的最大电流。三相变压器中 I_{1N}、I_{2N} 均指线电流。

(3) 额定容量 S_N

额定电压 S_N 是指变压器二次绕组的最大视在功率。由于变压器的效率很高，通常把一、二次绕组的容量视为相等，即

三相变压器：$S_N = \sqrt{3}\, U_{1N} I_{1N} = \sqrt{3}\, U_{2N} I_{2N}$

单相变压器：$S_N = U_{1N} I_{1N} = U_{2N} I_{2N}$

(4) 额定频率 f_N

我国规定的工农业用电频率为 50 Hz。

学后测评

1. 变压器是根据什么原理工作的？它在电路中起什么作用？

2. 安全工作电压（36 V）是由 220 V 的工频交流电通过变压器降压获得的。若变压器的一次绕组为 5 500 匝，则二次绕组为多少匝？若二次绕组接一个"36 V/12 W"的白炽灯，则变压器的一次绕组电流为多少？二次绕组电流又为多少？

3. 一台变压器，一次绕组电压 $U_1 = 380$ V，二次绕组电压 $U_2 = 36$ V。当二次绕组接一电阻性负载时，二次绕组电流 $I_2 = 5$ A，若变压器的效率为 90 %，则变压器的输入功率、损耗功率及一次绕组电流各为多少？

4. 有一信号源的电动势为 1 V，内阻为 600 Ω，负载电阻为 150 Ω。欲使负载获得最大功率，必须在信号源和负载之间接一匹配变压器。试求变压器的变压比及一、二次绕组的电流。

课题 2　三相异步电动机

任务书

1. 认识三相异步电动机的结构，能识读三相异步电动机的铭牌。
2. 理解三相异步电动机的机械特性的含义。

认识三相异步电动机

异步电动机因构造简单、坚固耐用、种类繁多、保养容易且价格低廉，而得到广泛的使用。现代的电动机多为三相异步电动机，如图 5-5 所示。

图 5-5　笼式三相异步电动机外形图

与变压器一样，三相异步电动机也是根据电磁感应原理工作的，是将电能转换为机械能的设备。与变压器不同的是，变压器是一种静止的电气设备，而三相异步电动机是一种运动的设备。

三相异步电动机是由静止的定子、旋转的转子及一些附件组成的，如图 5-6 所示。

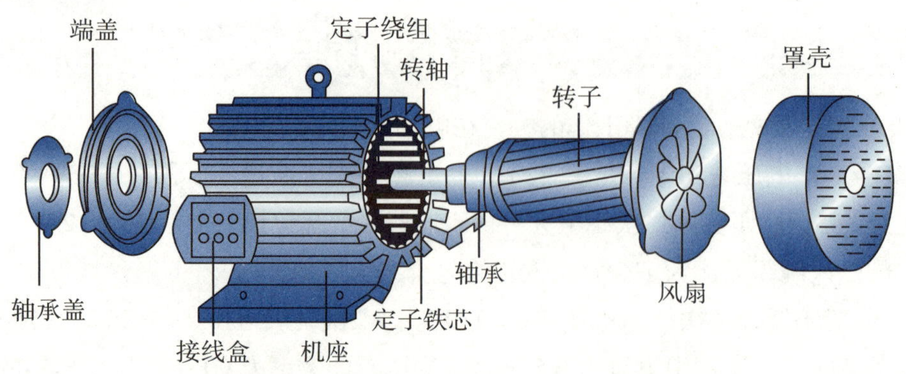

图 5-6　笼式三相异步电动机内部结构图

1. 定子

定子是由定子铁芯、定子绕组和机座等组成的。

定子铁芯是电动机的磁路部分，用 0.35 ~ 0.5 mm 厚的硅钢片叠制而成，如图 5-7 所示。硅钢片的内圆上有均匀分布的槽口，用以嵌放定子绕组，如图 5-7（a）所示。

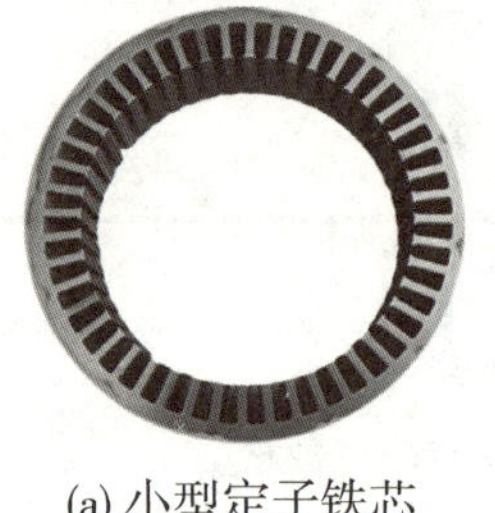

(a) 小型定子铁芯

(b) 大中型定子铁芯

图 5-7　定子铁芯

如图 5-8（a）所示，定子绕组是电动机的电路部分，由三相对称绕组组成，三相对称绕组按一定规则嵌放在定子铁芯槽内。三相绕组共有 6 个出线端，每相绕组的首末端用符号 U1-U2、V1-V2、W1-W2 标记。将引出机壳外的三相绕组接到机座的接线盒中，可将其接成星形或三角形，如图 5-8（b）所示。

(a) 定子绕组

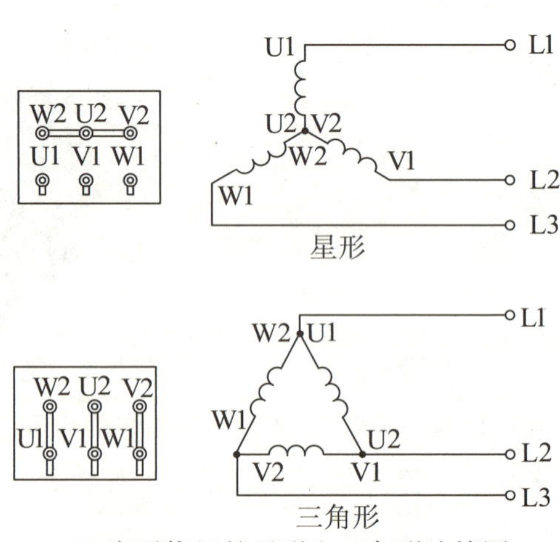

(b) 定子绕组的星形和三角形连接图

图 5-8　定子绕组及其连接

2. 转子

转子是由转子铁芯、转子绕组及转轴组成的，其作用是输出机械转矩。根据构造的不同，转子绕组可分为笼型和绕线型两种，如图 5-9 所示。

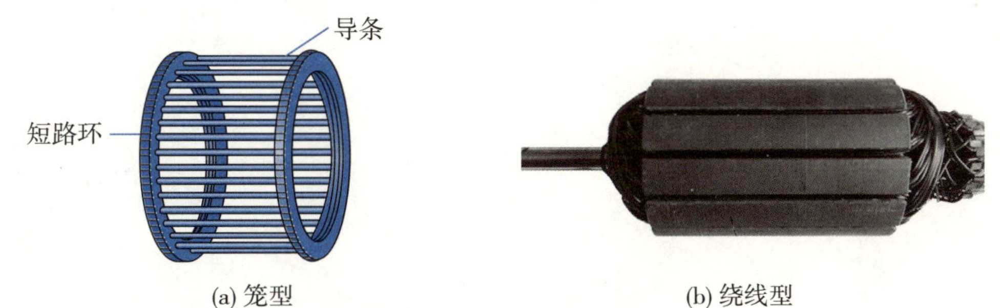

图 5-9　笼型和绕线型转子

三相异步电动机的基本工作原理

一、三相电流的旋转磁场

1. 旋转磁场的产生

如图 5-10 所示为笼型转子旋转的实验图，摇动手柄使磁铁旋转（即磁场旋转），从而带动转子转动。三相异步电动机的工作原理与此相似，转子也是依靠旋转磁场旋转，但旋转磁场是依靠三相交流电而产生的。

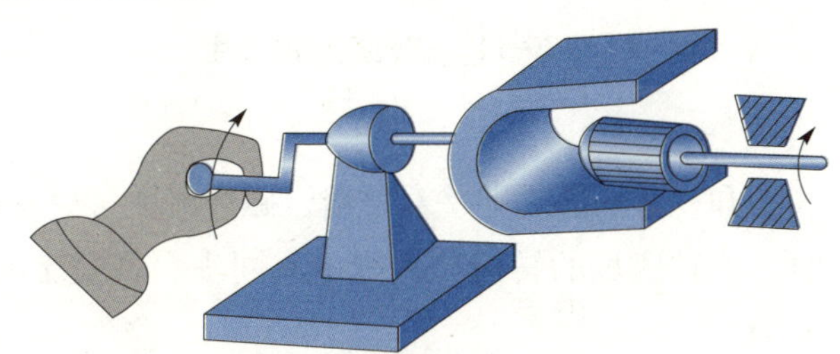

图 5-10　旋转磁场拖动笼型转子磁场

如图 5-11 所示，将三相异步电动机定子的各相绕组互隔 120° 嵌入铁芯槽中，并按星形连接。通入三相交流电，根据电流的磁效应可知，此时三相绕组在空间上就会产生正弦规律变化的磁场。

为方便分析，规定电流为正值时，电流从绕组的首端（U1、V1 和 W1）流入，从末端（U2、V2 和 W2）流出。反之，电流由末端流入、首端流出。图 5-11 的波形图中，流入用 ⊗ 符号表示，流出用符号 ⊙ 表示。

(1) 当 $\omega t=0$ 时，$i_U=0$；i_V 为负值，即 i_V 由末端 V_2 流入，首端 V_1 流出；i_W 为正值，即由首端 W1 流入，末端 W2 流出；合成磁场方向由上指向下。

(2) 当 $\omega t=90°$ 时，i_U 为正值，i_V 和 i_W 为负值，合成磁场的方向顺时针方向旋转 90°。

(3) 当 $\omega t=180°$ 时，合成磁场的方向顺时针方向旋转 180°。

同样可得，当 $\omega t=270°$、$\omega t=360°$ 两个瞬间的合成磁场如图 5-11（d)(e）所示。

由此可见，当空间彼此相差 120° 的三个相同线圈通入对称三相交流电时，就能产生与电流有相同角速度随时间旋转的旋转磁场（即交流电变化一周，旋转磁场也旋转一周）。

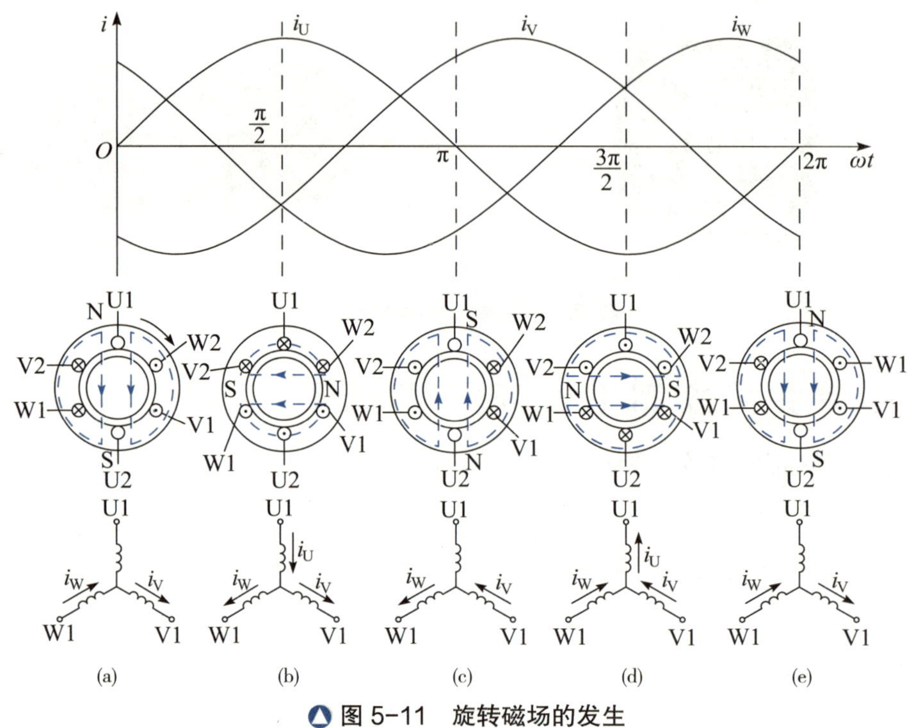

图 5-11 旋转磁场的发生

2. 旋转磁场的极数和转速

旋转磁场具有一个 N 极和一个 S 极，即一对磁极，磁极对数常用 p 表示。

当磁极对数 $p=1$ 时，旋转磁场的转速与正弦电流同步。若交流电的频率为 f，则旋转磁场的转速（同步转速）为

$$n_0=60f\text{（r/min）}$$

当磁极对数 $p=2$ 时，交流电变化一周，旋转磁场转动 1/2 周（即 180°）。依此类推，当旋转磁场具有 p 对磁极时，交流电变化一周，旋转磁场转动 $1/p$ 周。因此，当交流电频率为 f，磁极对数为 p，旋转磁场的转速为

$$n_0=\frac{60f}{p}\text{（r/min）}$$

二、转子转动的工作原理

如图 5-12 所示，旋转磁场以同步转速 n_0 顺时针旋转，右手定则的前提是磁场静止的，由于定动是相对的，因此可使假定磁场不动，转子逆时针切割磁感线，产生感应电流，用右手定则判定，转子下半部分的感应电流流入纸面。有电流的转子在磁场中受到电

磁力的作用，用左手定则判定，上半部分所受磁场力向右，下半部分所受磁场力向左。这两个力对转子转轴形成电磁转矩，使转子沿旋转磁场的方向以转速 n 旋转。

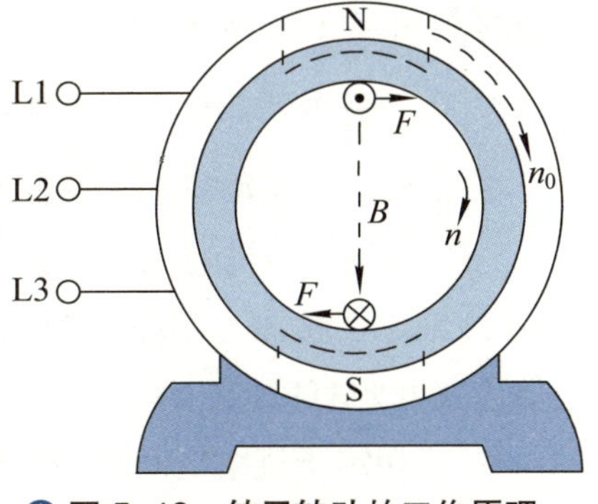

图 5-12　转子转动的工作原理

由于转子是在电磁力作用下旋转的，故电动机的转子转速总是低于旋转磁场的转速，即 $n < n_0$，这就是异步电动机的由来。异步电动机的同步转速（n_0）与转子转速之差（n）称为转速差。

转速差与转子转速之比称为异步电动机的转差率。转差率是异步电动机的一个重要参数，用 s 表示，即

$$s = \frac{n_0 - n}{n_0} \times 100\%$$

三、三相异步电动机的铭牌识读

在日常生活中，我们会看到在电动机的铭牌上都标有主要的技术参数，表 5-3 就是三相异步电动机的铭牌参数表。

表 5-3　三相异步电动机的铭牌参数

三相异步电动机					
型号	Y-132M-4	功率	7.5 kW	频率	50 Hz
电压	380 V	电流	15.4 A	接法	△
转速	1 440 r/min	绝缘等级	B	工作制	连续
年　月　日　编号					××电机厂

① 型号：电动机有多种系列，不同系列用型号加以区别。如 Y-132M-4 的含义如下：

Y 132 M 4
- Y：三相异步电动机
- 132：机座中心高
- M：机座长度代号（S-短机座；M-中机座；L-长机座）
- 4：磁极对数

② 额定电压：铭牌上所标电压 380 V 为电动机额定运行时定子绕组规定使用的线电压。

③ 额定电流：铭牌上所标电流 15.4 A 为电动机额定运行时定子绕组所允许通过的线电流。

④ 额定功率：铭牌上所标功率 7.5 kW 为电动机额定运行时轴上输出的机械功率。

⑤ 接法：定子三相绕组的接法有星形和三角形两种。若铭牌上标为“380 V / 220 V”，则接法为星形 / 三角形。即电源线电压为 380 V 时，采用星形接法；电源线电压为 220 V 时，采用三角形接法。

⑥ 绝缘等级：指电动机绕组所用绝缘材料在使用时所允许的极限温度等级。常用的三级为：A 级极限温度为 105 ℃，B 级极限温度为 130 ℃，E 级极限温度为 120 ℃。Y 系列电动机采用 B 级绝缘。

⑦ 工作制：指电动机运转状态，通常分连续（S1）、短时（S2）和断续（S3）三种。

想一想 根据我们所学知识，你能将日常生活中的三相异步电动机的铭牌读懂吗？

* 四、三相异步电动机的简单检测与维护

1. 三相异步电动机的简单检测

三相异步电动机的检测主要涉及绝缘性能问题及定子绕组对称性问题。

(1) 绝缘性检测。用兆欧表检测外壳对定子绕组间及各定子绕组之间的绝缘电阻，各次阻值应在 0.5 MΩ 以上。

(2) 三相定子绕组之间对称性检测。

① 用万用表“$R\times1$”挡分别测量三相绕组阻值是否相同，若阻值不同则表明三相绕组不对称。这种方法对于有些短路故障很难测出。

② 将万用表置于毫安挡，并将其串联在任意两相绕组间，慢慢转动电动机转子，利用发电机原理，记录电流的大小，再改换成另外两相，比较大小，看是否相同。若相同，即为对称。

③ 将三相异步电动机接入电路，用钳形表（挡位选 10 A 或更小）将三根相线同时置于钳形表中测量。若电流为零，则可断定绕组对称；若电流不为零，并且电路无故障，则为三相绕组不对称引起。

2. 三相异步电动机的简单维护

(1) 电动机每运转 4 000 小时，应用汽油清洗轴承并更换润滑脂，每年至少一次。轴承润滑脂为锂基润滑脂，用量以约填满轴承室空间的 2/3 为宜。

(2) 若轴承磨损或损坏，应按要求的规格型号更换轴承。

(3) 久未使用的电动机在安装之前应查看绝缘电阻是否过低，轴承润滑脂是否变质。若有上述情况，则应干燥绕组，清洗轴承并更换润滑脂。

(4) 对于在使用中的电动机，应定期查看安装的紧固性。

五、三相异步电动机常见故障及处理方法

1. 电动机接通电源起动，电动机不转但有嗡嗡声音（表 5-4）

表 5-4

原　因	解决方法
(1) 由于电源的接通问题，造成单相运转	(1) 需检查电源线，主要检查电动机的接线与熔断器，是否有线路损坏问题
(2) 电动机的负载量过重	(2) 将电机卸载后空载或半载起动
(3) 被拖动机械卡住	(3) 估计是由于被拖动器械的故障，卸载被拖动器械，从被拖动器械上找故障
(4) 绕线式电动机转子回路开路或断线、电刷规格不对、滑环表面有油垢或粗糙不平、凸轮控制器的接触情况	(4) 检查电刷、滑环和起动电阻的接合情况

（续表）

原　因	解决方法
(5) 定子内部首端位置接错，或有断线、短路	(5) 需重新判定三相的首尾端，并检查三相绕组是否有断线或短路

2. 电动机过热或冒烟

可能原因：(1) 电源电压达不到标准，电动机在额定负载下升温过快；(2) 电动机运转环境的影响，如散热不良等原因；(3) 电动机过载或单相运行；(4) 电动机启动故障，正反转过多。

处理方法：第一种情况先检查车间或厂配电盘的电压，必要时调整车间或厂电变压器的输出电压；第二种情况检查风扇运行情况，加强对环境的检查，保证环境的适宜；第三种情况检查电动机起动电流，发现问题及时处理；第四种情况减少电动机正反转的次数，及时更换适应正反转的电动机。

3. 绝缘电阻低

可能原因：(1) 电动机内部进水，受潮；(2) 绕组上有杂物，粉尘影响；(3) 电动机接线盒内绝缘能力降低。(4) 电动机内部绕组老化。

处理方法：第一种情况应拆开电机，抽出转子，对转子和定子进行烘干处理；第二种情况拆开电机处理电动机内部杂物；第三种情况需检查并恢复引出线绝缘或更换接线盒绝缘接线板。第四种情况拆卸电机，视情况对绕组进行补浇绝缘漆直至更换绕组处理。

4. 电动机外壳带电

可能原因：(1) 电动机引出线的绝缘或接线盒绝缘线板老化破损；(2) 绕组端盖部绝缘损坏接触电动机机壳；(3) 电动机保护接地出问题。

处理方法：第一种情况恢复电动机引出线的绝缘或更换接线盒绝缘板；第二种情况如卸下端盖后接地现象即消失，可在绕组端部加绝缘后再装端盖；第三种情况按规定重新保护接地。

5. 电动机运行时有杂音不正常

可能原因：(1) 电动机内部连接错误，造成接地或短路，电流不稳引起噪声；(2) 电动机内部轴承年久失修，或内部有杂物。

处理方法：第一种情况需打开进行全面检查；第二种情况应打开电机处理轴承，清除杂物并更换轴承润滑脂。

6. 电动机振动（表 5-5）

表 5-5

原　因	解决方法
(1) 电动机安装的地面不平	(1) 需将电动机底座安装平稳，保证平衡性
(2) 电动机内部转子不平衡	(2) 需校动转子平衡
(3) 皮带轮或联轴器不平衡	(3) 需进行皮带轮或联轴器校动平衡
(4) 转轴弯曲	(4) 需校直转轴，将皮带轮找正后镶套重车
(5) 电动机风扇问题	(5) 对风扇校正

加油站

单相异步电动机

1. 单相异步电机的结构

单相异步电动机的结构和三相异步电动机结构基本相同，也是由定子、转子、机座、端盖等几部分组成。转子多为笼形，定子与三相异步电动机不同，它由两套绕组组成。

单相异步电动机的单相定子绕组通入单相交流电后，产生的不是旋转磁场，而是一个大小和方向不断变化，但磁场的轴线固定不变的脉动磁场（又称脉振磁场），故单相异步电动机没有起动转矩，不能自行起动。此时，若对转子外加一个力矩，则该方向下的力矩就大于反方向的力矩，电动机在此方向下继续转动。

单相异步电动机要具有实用价值，必须解决起动转矩问题。根据起动的原理不同，单相异步电动机分为电容分相式、电阻分相式和罩极式三种。

（1）电容分相式单相异步电动机

为了解决单相异步电动机的起动转矩问题，在定子上加装另一套起动绕组，因此，单相异步电动机有两套绕组，即工作绕组 U_1U_2 和起动绕组 Z_1Z_2，且两者在空间互成 90° 安装，如图 5-13 所示。起动绕组与一电容串联后与工作绕组并联接入单相交流电源。

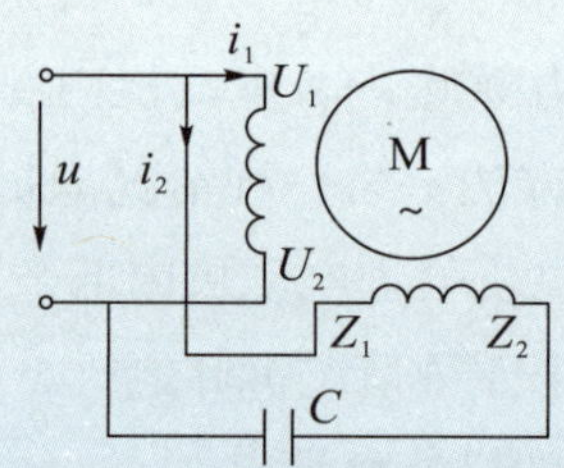

图 5-13 电容分相式异步电动机电路原理

接通电源后，起动绕组 Z_1Z_2 中串联有电容，因此电流 i_2 被移相，如果选择合适的电容 C，可使起动绕组电流 i_2 超前工作绕组电流 i_1 90°，这就是分相。两个空间垂直安装的定子绕组，电流互差，则可形成旋转磁场。旋转磁场的形成分析如图 5-14 所示。

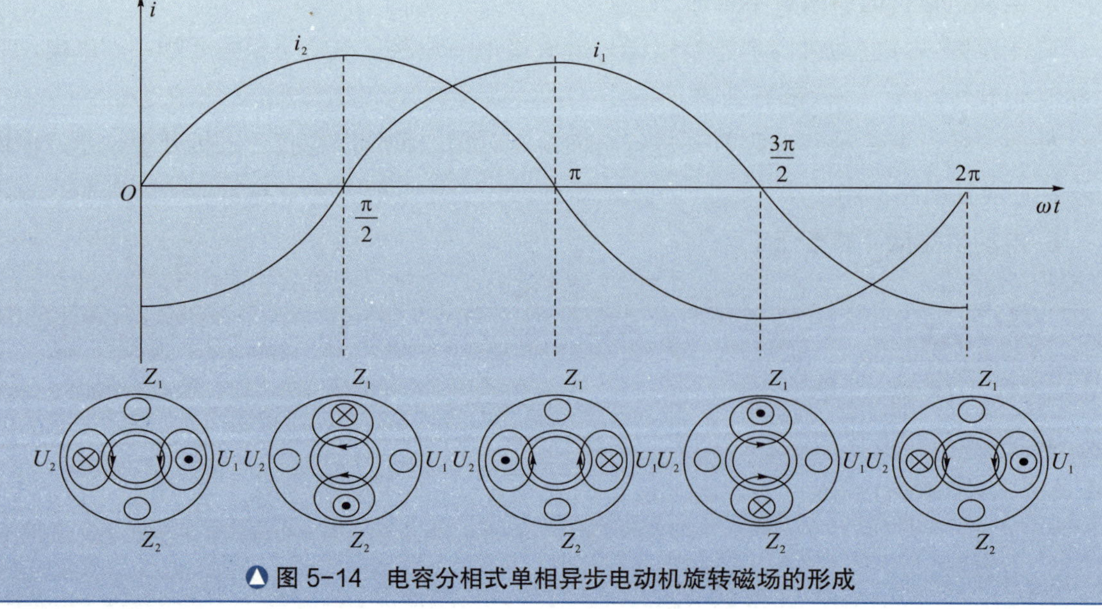

图 5-14 电容分相式单相异步电动机旋转磁场的形成

（2）电阻分相式单相异步电动机

电阻分相式单相异步电动机的结构与电容分相式单相异步电动机相似，工作绕组 U_1U_2 匝数较多、导线较粗，起动时感抗远大于绕组的电阻，可以近似把它看成纯电感性负载，通过它的电流滞后于电压近 90° 电角度；而起动绕组 Z_1Z_2 绕组匝数较少导线较细，又串有起动电阻（实际上许多电阻分相式单相异步电动机的起动绕组并没有串联起动电阻，而是设法增加导线电阻，从而使起动绕组本身就有较大的电阻），总电阻值远大于绕组在起动时的感抗，因此可以近似把它看成为纯电阻性负载，通过它的电流在相位上只滞后于电压一个很小的电角度。这样工作绕组和起动绕组中的电流在相位上相差近 90° 电角度，就可以在定子中产生旋转磁场，使转子产生转矩而转动。起动时两个绕组同时工作，当转速达到 80% 左右的额定值时，靠离心开关把起动绕组从电源上切除。

（3）罩极式单相异步电动机

罩极式单相异步电动机是一种结构非常简单的电动机，根据磁极形式不同分为凸极式和隐极式两种，其中凸极式应用最广。如图 5-15 所示为凸极式罩极单相异步电动机的结构示意图。

罩极式单相异步电动机定子上制有凸出的磁极，主绕组就绕组凸出的磁极上，在磁极的 $\frac{1}{4}$ ~ $\frac{1}{3}$ 的部分有一凹槽，将磁极分成大小两部分。在磁极小的部分套一个短路铜环，将这部分磁极罩起来，因此称为罩极式电机。罩极式电机的转子仍为笼型。

罩极式单相电动机定子绕组通入交流电时，产生一个交变磁通，该磁通的一部分穿过短路铜环，在铜环内形成感应电流，从而形成感应磁通，如图 5-16 所示。因为 Φ_2 总是要阻碍 Φ_1 的变化，使其滞后一定的角度，这就形成了一个旋转磁场，为转子提供起动转矩而起动。

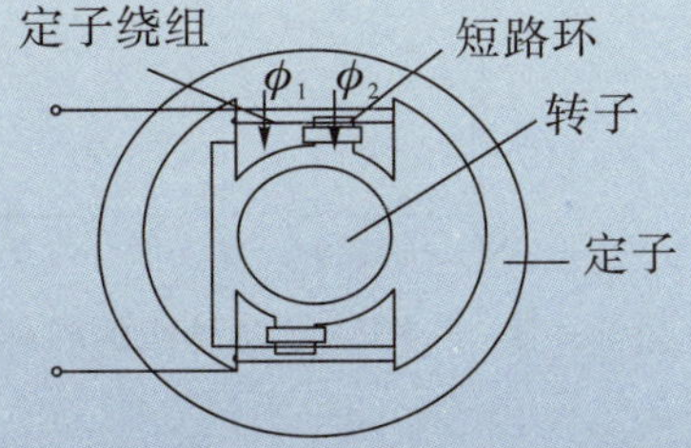

图 5-15 凸极式单相异步电动机的结构

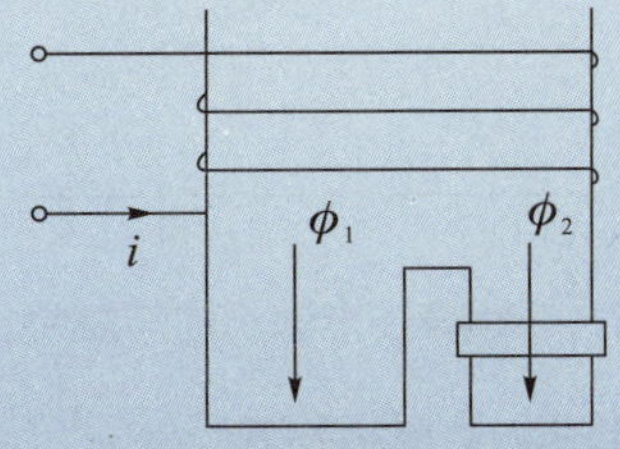

图 5-16 罩极式单相电动机磁极中的磁通

单相罩极式异步电动机主要优点是结构简单，制造方便，成本低，运行噪声小。缺点是起动性能及运行性能较差，效率和功率因数较低。主要用于小功率空载起动的场合，在台式电扇、排气扇、一些办公设备上应用。凸极式单相罩极电动机旋转方向一般不易改变，常用于无须改变旋转方向的电气设备中。

2. 单相异步电动机的反转

如果要改变单相异步电动机的转动方向，即要改变旋转磁场方向。此时只要将起动绕组的首末端 Z_1Z_2 对调即可，当然，也可以对调工作绕组 U_1U_2 的首末端。但是，对调电源的两根线（相线和零线）是不能改变单相异步电动机的转向的。

单相异步电动机的正、反转控制，多用于电容分相式电动机，如洗衣机用的电动机。因为电容分相式电动机的工作绕组和起动绕组可以交换使用。当把起动绕组作为工作绕组使用时，它的旋转磁场改变了旋转方向，电动机就改变了转动方向。

*三相异步电动机的机械特性

三相异步电动机主要是带动其他机械设备工作的，在实际使用中我们最关心的是电动机转矩的大小、转速的高低、转矩与转速之间的关系等问题。下面我们通过介绍转矩特性曲线和机械特性曲线来了解它们之间的关系。

一、机械特性曲线

当三相异步电动机定子绕组上的外加电压和电源频率不变时，三相异步电动机轴上输出的转矩 T 与电动机转差率 s 之间的关系曲线，称为转矩特性曲线，如图 5-17 所示。

在电力系统中，为便于分析，我们将转矩特性曲线顺时针转过 90°，并把转差率 s 变换为转速 n，即可变为 n 与 T 之间的关系曲线。我们将之称为三相异步电动机的机械特性曲线，如图 5-18 所示。

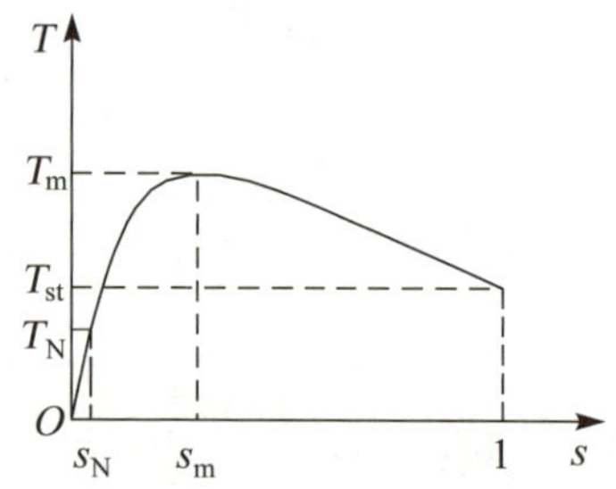

图 5-17　三相异步电动机的转矩特性曲线

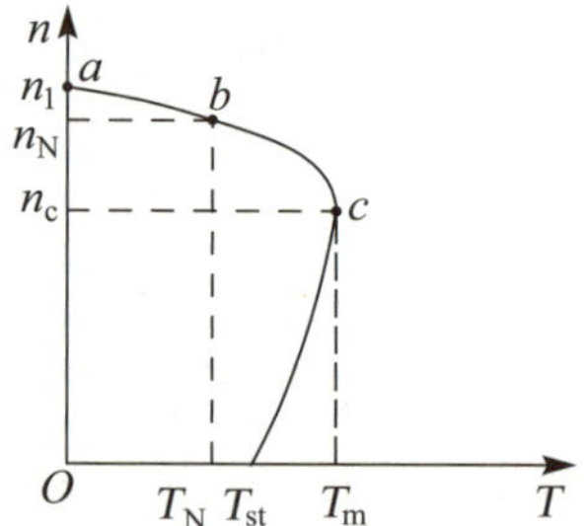

图 5-18　三相异步电动机的机械特性曲线

二、特性曲线分析

1. 电动机起动瞬间

电动机起动瞬间 $n=0$（或 $s=1$），此时，电动机轴上产生的转矩称为起动转矩 T_{st}。起动转矩 T_{st} 必须大于负载转矩 T_L，电动机才能起动。

2. 额定状态下运行时

额定状态下运行时所对应的转速称为额定转速 n_N，此时，转子转差率为 s_N，电动机轴上产生的机械转矩为 T_N 。

3. 当转速达到 n_c（或转差率为 s_m）时

此时电动机轴上产生的转矩最大，称为最大转矩 T_m ，n_c 称为临界转速，s_m 称为临界转差率。电动机在运行过程中的负载转矩 T_L 必须小于最大转矩 T_m ，电动机才有可能稳定运行；否则电动机会因带动不了负载而被迫停转，导致电流过大烧毁电动机。

4. 稳定运行区

在稳定运行区，电动机的输出转矩随负载转矩而变化，最后达到平衡，并稳定运行。通常三相异步电动机稳定运行在机械特性曲线的 *abc* 段上。从这段曲线上看，当负载转矩有较大变化时，三相异步电动机的转速变化却不大，我们称三相异步电动机具有硬的机械特性。所以我们称 *abc* 段为三相异步电动机的稳定运行区。

5. 不稳定运行区

在机械特性曲线的 cT_{st} 段，随着转速的减小，三相异步电动机产生的转矩也随之减小，三相异步电动机不能在该区域内正常稳定地运行，该区段称为不稳定运行区。只有负载转矩随转速增加而急剧增加的风扇、通风机等风机型电动机才可工作在这一区域。

三相异步电动机的转矩与加在电动机定子上的电压的平方成正比，因此电源电压的波动对电动机的运行影响很大。当电源电压降为额定电压的 90% 时，电动机的转矩则降为额定值的 81% 。所以当电源电压过低时，电动机可能带不动负载而被迫停转，这一点在使用电动机时必须注意。

学后测评

1. 三相异步电动机由哪几部分组成？

2. 三相异步电动机的旋转磁场在什么条件下产生？

3. 有的三相异步电动机有 380 V / 220 V 两种额定电压，定子绕组可以接成星形或三角形，试求：何时采用星形接法？何时采用三角形接法？

4. 在额定工作情况下的三相异步电动机，已知其转速为 960 r/min ，试求：电动机的同步转速是多少？有几对磁极？转差率是多大？

主题6 常用低压电器及三相异步电动机的控制线路

情境创设

实物展示电动机常用控制电路，认识电动机控制器件，引导学生理解电动机控制电路的原理。

课题 1 常用低压电器

任务书

1. 了解常用低压电器的分类。
2. 了解各类常用低压电器的结构、图形和文字符号及应用场合。

常用低压电器的分类

电器是所有电工器械的总称，按工作电压的高低可分为高压电器和低压电器。额定交流电压小于 1 200 V、直流电压小于 1 500 V 的电器称为低压电器。低压电器在电路中一般起通断、控制、保护与调节等作用。根据不同的分类标准，低压电器可分为不同的类型。

1. 按电器的动作性质分类

(1) 手动电器

手动电器是指由人工操作发出动作指令的电器，如刀开关、按钮等。

(2) 自动电器

自动电器是指不需人工直接操作，按照电量或非电量的信号自动完成接通、分断电路任务的电器，如接触器、继电器、电磁阀等。

2. 按用途分类

(1) 低压配电电器

低压配电电器主要用于低压配电系统和动力回路中，常用的有刀开关、转换开关、熔断器、自动开关（断路器）、接触器等。

(2) 低压控制电器

低压控制电器主要用于电力传输系统和电气自动控制系统中，常用的有控制按钮、行程开关、继电器、起动器、控制器等。

3. 按工作原理分类

(1) 电磁式电器

电磁式电器是指依据电磁感应原理来工作的电器。如交流接触器、直流接触器、各种电磁式继电器等。

(2) 非电量控制电器

非电量控制电器是指靠外力或某种非电物理量的变化而动作的电器。如刀开关、速度继电器、压力继电器、温度继电器等。

4. 按有无触点分类

(1) 有触点电器

开关、按钮、接触器、继电器都属于有触点电器。由有触点的电器组成的控制电路又称为继电器接触器控制电路。

(2) 无触点电器

用晶体管或晶闸管做成的无触点开关，无触点逻辑元件等属于无触点电器。

认识低压配电电器

一、刀开关

刀开关是一种结构最简单、应用最广泛的低压电器，主要应用于小容量（5.5 kW 及以下）的动力电路且不频繁起动的控制电路中，一般安装于低压变电室配电柜上。

如图 6–1（a）所示为胶壳刀开关，俗称闸刀，这种开关不宜带负载接通或分断电路，但因其结构简单、价格低廉，常用作照明电路的电源开关。刀开关按极数可分为单极、双极和三极，如图 6–1（b）所示为刀开关的图形符号、文字符号。

(a) 实物图　(b) 图形符号、文字符号

图 6–1　刀开关图形符号、文字符号

选用刀开关时须注意以下几点：

第一，刀开关的额定电压应等于或大于电路的额定电压。其额定电流应等于（在开启和通风良好的场合）或稍大于（在封闭的开关柜内或散热条件较差的工作场合）1.15 倍工作电流。

第二，在开关柜内使用时应考虑操作方式，如杠杆操作机构、螺旋式操作机构等。

第三，当用来控制电动机时，其额定电流要大于电动机额定电流的 3 倍。

二、铁壳开关（又称封闭式负荷开关）

如图 6–2（a）所示为铁壳开关的实物图，这种开关通断性能好、操作方便、使用安全，主要应用于各种配电设备手动不频繁接通或分断负载的电路中，也可用作 15 kW 以下的电动机的不频繁起动或停止的控制开关。

铁壳开关主要由熔断器、速断弹簧、静夹座、动触头、转轴、手柄和外壳等组成，如图 6–2（b）所示。

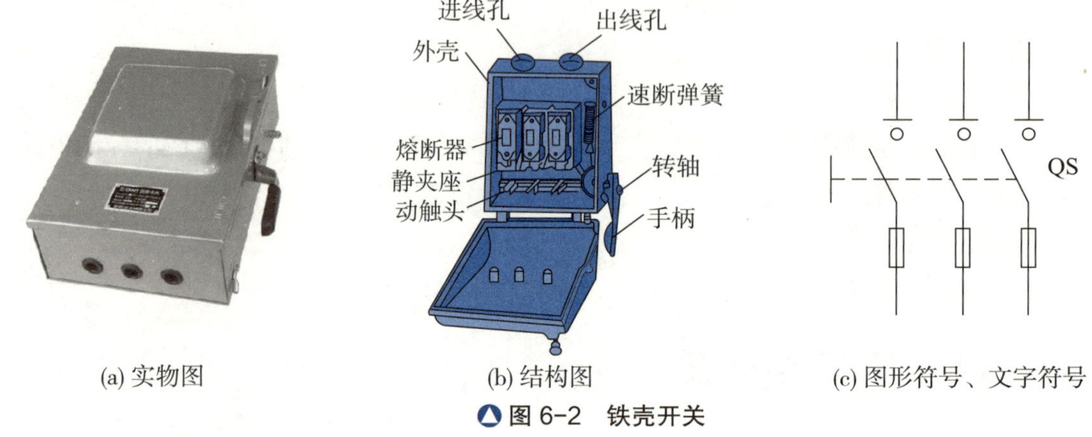

(a) 实物图　(b) 结构图　(c) 图形符号、文字符号

图 6–2　铁壳开关

三、组合开关（又称转换开关）

组合开关也是一种刀开关，不过它的动触片是转动式的，比刀开关轻巧且组合性强。组合开关可作为电源引入开关或作为 5.5 kW 及以下电动机的直接起动、停止、正反转或变速等操作的控制开关。

如图 6–3 所示为 HZ10 系列组合开关，它主要适用于交流 50 ~ 60 Hz、电压 380 V 及以下和直流电压 220 V 及以下的电路中，做手动不频繁地接通或分断电路，换接电源或负载等，也可控制小容量电动机。

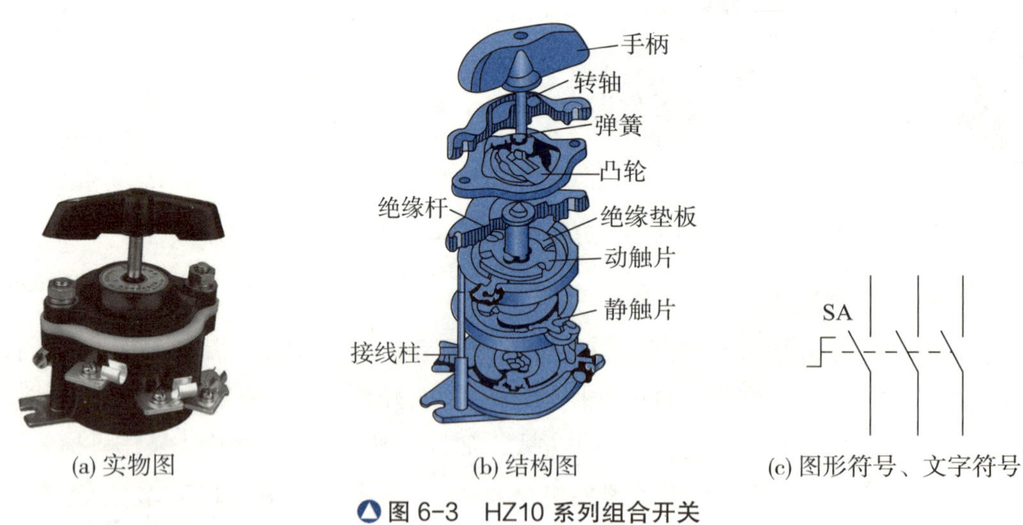

(a) 实物图　(b) 结构图　(c) 图形符号、文字符号

图 6–3　HZ10 系列组合开关

四、低压断路器

低压断路器又称自动空气开关，在电气线路中起接通、分断和承载额定工作电流的作用，并能在线路和电动机发生过载、短路、欠电压的情况下进行可靠的保护。它的功能相当

于刀开关、过电流继电器、欠电压继电器、热继电器及漏电保护器等电器部分或全部的功能总和，是低压配电网中一种重要的保护电器。常用的低压断路器有 DZ 系列、DW 系列和 DWX 系列。图 6-4 所示为常见低压断路器外形图。

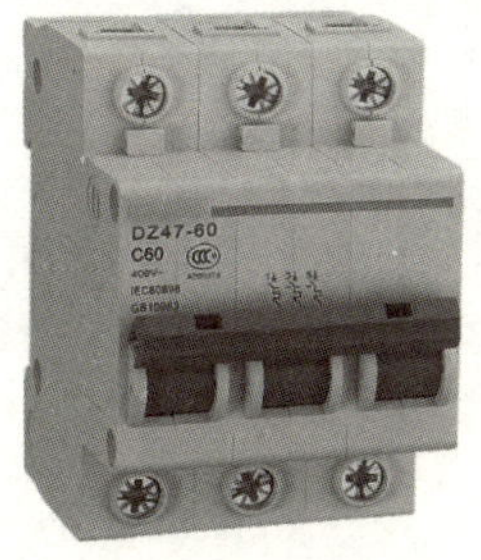

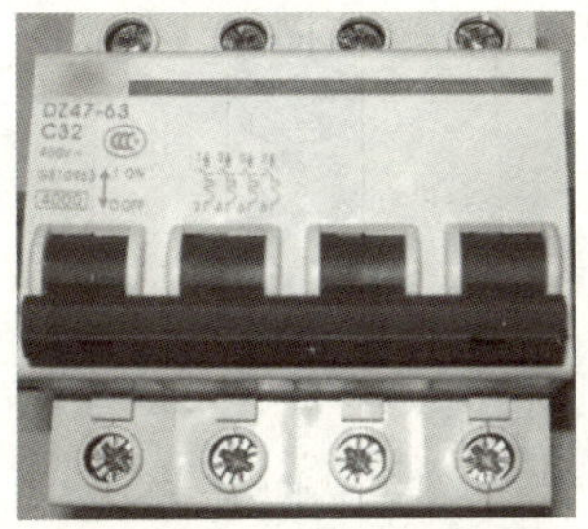

图 6-4　常见低压断路器外形

低压断路器的结构示意及符号如图 6-5 所示。低压断路器主要由触点、灭弧系统、各种脱扣器和操作机构等组成，脱扣器又分电磁脱扣器、热脱扣器、复式脱扣器、欠压脱扣器和分励脱扣器等 5 种。

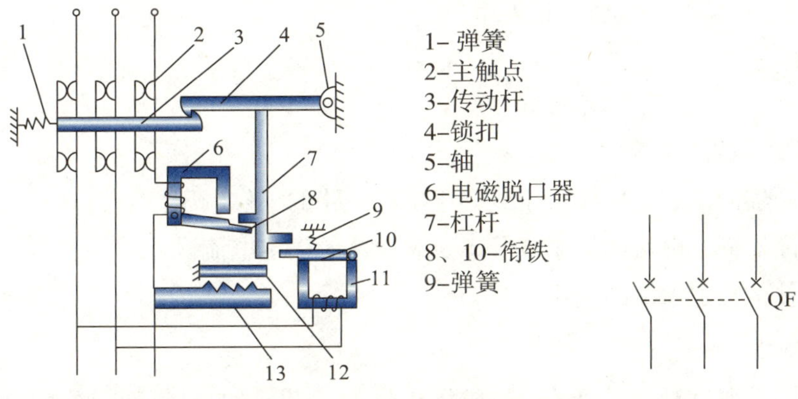

图 6-5　低压断路器结构示意图及图形符号、文字符号

图 6-5 所示断路器处于闭合状态，3 个主触点通过传动杆与锁扣保持闭合，锁扣可绕轴 5 转动。断路器的自动分断是由电磁脱扣器 6、欠压脱扣器 11 和双金属片 12 使锁扣 4 被杠杆 7 顶开而完成的。正常工作中，各脱扣器均不动作，而当电路发生短路、欠压或过载故障时，分别通过各自的脱扣器使锁扣被杠杆顶开，实现保护作用。

五、熔断器

熔断器是一种配电电器，也是一种保护电器，常用于低压线路和电动机控制电路中的短路保护。熔断器的种类很多，按其结构可分为半封闭插入式熔断器、有填料螺旋式熔断器、有填料封闭管式熔断器、无填料封闭管式熔断器、有填料管式快速熔断器、半导体保护熔断器及自复式熔断器等。常见的 RL1 系列螺旋式熔断器如图 6-6 所示，其两个接线柱有高低之分，在接线时应遵循“低进高出”的原则。

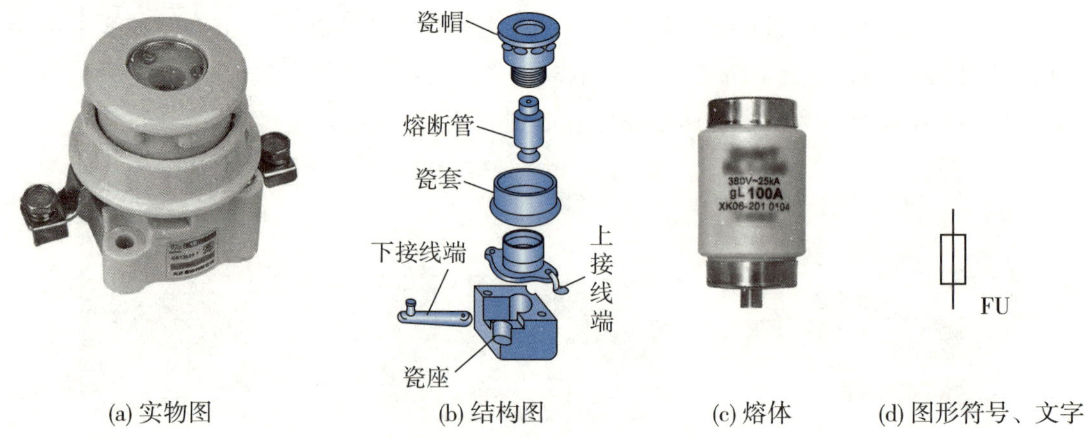

(a) 实物图　(b) 结构图　(c) 熔体　(d) 图形符号、文字

图 6-6　RL1 系列螺旋式熔断器外形及图形符号、文字符号

1. 熔断器的型号标志含义

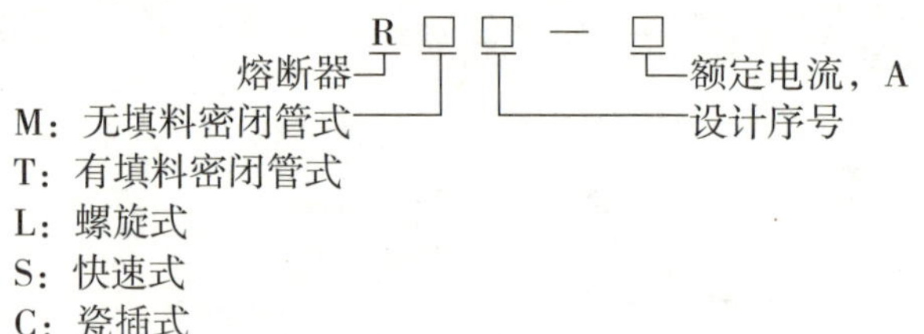

2. 选用熔断器的注意事项

第一，熔断器的额定电压应大于或等于实际电路的工作电压。

第二，熔断器额定电流应大于或等于所装熔体的额定电流。

第三，熔体的额定电流的选择。

六、接触器

接触器是一种通过触点系统的动作或状态改变，频繁地自动接通或分断大电流主电路的远距离控制电器。接触器主要由电磁系统（动铁芯、吸引线圈、静铁芯）、触头系统（主触头、动触头、静触头）和灭弧装置组成，如图 6-7 所示。

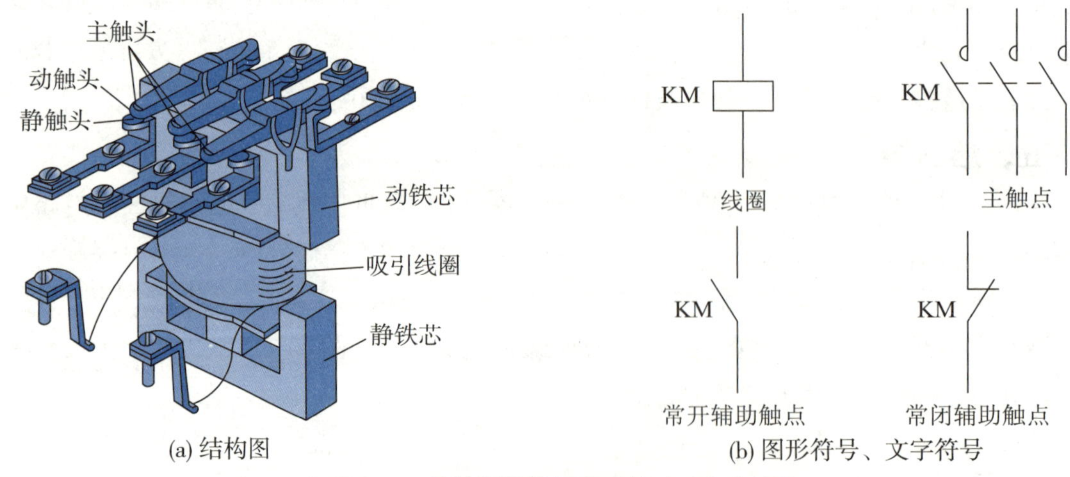

(a) 结构图　(b) 图形符号、文字符号

图 6-7　接触器结构及图形符号、文字符号

如图 6–8 所示为接触器的电磁工作原理图，当电磁线圈通电后，线圈电流产生磁场，使铁芯产生电磁吸力吸引衔铁，并带动触头动作，使常闭（动断）触头断开，常开（动合）触头闭合，两者是联动的。当电磁线圈断电时，电磁力消失，衔铁在释放弹簧的作用下释放，使触头复原，即常开触头断开，常闭触头闭合。

接触器按其工作电流的种类可分为交流接触器和直流接触器，如图 6–9 所示 。

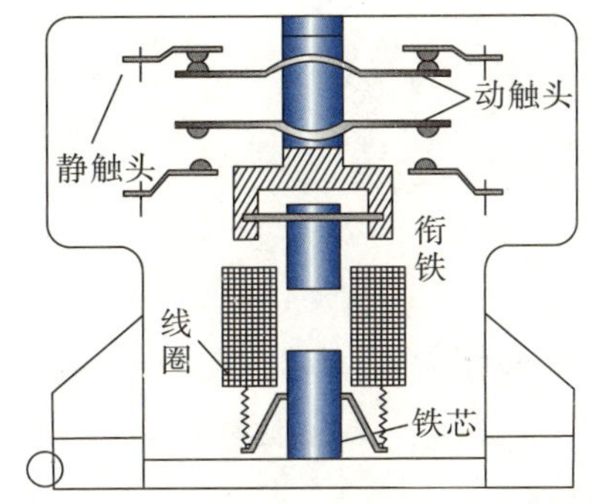

图 6–8　接触器的电磁工作原理图

(a) 交流接触器

(b) 直流接触器

图 6–9

1. 交流接触器

交流接触器线圈通交流电，主触头接通、分断交流主电路。当交变磁通穿过铁芯时，将产生涡流和磁滞损耗，使铁芯发热。为减少铁损，铁芯用硅钢片叠制而成。为便于散热，线圈做成短而粗的圆筒状绕在骨架上。为防止交变磁通使衔铁产生强烈振动和噪声，交流接触器铁芯端面上都安装一个铜制的短路环。交流接触器的灭弧装置通常采用灭弧罩和灭弧栅。

2. 直流接触器

直流接触器线圈通直流电，主触头接通、分断直流主电路。直流接触器铁芯中不产生涡流和磁滞损耗，所以不发热，铁芯可用整块硅钢制成。为保证散热良好，通常将线圈绕制成长而薄的圆筒状。直流接触器灭弧较难，一般采用灭弧能力较强的磁吹灭弧装置。

选择接触器时应从其工作条件出发，主要考虑下列因素：

第一，控制交流负载应选用交流接触器，控制直流负载应选用直流接触器。

第二，主触头的额定工作电压应大于或等于负载电路的电压。

第三，主触头的额定工作电流应大于或等于负载电路的电流。还要注意的是：接触器主触头的额定工作电流是在规定条件下（额定工作电压、使用类别、操作频率等）能够正常工作的电流值，当实际使用条件不同时，这个电流值也将随之改变。

第四，吸引线圈的电压等效应等于控制电路的电压。

认识低压控制电器

一、控制按钮

控制按钮通常用作短时接通或断开小电流控制电路的开关，它是由按钮帽、复位弹簧、桥式触点和外壳等组成。控制按钮通常制成具有动合（常开）触点和动断（常闭）触点的复合式结构，其外形、结构及图形符号、文字符号如图 6–10 所示。

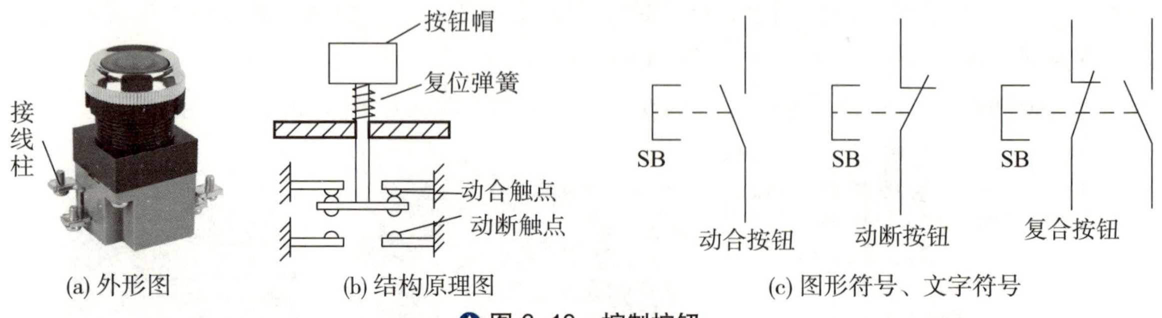

图 6–10　控制按钮

小提示　为了标明各个按钮的作用，避免误操作，通常将按钮帽做成不同的颜色以示区别，其颜色有橘红、红、绿、黄等颜色。一般以橘红色表示紧急停止按钮，红色表示停止按钮，绿色表示起动按钮，黄色表示信号控制按钮。

二、行程开关

行程开关是依据生产机械的移动距离发出控制指令以控制其运行方向或移动距离长短的电器，其外形及图形符号、文字符号如图 6–11 所示。

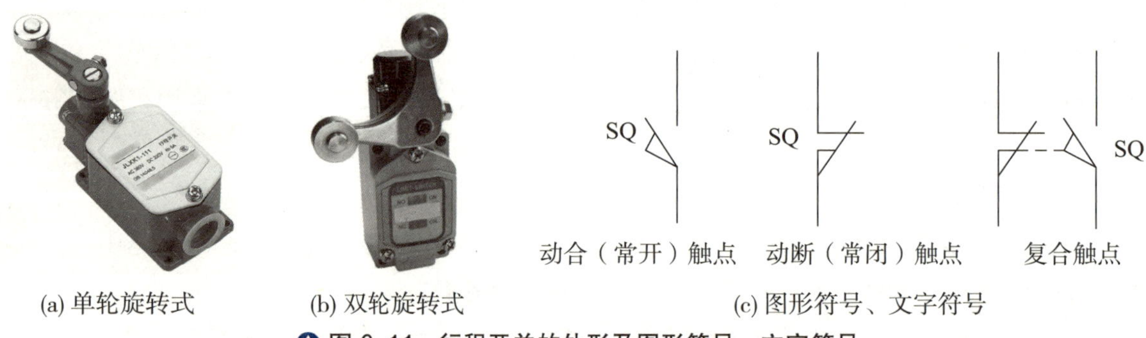

图 6–11　行程开关的外形及图形符号、文字符号

行程开关广泛应用于各类机床和起重机械中来控制行程。行程开关的作用与按钮开关类似，只是触点的动作不是靠手动来完成，而是利用生产机械运动部件的碰撞使触点动作来接通或分断电路，从而限定机械运动的行程、位置或改变机械运动部件的运动方向、状态，达到自动控制的目的。

行程开关主要由类似按钮的触头系统和接受碰撞的机械部件发来信号的操作头组成。根据操作头不同，行程开关可分为直动式、滚动式和微动式；按触点性质的不同，行程开关可分为有触点式和无触点式（接近开关）。

三、继电器

继电器是根据输入信号的变化，接通或分断小电流电路，实现自动控制和保护的电器。继电器种类繁多，常用的有速度继电器、中间继电器、时间继电器、热继电器、电压继电器、电流继电器等。

电压继电器、电流继电器和中间继电器的结构及工作原理与接触器相似，由电磁系统、触头系统和释放弹簧等组成。由于继电器用于控制电路，流过触头的电流小，所以不需灭弧装置。

1. 速度继电器

速度继电器常用于三相异步电动机用以速度控制的反接制动线路中，所以又称反接制动继电器。它的基本组成及图形符号、文字符号如图 6-12 所示。

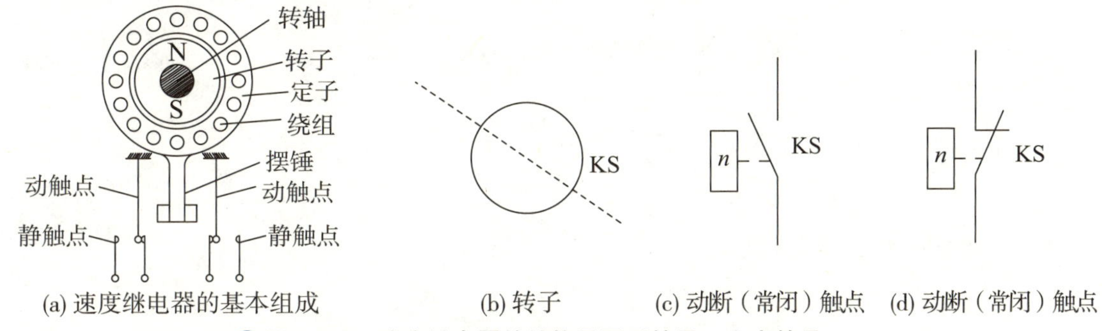

(a) 速度继电器的基本组成　(b) 转子　(c) 动断（常闭）触点　(d) 动断（常闭）触点

图 6-12　速度继电器的结构及图形符号、文字符号

速度继电器的作用是与接触器配合使用，对笼型异步电动机进行反接制动控制。

2. 中间继电器

中间继电器实际上是一种触点不分主辅的小型接触器，各对触点允许通过的电流一样，多为 5 A 。相比于控制电路的其他灵敏断电器，它的触点数多（4 对或更多），触点的额定电流大，因此可通过中间继电器的中继转换来增加控制信号所驱动的回路或元件，也可以对控制信号进行中继转换放大以驱动主电路的大电流接触器。另外，对于工作电流小于 5 A 的电路，也要以用中间继电器直接代替接触器用于主电路，以图 6-13（a）图的 JZT-44 为例，当它用于三相电路作为接触器使用时，4 对动合触点中的 3 对用作主触点，另一对则用来作为自锁辅助触点。

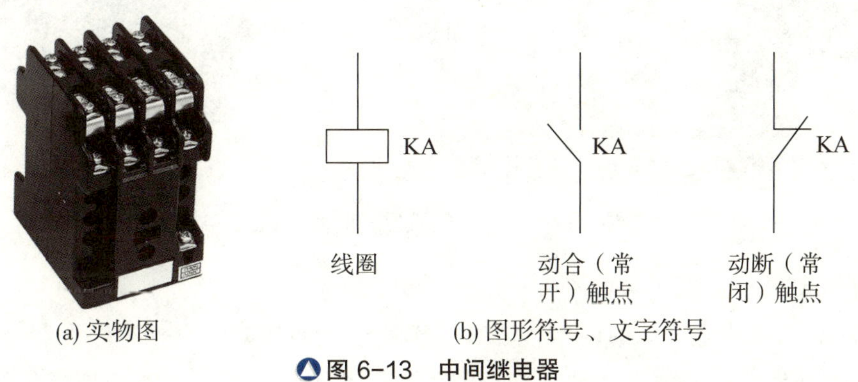

(a) 实物图　(b) 图形符号、文字符号

图 6-13　中间继电器

3. 时间继电器

在电力控制系统中，不仅需要有动作迅速的继电器，而且需要有当吸引线圈通电或断电以后其触点经过一定时间延时后再动作的继电器，这种继电器称为时间继电器。

如图 6–14 所示为时间继电器的图形符号、文字符号。时间继电器按其动作原理与构造不同，可分为电磁式、空气阻尼式、电动式和电子式等多种类型。

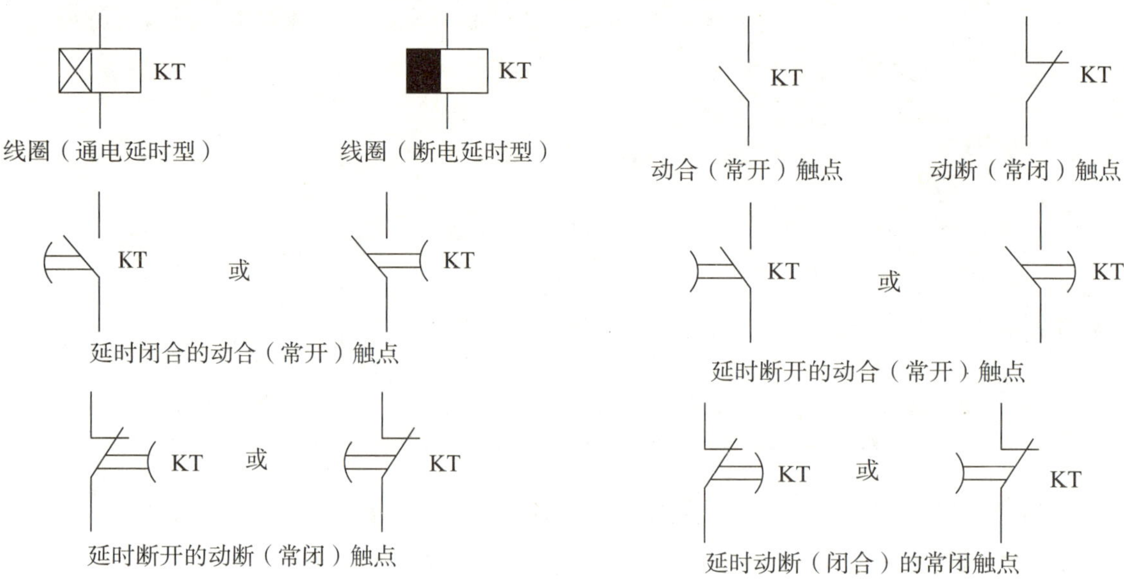

图 6–14 时间继电器的图形符号、文字符号

(1) 空气阻尼式时间继电器

如图 6–15 所示为空气阻尼式时间继电器，它是利用空气的阻尼作用获得延时的。延时方式有通电延时型和断电延时型两种类型。

图 6–15 空气阻尼式时间继电器

(2) 电子式时间继电器（又称半导体时间继电器）

如图 6–16 所示为电子式时间继电器，它多用于电力传动、自动顺序控制及各种过程控制系统中，并以其延时范围宽、精度高、体积小、工作可靠等优势逐步取代传统的电磁式、空气阻尼式等时间继电器。

(a) JS20晶体管时间继电器

(b) JS11时间继电器

图 6-16　电子式时间继电器

小提示　在要求延时范围大、延时准确度高的场合，应选用电动式或电子式时间继电器。在延时精度要求不高、电源电压波动较大的场合，可选用价格较低的电磁式或空气阻尼式时间继电器。

4. 热继电器

热继电器是一种具有过载保护特性的过电流型继电器。电动机在运行过程中，如果长期过载、频繁起动、欠电压运行或断相运行等都可能使电动机的电流超过它的额定值。如果超过额定值的量不大且电动机长时工作，熔断器在这种情况下不会熔断，这样将引起电动机过热，损坏绕组的绝缘，缩短电动机的使用寿命，严重时甚至烧坏电动机。因此，采用热继电器可对电动机进行过载保护以及断相保护，也可对其他电气设备进行过载保护。热继电器的外形、基本结构及图形符号、文字符号如图 6-17 所示。

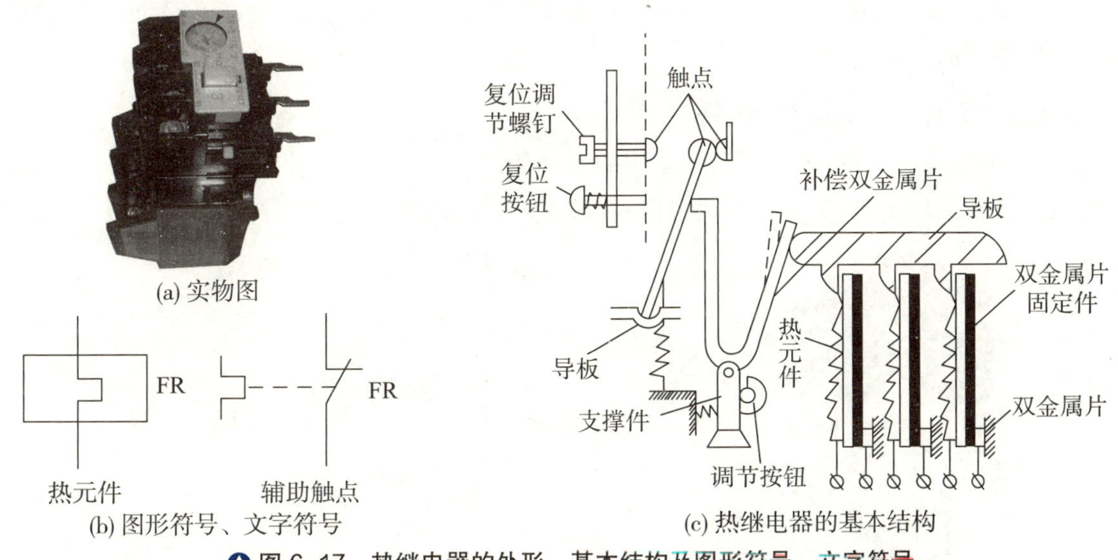

(a) 实物图

(b) 图形符号、文字符号

(c) 热继电器的基本结构

图 6-17　热继电器的外形、基本结构及图形符号、文字符号

学后测评

1. 什么是低压电器？低压电器按用途可分为哪几类？
2. 断路器有什么功能？它与刀开关有什么不同？
3. 按钮、行程开关、刀开关三者在作用上有什么不同？
4. 熔断器的作用是什么？电机控制电路中常用的熔断器有哪几种？各有什么特点？
5. 常用继电器有哪些？各有什么作用？

课题 2 三相异步电动机的基本控制

任务书

1. 了解三相异步电动机直接起动控制及单向点动与连续控制电路的组成和工作原理。
2. 了解三相异步电动机接触器互锁正反转控制电路的组成和工作原理。

三相异步电动机的直接起动控制电路

将电源电压全部直接加在定子绕组上的起动方式称为直接起动，又称全压起动。直接起动时，电动机的起动电流可达到电动机额定电流的 4 ~ 7 倍。如此大的电动机的起动电流对电网具有很大的冲击，将严重影响其他用电设备的正常运行。因此，直接起动方式主要应用于小容量电动机的起动。

一、电动机点动控制电路

如图 6-18（a）所示为工厂车间使用的电动葫芦，它就是运用点动控制方式来进行工作的。按下按钮，电动机通电运转；松开按钮，电动机断电停止运转。

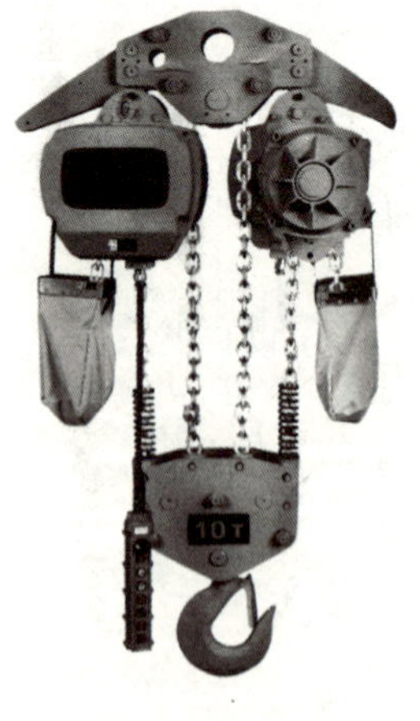

(a) 电动葫芦

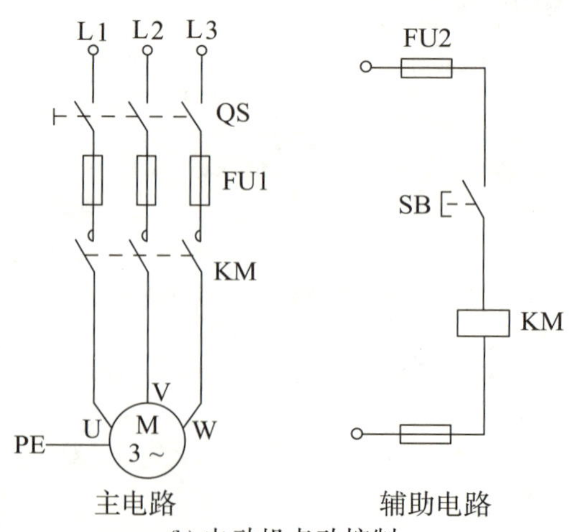

(b) 电动机点动控制

图 6-18 点动控制

如图 6-18（b）所示为最基本的电动机点动控制电路，其基本工作原理和操作过程如下：

(1) 合上电源开关 QS;

(2) 起动：按住按钮 SB，KM 线圈得电，KM 主触点闭合，电动机 M 起动运转；

(3) 停止：松开按钮 SB，KM 线圈失电，KM 主触点分断，电动机 M 停止运转。

二、电动机连续控制电路

电动机连续控制电路采用了一种具有自锁环节的控制电路，最基本的就是接触器自锁连续控制电路，如图 6-19 所示，其基本工作原理和操作过程如下：

(1) 合上电源开关 QS；

(2) 起动：按下起动按钮 SB1，接触器线圈 KM 得电，KM 主触点闭合，电动机 M 通电运行，KM 自锁触点闭合（线圈保持得电），电动机 M 连续运转；

(3) 停止：按下停止按钮 SB2，接触器线圈 KM 失电，KM 主触点及自锁触点断开，电动机 M 停止运行。

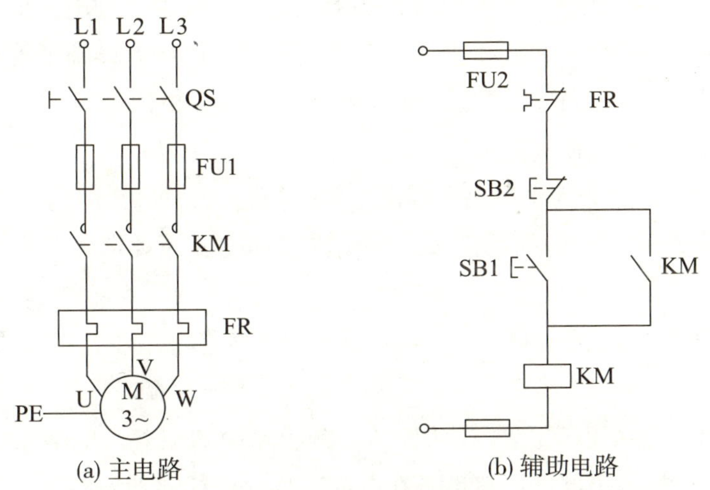

(a) 主电路　　(b) 辅助电路

图 6-19　连续控制

三、单向点动与连续控制电路

在生产实践过程中，常常要求一些生产机械既能持续不断地运行（长动），又能在人工干预下实现手动控制的点动运行。

如图 6-20 所示为单向点动与连续控制电路，用复合按钮 SB3 的常闭触点断开或接通自锁回路。当需要点动控制时，按下点动按钮 SB3，其常闭触点先断开，切断自锁回路，其常开触点实现点动控制。

当需要长动控制时，按下长动按钮 SB2，复合按钮 SB3 的常闭触点接通自锁回路，SB2 可实现对电动机的长动控制。

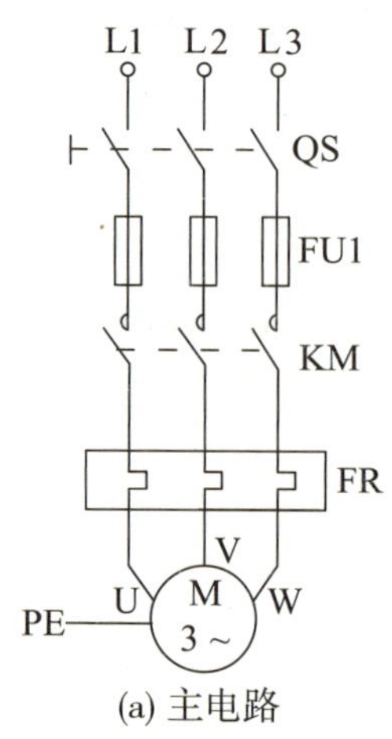

(a) 主电路

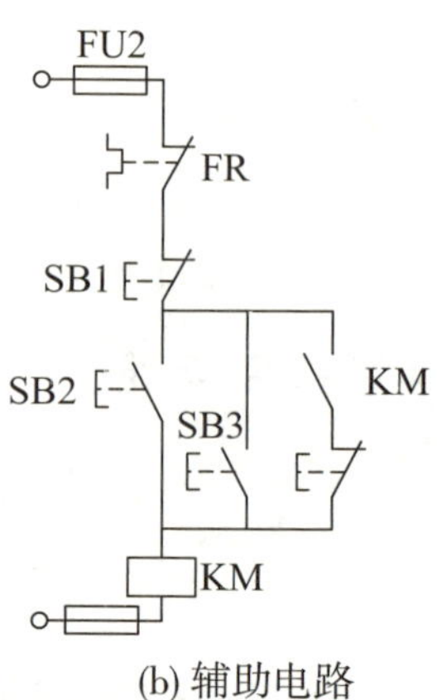

(b) 辅助电路

图 6-20 单向点动与连续控制

加油站

电气原理图及绘制原则

电气原理图是采用将电气元件以展开的形式绘制而成的一种电气控制系统图样，包括所有电气元件的导电部件和接线端点。其作用是便于操作者详细了解其控制对象的工作原理，用以指导安装、调试、维修以及为绘制接线图提供依据。

电气原理图的一般绘制原则如下：

1. 电气原理图一般分为主电路和辅助电路（控制电路）两部分。

2. 电气原理图中所有电气元件都应采用国家标准统一规定的图形符号、文字符号表示。

3. 控制系统内的全部电机、电器和其他器械的带电部件，都应在原理图中表示出来。

4. 原理图中，各个电气元件和部件在控制线路中的位置，应根据便于阅读的原则安排。同一元器件的各个部件可以不画在一起。如交流接触器的线图、主触点、辅助触点在电气原理图中不画在一起。

5. 图中元件、器件和设备的可动部分都按未通电和没有外力作用时的开闭状态画出。

6. 每个器件及它们的部件用规定的图形符号表示，且每个器件有一个专属文字符号。属于同一个器件的各个部件采用同一文字符号表示。

7. 为了看图方便，电路应按动作顺序和信号流自上而下、自左而右的原则绘制。

接触器联锁正、反转控制原理

在生产实践中，常常要求各种生产机械具有上下、左右、前后等运动方向相反的可逆动作，这就要求电动机能够正、反向运转。在生产实践中常用的是接触器联锁正反转控制电路。

电路的工作原理和操作过程为（设 SB2 控制正转，SB3 控制反转）：

第一，合上电源开关 QS 。

第二，正转起动：按下正转起动按钮 SB2，接触器线圈 KM1 得电，KM1 主触点、自锁触点闭合，KM1 联锁触点断开，电动机 M 得电正转起动。

第三，停止：按下停止按钮 SB1，接触器线圈 KM1 失电，KM1 主触点、自锁触点断开，互锁触点闭合，电动机 M 断电停止正转。

第四，反转控制：按下 SB3，接触器线圈 KM2 得电，KM2 主触点闭合、自锁触点实现自锁和互锁，KM2 互锁触点断开，电动机 M 得电反转。

第五，停止：再按 SB1 停止反转。

小提示　在同一时间里只允许两个或多个接触器（继电器）其中的一个接触器（继电器）工作的控制方式称为联锁（互锁）控制。图 6-21 中两只交流接触器不能同时得电，否则会导致主电路电源短路。

这种控制电路结构简单，易掌握。但它同时存在一些不足，主要是在正转过程中若要求反转时，必须先按下停止按钮 SB1，让 KM1 线圈断电，使其联锁触点 KM1 闭合，才能按反转按钮使电动机反转，给操作带来不便。

另外，在实际操作过程中，若出现接触器联锁触点损坏，此时，若不小心同时按下 SB2 和 SB3 就会造成严重问题（主电路电源短路）。为解决以上可能出现的问题，实际运用中常在控制电路中增加复合按钮，以实现双重联锁控制，如图 6-22 所示。

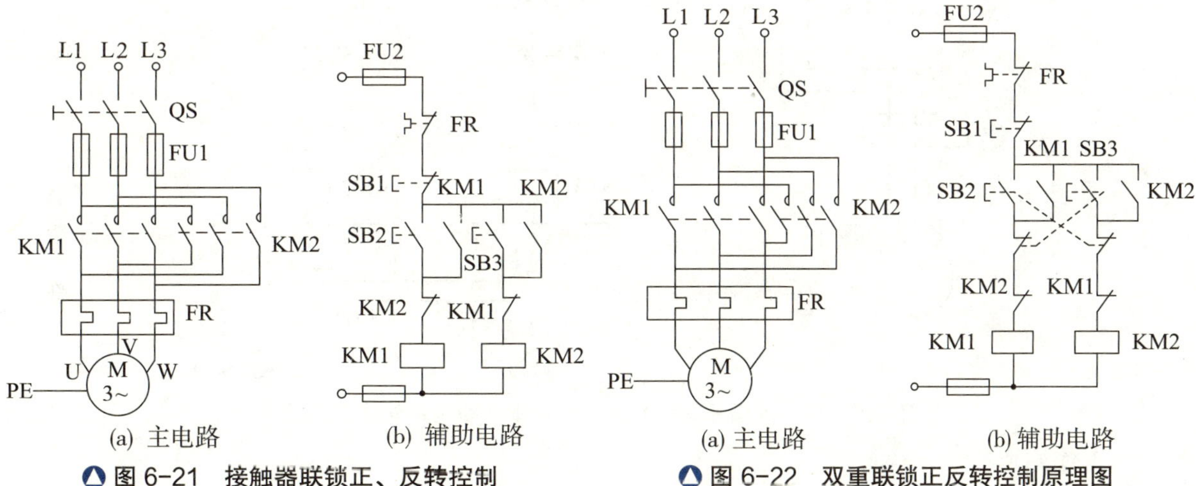

(a) 主电路　(b) 辅助电路

图 6-21　接触器联锁正、反转控制

(a) 主电路　(b) 辅助电路

图 6-22　双重联锁正反转控制原理图

三相异步电动机自动往返控制线路

有些生产机械，如万能铣床，要求工作台在一定的行程内能自动往返运动，以便实现对工件的连续加工，提高生产效率。即要求工作台到达指定位置时，不但要求工作台停止原方向运动，而且还要求它自动改变方向，向相反的方向运动。

行程开关控制的电动机正、反转自动循环控制线路如图 6-23 所示。为了使电动机的正、反转控制与工作台的左、右运动相配合，在控制线路中设置了四个行程开关 SQ1、SQ2、SQ3 和 SQ4，并把它们安装在工作台需限位的地方。其中 SQ1、SQ2 被用来自动换接电动机正、反转控制电路，实现工作台的自动往返行程控制；SQ3、SQ4 被用来作终端保护，以防止 SQ1、SQ2 失灵，工作台越过限定位置而造成事故。在工作台边的 T 形槽中装有两块挡铁，挡铁 1 只能和 SQ1、SQ3 相碰撞，挡铁 2 只能和 SQ2、SQ4 相碰撞。当工作台运动到所限位置时，挡铁碰撞位置开关，使其触头动作，自动换接电动机正、反转控制电路，通过机械传动机构使工作台自动往返运动。工作台行程可通过移动挡铁位置来调节，拉开两块挡铁间的距离，行程就短，反之则长。

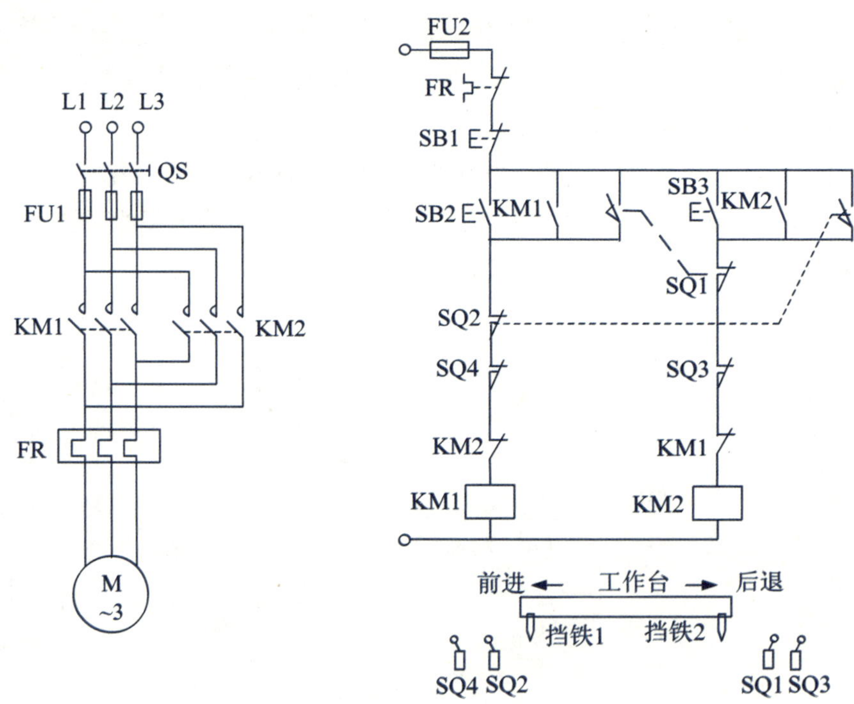

图 6-23　行程开关控制的三相异步电动机自动往返运动

工作原理：

先合上电源开关 QS，按下前进启动按钮 SB1 →接触器 KM1 线圈得电→ KM1 主触头和自锁触头闭合→电动机 M 正转→带动工作台前进→当工作台运行到 SQ2 位置时→撞块压下 SQ2 →其常闭触点断开（常开触点闭合）→使 KM1 线圈断电→ KM1 主触头和自锁触头断开，KM1 动合触点闭合→ KM2 线圈得电→ KM2 主触头和自锁触头闭合→电动机 M 因电源相序改变而变为反转→拖动工作台后退→当撞块又压下 SQ1 时→ KM2 断电→ KM1 又得电动作→电动机 M 正转→带动工作台前进，如此循环往复。按下停车按钮 SB，KM1 或 KM2 接触器断电释放，电动机停止转动，工作台停止。SQ3、SQ4 为极限位置保护的限位开关，防止 SQ1 或 SQ2 失灵时，工作台超出运动的允许位置而产生事故。

*CA6140 型车床电气控制线路

一、CA6140 型车床结构与功能

图 6-24 为 CA6140 型车床外形图，各部分结构与功能如下。

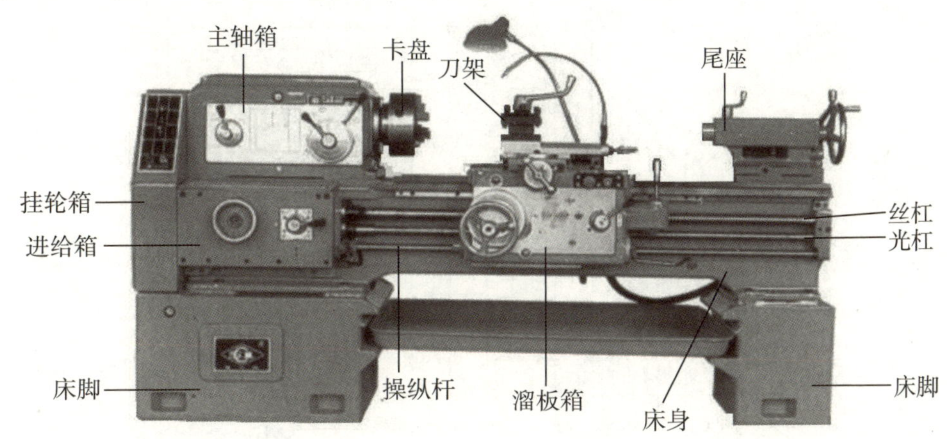

图 6-24　CA6140 型车床结构

1. 机床的结构

C6140 型普通车床主要由床身、主轴箱、进给箱、溜板箱、刀架、丝杠、光杠、尾座等部分组成。

2. 车床的运动形式

车床的运动形式有切削运动和辅助运动，切削运动包括工件的旋转运动（主运动）和刀具的直线进给运动（进给运动），除此之外的其他运动皆为辅助运动。

(1) 主运动

主运动是指主轴通过卡盘带动工件旋转，主轴的旋轴是由主轴电机经传动机构拖动。根据工件材料性质、车刀材料及几何形状、工件直径、加工方式及冷却条件的不同，要求主轴有不同的切削速度，另外，为了加工螺丝，还要求主轴能够正反转。

主轴的变速是由主轴电动机经 V 带传递到主轴变速箱实现的，CA6140 型普通车床的主轴正转速度有 24 种（10 ~ 1400 r/min），反转速度有 12 种（14 ~ 1580 r/min）。

(2) 进给运动

车床的进给运动是刀架带动刀具纵向或横向直线运动，溜板箱把丝杠或光杠的转动传递给刀架部分，变换溜板箱外的手柄位置，经刀架部分使车刀做纵向或横向进给。刀架的进给运动也是由主轴电机拖动的，其运动方式有手动和自动两种。

(3) 辅助运动

辅助运动指刀架的快速移动、尾座的移动以及工件的夹紧与放松等。

二、CA6140 型车床电气控制线路图识读

CA6140 型车床电气控制图线路图如图 6–25 所示。

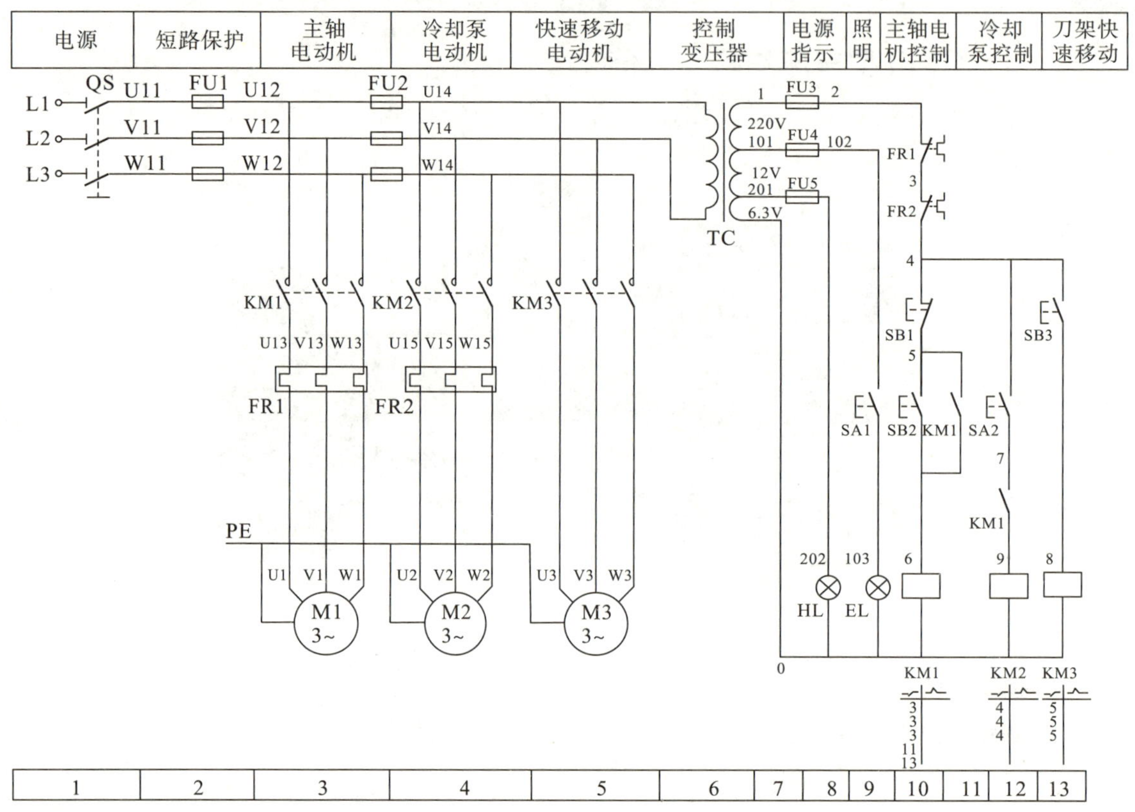

图 6–25 C6140 型普通车床电气原理图

(1) 主轴电动机控制

主电路中的 M1 为主轴电动机，按下启动按钮 SB2、KM1 得电吸合，辅助触点 KM1（5–6）闭合自锁，KM1 主触头闭合，主轴电机 M1 启动，同时辅助触点 KM1（7–9）闭合，为冷却泵起动做好准备。

(2) 冷却泵控制

主电路中的 M2 为冷却泵电动机。

在主轴电机启动后，KM1（7–9）闭合，将开关 SA2 闭合，KM2 吸合，冷却泵电动机启动，将 SA2 断开，冷却泵停止，将主轴电机停止，冷却泵也自动停止。

(3) 刀架快速移动控制

刀架快速移动电机 M3 采用点动控制，按下 SB3，KM3 吸合，其主触头闭合，快速移动

电机 M3 启动，松开 SB3，KM3 释放，电动机 M3 停止。

(4) 照明和信号灯电路

接通电源，控制变压器输出电压，HL 直接得电发光，作为电源信号灯。

EL 为照明灯，将开关 SA1 闭合，EL 亮，将 SA1 断开，EL 灭。

加油站

电气识图的三个概念

一、分开表示法

把一个项目中的某些图形符号在电气原理图中分开布置，并用项目代号表示它们之间相互关系的方法称为分开表示法。在图 6-24 C6140 型普通车床电气原理图中，把接触器项目 KM1 、KM2 、KM3 的驱动线圈 和由它所驱动的动合触点 、热继电器项目 FR1 、FR2 的热元件 和由它作用的动断触点 分别布置在电原理图主电路和控制电路的不同地方，用项目代号 KM1 、KM2 、KM3 、FR1 、FR2 来表示它们之间的关系。

二、电路编号法

电路编号法是指对电路的各个支路，按一定顺序用阿拉伯数字编号来表示各支路位置的方法。电路编号的顺序是自左至右或自上而下。在图 6-24 C6140 型普通车床电气原理图中，原理图的下方从左至右分了 13 个支路，在原理图的上方也有相对应的 13 个格子，简要标明各个支路的名称或功能。

三、简化表格

把采用分开表示法分散绘制在电气原理图中各处的同一项目的不同部分集中制作于一张表格中，表格可以布置在与驱动部分成一直线处。在采用电路编号法的电气原理图上，表格中的位置信息是项目的各个部分所在电路的编号。表格的形式可以简化，表头用图形符号表示，省略触点编号。在图 6-24 C6140 型普通车床电原理图中，左下角电路编号 10、12、13 这 3 个支路与控制线路之间就是 3 个简化表格，简化表格与所处支路在竖方向的同一直线上。简化表格的表头左边的图形符合 表示动合触点；右边图形符号 表示动断触点。3 个简化表格 符号下的数字分别表示由 KM1、KM2、KM3 驱动线圈所驱动的动合触点在各个支路上的位置，主触点位置信息在上。辅助触点位置在下。例如 KM1 简化表格表示 KM1 的 3 个动合主触点在第 3 支路上，而 2 个动合辅助触点分别在 11 和 12 支路上。由于图 6-24 C6140 型普通车床电气原理图中没有用到接触器的动断辅助触点，所以 3 个简化表格的右边 符号下都放空。放置未用的触点也可以用短横杠“—”或“×”来表示，例如 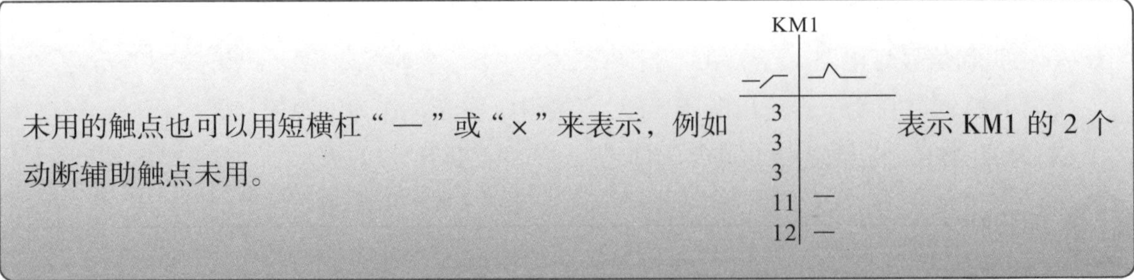

表示 KM1 的 2 个动断辅助触点未用。

学后测评

1. 画出三相异步电动机的点动、连续、点动与连续的运行控制电路。
2. 画出三相异步电动机的接触器联锁正反转控制电路。

实训 6 点动与连续控制电路配电板的配线及安装

实训目标

1. 了解点动与连续控制电路的构成及原理。
2. 掌握点动与连续控制的具体电气控制电路及控制方法。

实训器材

具体实训器材见表 6–1 。

表 6–1　实训器材

序　号	名　称	规格型号	数　量	备　注
1	三相交流电源	380 V	1	—
2	低压断路器	DZ47LE63/3D6 或自定	1	—
3	熔断器	RL1–15/5 A/2 A	3 / 2	或按图配
4	交流接触器	CJ10–10 380 V/10 A	1	—
5	按钮	LA19 或自定	大于 3	—
6	热继电器	JR16 或自定	1	—
7	交流异步电动机	< 1 kW	1	可以几组合用
8	接线端子排	JX2 1015	大于 20	—
9	电工常用工具	套	—	—
10	万用表	MF47	1	—
11	单芯硬导线	1.5 mm^2 、1mm^2	若干	两种颜色
12	配线板	600 mm × 600 mm × 15 mm	1	—

实训步骤

1. 分析点动与连续控制电路（图 6–26），根据电路图配好相关元器件。
2. 按元器件装配图（图 6–27）在控制板上安装各低压电器。

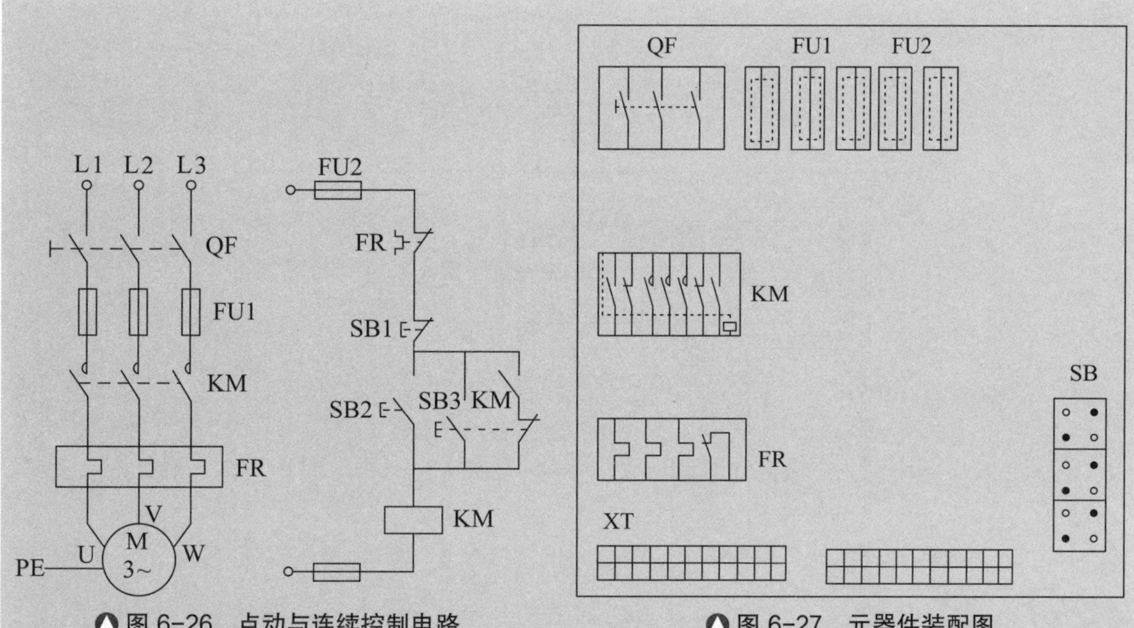

图 6-26　点动与连续控制电路　　图 6-27　元器件装配图

3. 画出接线图。

主电路接线方式比较简单，只要掌握一一对应关系即可。控制电路的接线方式相对比较复杂，应按要求进行：首先在辅助电路图上标出各接线端的代号，用 0、1、2、3 数字标志，其中“0”一般标在线圈公共端或最下端，如图 6-28 所示；然后在装配图上对照原理图将端子标志写上；最后根据标志号一一连接线路。

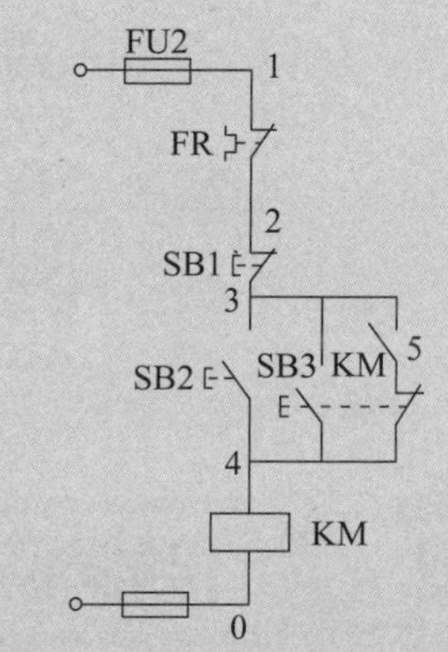

图 6-28　点动与连续运行电路接线图

4. 按原理图安装接线，如图 6-29 所示，观察电器及电动机的动作、运转情况。

注意事项

1. 正确选择导线。

主电路用 1.5 mm^2 以上的硬线，控制电路用 1 mm^2 以上的硬线，电源线、电动机连接用软线，按钮、行程开关等主令电器连接用 0.75 mm^2 的软线。

2. 规范布线工艺。

布线要做到能归类归并；硬导线横平竖直、不交叉；所有硬线都要“落地”；与端子接头处转折合理（一般 3 ~ 30 mm 为宜）；按钮等主令电器软导线进入相应进线孔，并通过端子排再接入控制板。

3. 正确连接电器。

接头处不“露铜”、旋向正确（顺时针旋向）；接头不得松动；电源、电动机相序正确。

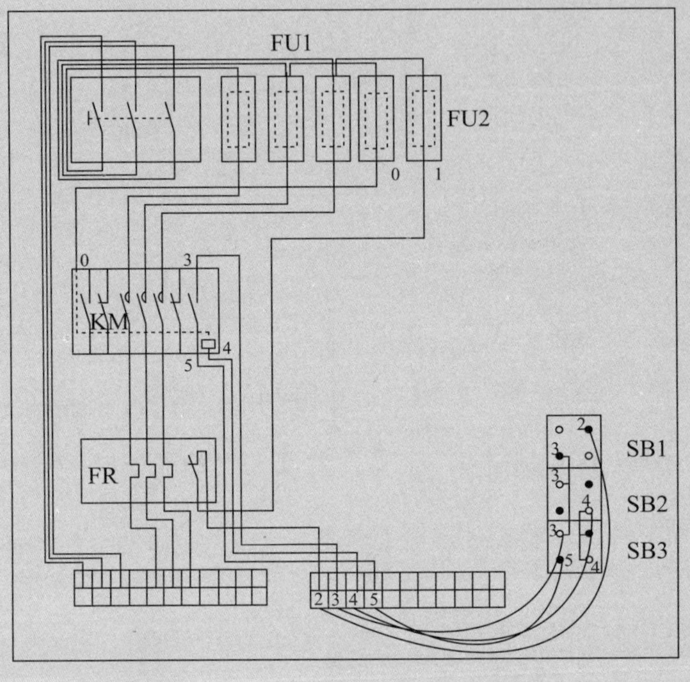

图 6-29　点动与连续运行实际接线图

实训 7　接触器联锁正、反转控制电路配电板的配线及安装

实训目标

学会接触器联锁正、反转的具体电气控制电路连接方法。

实训器材

本实训器材与实训 6 所用器材相同。

实训步骤

1. 分析接触器联锁正、反转电路原理图（图 6-30）。

2. 控制板安装。

按原理图（图 6-31）安装各低压电器。

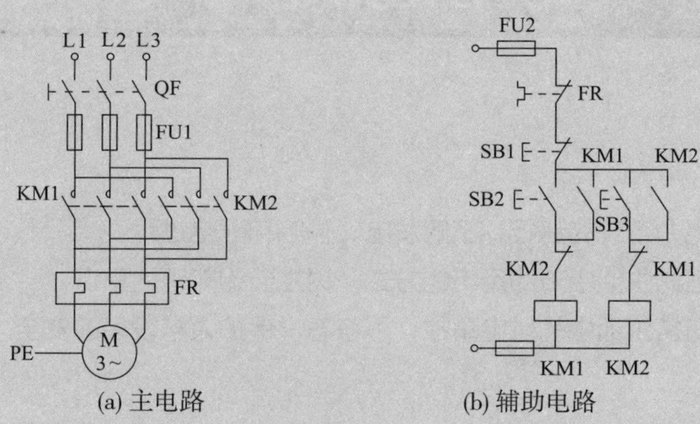

(a) 主电路　　(b) 辅助电路

图 6-30　接触器联锁正、反转电路原理图

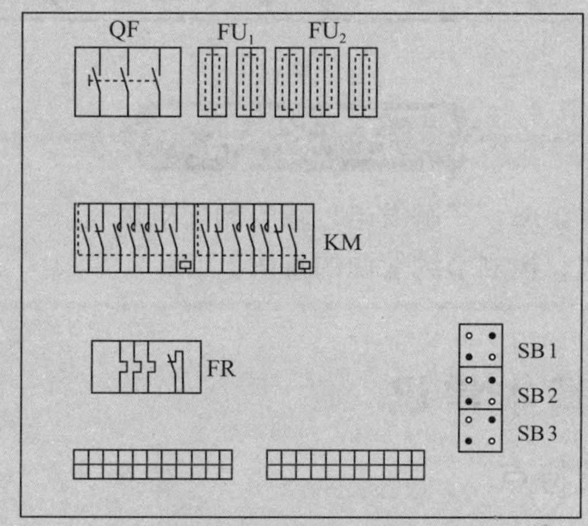

图 6-31　元器件装配图

3. 画出接线图。

4. 按原理图安装接线，观察电器及电动机的动作、运转情况。

注意事项

1. 正确选择导线。

主电路用 1.5 mm^2 以上的硬线，控制电路用 1 mm^2 以上的硬线，电源线、电动机连接用软线，按钮、行程开关等主令电器连接用 0.75 mm^2 的软线。

2. 规范布线工艺。

布线要做到能归类归并；硬导线横平竖直、不交叉；所有硬线都要“落地”；与端子接头处转折合理（一般 3 ~ 30 mm 为宜）；按钮等主令电器软导线进入相应进线孔，并通过端子排再接入控制板。

3. 正确连接电器。

接头处不“露铜”、旋向正确（顺时针旋向）；接头不得松动；电源、电动机相序正确。

主题7 用电技术

情境创设

1. 视频展示电力系统的运行，了解发电、输电和配电过程。

2. 视频展示日常生活中节约用电的方式，树立节约能源的意识。

3. 视频展示日常生活中的触电事故，思考怎样保护人与设备的安全。

课题1 电力系统与节约用电

任务书

1. 了解电力系统的基本组成，了解发电、输电和配电过程。

2. 了解节约用电的方式，树立节约能源的意识。

电力系统的基本常识

一、电能的概念及特点

电能是一种二次能源，易于从各种形式的一次能源通过发电获得，易转变为其他形式，能供人们日常生活使用。

电能具有方便快捷，清洁无污染，易于控制，大容量输送，便于分配使用等特点。

二、发电

通常将发电厂、变电站（所）、电力线路及用户连接起来构成的整体称为电力系统，如图 7-1 所示。

电能是我们生活和生产的主要能源，它是由发电厂提供的。我国发电厂生产的交流电压等级有 3.15 kV、6.3 kV、10.5 kV、15.75 kV 等多种。实际上发电厂发出的电能并非直接供用户使用，而是要经过输送、分配以后才能使用的。

根据所利用能源的不同，发电可分为火力发电、水力发电、风力发电、核能发电、太阳能发电、生物质发电、海洋能发电、地热发电、磁流体发电、燃料电池发电等。我国以火力发电为主，水力发电次之。近几年在核能发电方面也有了新的突破。

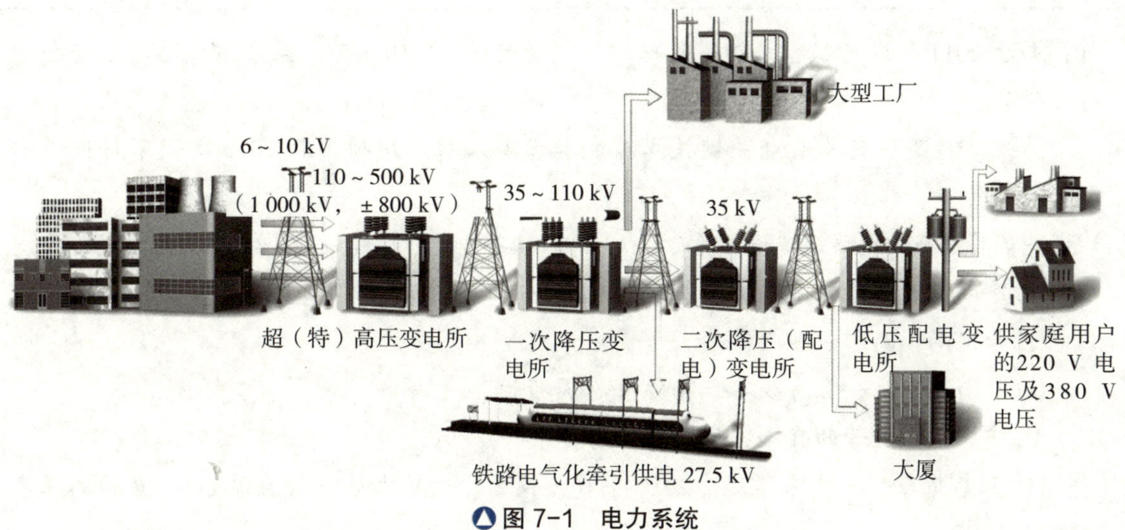

图 7-1 电力系统

三、输电

电能的传输称为输电。发电厂生产的电能，先经升压变压器升压后，用高压输电线输送到远方用户地区，再经降压变压器降压，供给用户使用。输电网由 35 kV 及以上的输电线路与其相连接的变电所组成，它是电力系统的主要网络。输电是联系发电厂和用户的中间环节。

科技之窗

中国的特高压输电线路

特高压指交流 1 000 kV，直流 800 kV 以上电压。

特高压 1 000 kV 交流线路和超高电压 500 kV 交流线路相比，输送容量可以提高 5 倍，输送距离可以增加 2 ~ 3 倍，线路电阻损耗 1 000 kV 线路是 500 kV 线路的四分之一，还可以节省输电走廊、铁塔、变电站等占地的四分之一，节省电网造价 10% ~ 15%。

在输送电量相同，导线总截面相同的情况下，特高压直流 800 kV 线路的电阻损耗是直流 600 kV 线路的 60%，是直流 500 kV 线路的 39%。

电是清洁能源，特高压输电能减少用煤，减轻环境大气污染，减排二氧化碳、二氧化硫、氮化物（PM10、PM2.5）等，为治理雾霾发挥巨大作用。

此外，通过特高压输电线路进行大规模联网，还可以获得包括错峰，调峰，水火互济，互为备用，减少弃水量的好处。

2009 年 1 月，我国有条特高压 1 000 kV 交流线路晋东南—南阳—荆门—建成投入运行，并于 2011 年进行扩容成功，单回路输电量超过 5×10^6 kW，至今该线路已经安全运行 6 年多。

为此，特高压交流输电关键技术、成套设备工程应用项目获 2013 年国家科技进步奖特等奖。

中国特高压输电线路建设世界领先，至 2014 年 8 月，已建成多条特高压输电线路。

1. 建成投入运营的交流特高压线路有 2 条

(1) 晋东南—南阳—荆门线路。

(2) 淮南—浙北—上海线路，2013 年 9 月投运。

2. 建成投入运营的直流特高压线路有 6 条

(1) 云南楚雄——广东增城。2010 年 6 月投运，世界上第一条直流 800 kV 特高压输电线路。

(2) 向家坝——上海。2010 年 7 月投运。

(3) 四川锦屏——江苏苏州。2012 年 11 月投运。

(4) 云南普洱——广东江门。2013 年 9 月投运。

(5) 新疆哈密——河南郑州。2013 年 10 月投运，线路最长达 2 210 km。

(6) 溪洛渡左岸——浙江金华。2014 年 7 月投运。

其他在建或即将开建的特高压线路多达十几条。

2014 年 1 月，中国国家电网成功中标巴西美丽山水电特高压送出工程，中国特高压技术开始走出国门，走向世界。

2014 年 3 月，我国建成完全自主知识产权的世界首部特高压技术标准体系，该标准体系获得国际电工委员会的好评。该标准体系内的多项内容被国际电工委员会、国际大电网会议组织、国际电工电子工程师学会等国际权威组织采用。中国特高压交流电压也被确定为国际标准电压。国际电工委员会把特高压（交、直流）国际标准交给中国起草制定。在特高压输电、智能电网建设领域，中国标准已处于国际“领跑”水平。

四、配电

配电是由 10 kV 及以下的配电线路和配电（降压）变压器所组成。它的作用是将电能降为 220 V 或 380 V 低压，再分配到各个用户的用电设备 。

小提示 1 kV 及以上的电压称为高压，500 kV 称为超高压，1 000 kV（±800 kV）称为特高压，1 kV 及以下的电压称为低压。

加油站

工厂变配电所

变电所的任务是从电力系统接收电能，经过变压，然后分配电能的过程。配电所的任务是从电力系统接收电能，然后直接分配电能。所以，工厂变配电是工厂供电系统的枢纽，在工厂企业中占有相当重要的地位。

工厂中，变配电所位置和数量的选择，必须在满足供电可靠性和技术要求的前提下，从节约投资，降低有色金属消耗量的角度出发，根据工厂的负荷类型、负荷大小和分布情况，以及厂区环境条件和生产工艺等方面的要求综合考虑。

变配电所位置选择的一般原则如下：

(1) 变电所的位置要尽量靠近负荷中心。

(2) 进出线方便，特别是采用架空线进出线时。

(3) 尽量靠近电源侧，特别是工厂总降变电时。

(4) 应尽量避开多尘或有腐蚀性气体等污染源的场合；无法远离时，应选择在污染源的上风侧。

(5) 尽量避开有剧烈震动的场所及其周围。

(6) 尽量不选择低洼积水场所及其周围。

(7) 应远离有易燃易爆等物品的危险场所，与其他工业建筑物之间要保持一定的防火距离。

(8) 要考虑运输方便，以便于大件运输设备的进出。

(9) 选择变电所位置应不妨碍工厂或车间的发展，同时要考虑变电所今后扩建的可能。

节约用电的常用方法

随着我国社会主义现代化建设事业的不断发展，各方面的用电需求也日益增长。为了满足日益增长的用电需求，除了增加发电量外，还必须节约用电，使每一度电都能发挥它的最大效用，从而降低生产成本，节省对发电设备和用电设备的投资。节约用电的具体措施主要有下面几项：

1. 发挥用电设备的效能

电动机和变压器通常在接近额定负载时运行效率最高，轻载时效率最低。为此，必须正确选用它们的功率。

2. 提高线路和用电设备的功率因数

提高功率因数的目的在于发挥发电设备的潜力和减少输电线路的损失。对于工矿企业功率因数一般要求达到 0.9 以上。

3. 降低线路的损失

要减少线路的损失，除提高功率因数外，还必须合理选择导线截面，适当缩短大电流负载（如电焊机）的连接，保持连接点的紧接，安排三相负载接近对称等。

加油站

日常生活中节约用电的方法

日常生活中用最科学合理的方法节约用电，真正做到既省电又不影响正常生活是很容易实现的。例如，调节电冰箱调温器旋钮，夏季昼夜室内温度变化较大，睡前可转到“1”的位置，白天再拨回“4”的位置；夏季把空调温度再调高 1 ℃，一般温度设定 28 ℃ 为宜（如空调温度调高 1 ℃，运行 10 小时大约能节省 0.5 度电，使用空调的睡眠功能则可以起到节能 20 % 的效果）；用电饭锅煮米饭时，沸腾后，将键抬起切断电源，可以充分利用电热盘的余热，待几分钟后再按下按键，饭熟后电饭锅自动断开电源就可以达到省电的目的。由以上例子可知，只要我们从家庭做起，从自己做起，从身边做起，节约用电便不再是问题。

学后测评

1. 什么是电力系统？电能是如何转换过来的？你知道目前有哪些发电方式？
2. 什么是输电？输电的过程是怎样的？为什么要进行配电？
3. 配电的目的是什么？

课题 2 用电保护

任务书

1. 了解保护接地、保护接零的方法及漏电保护器的使用。
2. 会保护人身与设备安全，防止发生触电事故。

保护接地、保护接零的方法

为了防止人身触电事故的发生，通常采用的技术防护措施有电气设备的保护接地和保护接零两种方法。

一、保护接地

如图 7–2 所示，将电气设备的外壳及金属支架等与接地装置连接称为保护接地。保护接地主要应用在中性线不接地的低压系统中。电气设备采用保护接地后，即使设备的外壳因绝缘不好而带电，工作人员碰及机壳就相当于人体与接触电阻并联，由于人体电阻远大于接地电阻，因此流过人体的电流很小，从而保证了人身安全。

二、保护接零

如图 7-3 所示，将电气设备的外壳及金属支架等与零线连接称为保护接零。在三相四线制中性线直接接地的系统中广泛采用保护接零。此时，如果电气设备的某相绝缘破损而漏电时，由于中性线电阻很小，就会导致短路电流很大，电路中的熔丝会立即熔断，从而切断电源，消除触电危险。

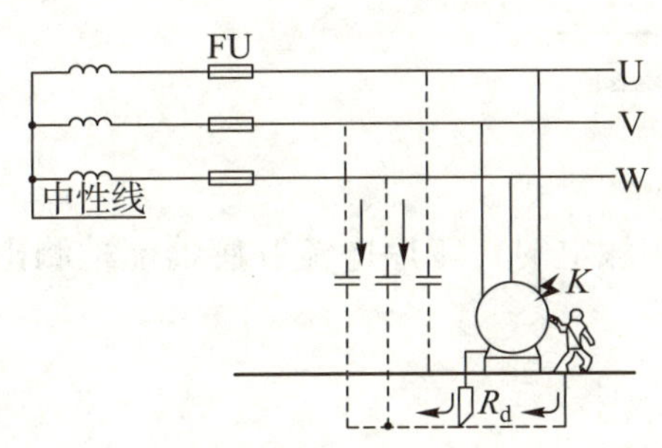

图 7-2　保护接地

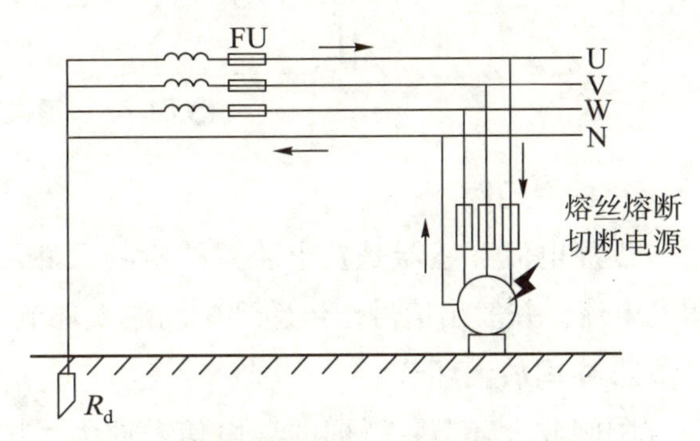

图 7-3　保护接零

单相交流设备中，我们经常要用到三脚插头和三孔插座。三脚插头上中间标有“N”的接线柱与用电器的外壳相连，而插座上相对应的接线柱与电源的零线或接地线相连，从而起到接零或接地的保护作用。

漏电保护器的使用

一、漏电保护器的结构和原理

如图 7-4 所示，漏电保护器（漏电保护开关）是一种电气安全装置。将漏电保护器安装在低压电路中，一旦发生漏电和触电，达到保护器所限定的动作电流值时，漏电保护器就立即在限定的时间内动作，自动断开电源进行保护。

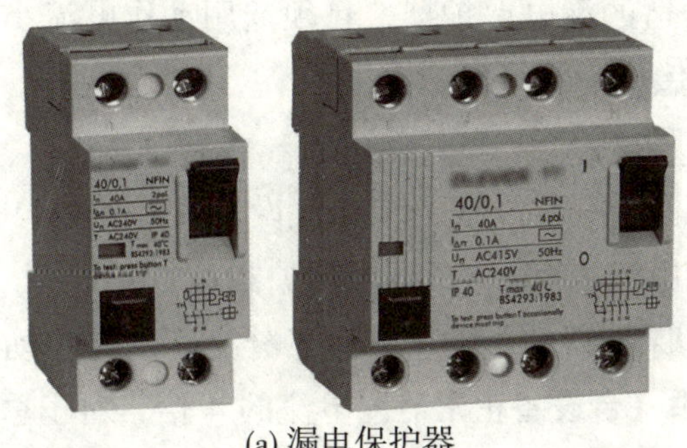

(a) 漏电保护器

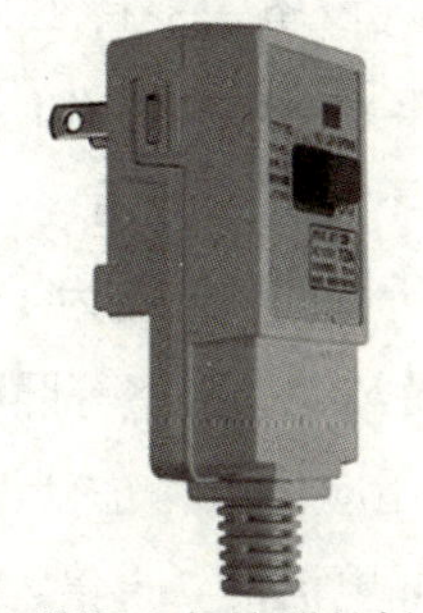

(b) 带漏电保护器的插头

图 7-4

如图 7-5 所示，漏电保护器主要由检测元件、中间放大环节（包括放大器、比较器、脱扣器等）及操作执行机构（如主开关）组成。

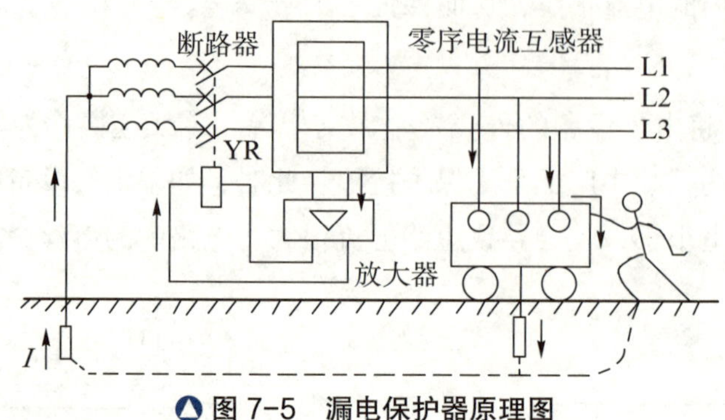

图 7-5　漏电保护器原理图

1. 检测元件

零序电流互感器是整个装置的检测元件，当有单相触电时，零序电流互感器能检测出漏电电流，并发出信号，传递到中间放大环节。

2. 中间放大环节

中间放大环节将微弱的漏电信号放大，按装置不同（放大部件可采用机械装置或电子装置）构成电磁式保护器和电子式保护器。

3. 操作执行机构

收到信号后，线圈 YR 得电，执行机构带动断路器使主开关由闭合位置转换到断开位置，从而切断电源。操作执行机构是被保护电路脱离电网的跳闸部件。

二、漏电保护器的使用

在实际工作中我们会发现，漏电保护器会出现误动或拒动等现象，造成这些现象的主要原因有动作电流选择不当、接线错误或接地不当、中性绝缘不好等。因此，正确选择与正确接线是解决上述问题的关键。

选用漏电保护器时要根据用电设备的性质及电气设备工作场所的不同来进行选择。

1. 根据设备性质选用

各种电气设备、手持工具均应安装合适的漏电保护器，且须选用动作电流小于或等于 30 mA 、动作分断时间为 0.1 s 的快速高灵敏度的漏电保护器。

2. 根据不同场所选用

潮湿场所可选用电流为 15 ~ 30 mA 的漏电保护器，医疗中电气设备可选用 6 ~ 10 mA 的漏电保护器，游泳池、浴室等照明回路可选用电流为 10 mA 的漏电保护器。

另外，还应重点考虑泄漏电流对漏电保护器的影响，如对于分支路的保护动作电流不仅应大于泄漏电流的 2.5 倍，还应大于其中一台设备正常泄漏电流的 4 倍，对于总干线保护的漏电保护器其动作电流应大于泄漏电流的 2 倍，并应考虑其满负荷时的断流能力。

三、触电事故的预防措施

触电事故的发生往往是因为人接触到带电物体，导致电流通过人体造成的。若把带电物体用绝缘材料隔开，或将导线装在人们不会接触的地方，使电流无法通过人体，触电就可以防止。因此，我们在用电过程中应做好以下几点，尽可能减少触电，以达到预防的目的。

第一，抓好用电源头，保障用电安全。在电气设备的安装上要把好质量关，同时加装防护措施，如保护接地装置、电气设备带电部分安装防护罩或装在不易触及的位置，有时还要采用联锁保护装置。

第二，加强用电管理，健全安全规程。任何用电部门都应加强用电管理，建立健全安全工作规程和管理制度，并严格执行。

第三，严格遵守有关安全规程和操作规程。检修过程中的电气设备在没有验明无电之前，一律认为有电，不准盲目触及。

第四，带电作业过程中必须采取防护措施。尽量不进行带电作业，特别在危险场所（如高温、潮湿地点）是严禁带电工作的；必须带电作业时，应使用各种安全防护工具，如使用绝缘棒、绝缘钳和必要的仪表，戴绝缘手套，穿绝缘靴等，并设专人监护。

第五，定期检查电气设备，做到万无一失。检查是预防事故的好办法。对各种电气设备应按规定进行定期检查，如发现绝缘损坏、漏电或其他故障，应及时处理；对不能修复的设备，不可使其带“病”工作，应予以更换。

第六，根据生产现场情况，在不宜使用 220V 或 380 V 电压的场所，应使用 12 ~ 36 V 的安全电压。

第七，可移动电气设备每次使用前都要进行认真检查，特别是插头和电线等最易损坏的部位。在搬动可移动电气设备前，一定要切断电源。切断电源时绝不可毛手毛脚，更不能采用“钓鱼式”（将插头远距离拉下），致使插头和电线损坏，留下隐患。

第八，一般情况下，手提行灯电压应为 36 V 以下；特殊情况下，如在锅炉、油箱等金属容器内或特别潮湿危险地点使用的手提行灯电压不允许超过 12 V，严禁用 220 V 电灯作为手提行灯。

第九，禁止非电工人员乱装乱拆电气设备，更不得乱接导线。

第十，加强技术培训，普及安全用电知识，开展以预防为主的反事故演习。

学后测评

1. 什么是保护接零？它应用在哪些场合？什么是保护接地？它应用在哪些场合？
2. 什么叫漏电保护器？它的工作过程是怎样的？
3. 如何预防触电事故的发生？
4. 结合自己的生活环境，谈一谈你是如何预防触电的。

课题 3 照明灯具

任务书

1. 了解常见的照明灯具，了解新型节能电光源及其应用。
2. 了解日光灯的组成及其工作原理。

一、家用配电电器

1. 配电箱

现代住宅中，每户都有一个配电箱，担负着住宅内部的供电、配电任务，并具有过流保护和漏电保护功能。住宅内的电路或电器出现问题时，家用配电箱将会自动切断供电电路以防止出现严重后果。

(1) 结构与功能

家用配电箱一般嵌装在墙体内，外面仅可见其面板，如图 7–6 所示。面板上从左至右明显可见 4 个结构块，它们构成 3 个功能单元。

① 电源总闸单元。最左边一个结构块为电源总闸，它是一个双联的断路器，控制着入户总电源，拉下电源总闸即可同时切断入户的交流 220 V 相线和零线。

② 漏电保护器单元。中间下端较长的一个结构块为漏电保护器，左侧可见一开关扳手，平时朝上处于“合”位置；右侧有一试验按钮，供检验漏电保护器用。当户内电线或电器发生漏电，漏电保护器会迅速切断电源。

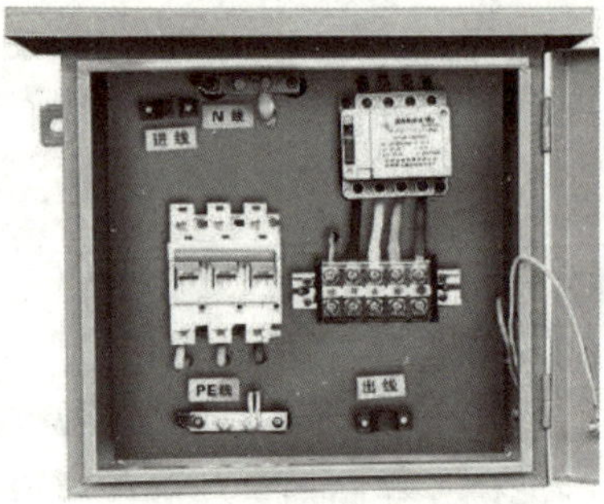

图 7–6 家用配电箱结构

③ 单相断路器单元。最右边按照需要安装多个单相断路器分相，将电源分成多路向户内供电，例如一路供户内各灯具照明用电，一路通过各插座供家用电器用电，一路供大功率空调用电等。厨房和卫生间都是单独一路供电，如果是双卫则两路供电，当发生过流或短路故障时，相应的断路器自动分断。

(2) 电路工作原理

家庭配电箱电气结构方框图如图 7–7 所示，在电气上，电源总闸、漏电保护器、单相断路器 3 个功能单元是顺序连接的，即交流 220 V 市电首先接入电源总闸，通过电源总闸后进入漏电保护器，最后通过断路器分多路输出。

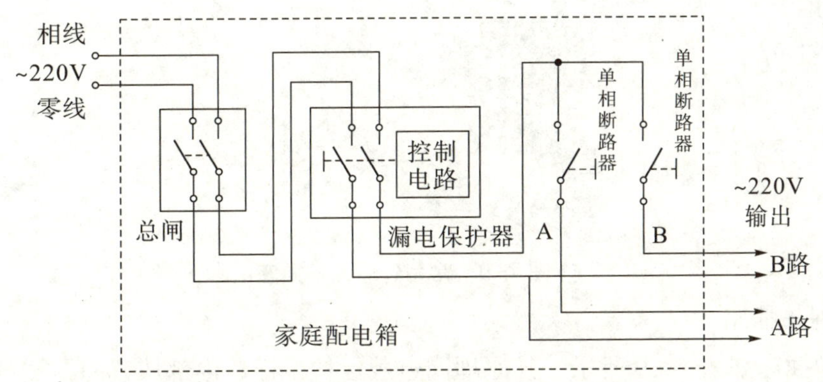

图 7-7　家用配电箱电气结构方框图

2. 开关

(1) 多位开关

多位开关是几个开关并列，各自控制各自的灯。往往也称：双联、三联或一开、二开等。

(2) 双控开关

双控开关是二个开关在不同位置可控制同一盏灯，如位于楼梯口、大厅、床头等，需预先布线。

(3) 夜光开关

夜光开关是开关上带有荧光或微光指示灯，便于夜间寻找位置。注意：带灯开关较贵，与日光灯、吸顶灯配合使用时，有时会有灯光闪烁现象；荧光指示几年以后会变暗。

(4) 调光开关

调光开关是可开关并可通过旋钮可以调节灯光强弱。注意：只能与白炽灯配用，不能与节能灯和日光灯配合使用。

3. 插座

(1) 普通电源插座

普通电源插座是从电源连接到电器，使电器能导通电源的一种设备，如图 7-8 所示。普通电源插座只具备导通电源功能，无其他辅助性功能。

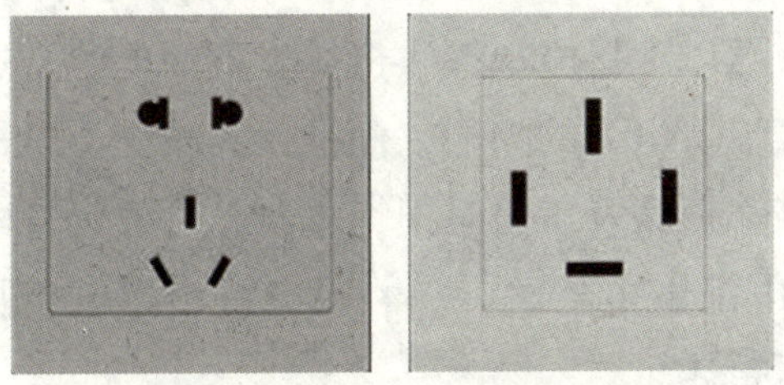

图 7-8　单相与三相普通插座

(2) 过载保护插座

过载保护插座如图 7-9 所示。插座内部放置一个电流过载保护器件，当插座上电流超过额定电流时，插座会自动切断电源，从而保护电器的安全，同时控制了电源火灾的产生。

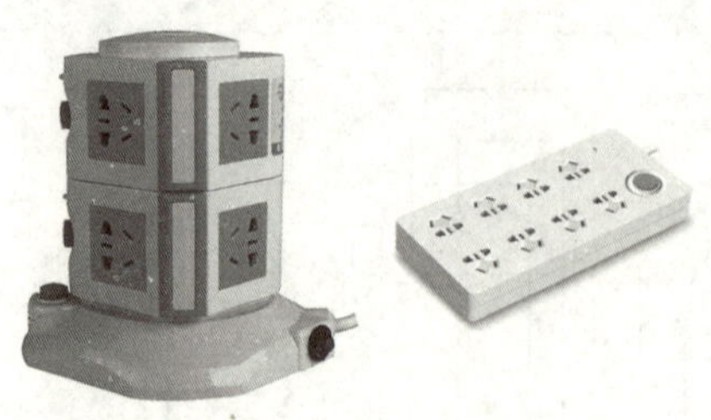

图 7-9　常用过载保护插座

⑶ 防雷保护插座

防雷保护插座如图 7-10 所示，其原理同过载保护一样，内部放置防雷器件，当电路遭遇雷击时，瞬间切断电源，并将其电流导入大地，来保护用户及用电器的安全。

⑷ 电脑节能插座

电脑节能插座如图 7-11 所示。在电脑主机关闭后，节能插座能自动切断显示器、打印机、音箱等外部设备的电源。用户可以使用定时关机软件设定任意时刻关机，时间一到，电脑主机自动关机，其他设备也能自动切断电源。这不仅解决了电器频繁开关损坏机器与闲时待机时间又浪费电力的问题，而且大大减少了电器的工作时间。在主机关闭后，连接在插座上的其他电器能随即切断电源，同时还能防止过载、短路及雷击时损坏电器等问题的出现，从而有效延长电器设备的使用寿命。

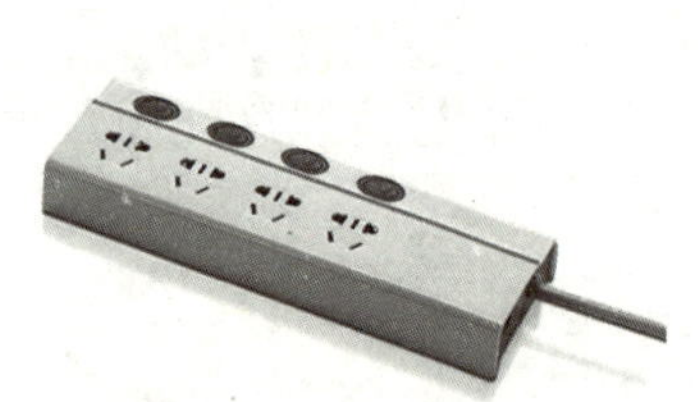

图 7-10　常用防雷保护插座

图 7-11　电脑节能插座

图 7-12　电视节能插座

⑸ 电视节能插座

电视节能插座如图 7-12 所示。在数字电视机顶盒关闭后，能自动切断电视机、DVD、音箱和功放、室外天线放大器或卫星电视接收机等设备的电源。这不仅解决了电器因频繁开关而损坏机器与闲时待机又浪费电力的问题，而且大大减少了电器的工作时间，在主控设备关闭后，同时还能防止过载、短路及雷击时损坏电器，有效延长电器设备的使用寿命。

漏电保护器也是家用电配电电器之一，在“课题 2 用电保护”中已详细讲述其结构、原理和使用方法，此处不再赘述。

二、导线的连接与绝缘恢复

1. 导线的连接

电气维修工程中，导线的连接是电工基本工艺之一。导线连接的质量关系着线路和设备运行的可靠性和安全程度。导线连接的基本要求如下：

第一，机械强度高：接头的机械强度不应小于导线机械强度的 80%。

第二，接头电阻小且稳定：接头的电阻值不应大于相同长度导线的电阻值。

第三，耐腐蚀：对于铝和铝连接，如采用熔焊法，主要防止残余熔剂或熔渣的化学腐蚀；对于铝和铜的连接，主要防止电化腐蚀，在连接前后，要采取措施避免这类腐蚀的存在。

第四，绝缘性能好：接头的绝缘强度应与导线的绝缘强度一样。

常用的导线按芯线股数不同，有单股、7 股和 19 股等多种规格，其连接方法也各不相同，这里主要介绍单股与七股铜芯导线的连接方法。

(1) 单股铜芯线的直接连接

① 绞接法。绞接法用于截面较小的导线，缠绕法用于截面较大的导线。绞接法是先将已剖除绝缘层并去掉氧化层的两根线头呈“×”形相交，如图 7-13（a）所示，并互相绞合 2 ~ 3 圈，如图 7-13（b）所示，接着扳直两个线头的自由端，将每根线的自由端在对边的线芯上紧密缠绕至线芯直径的 6 ~ 8 倍长，如图 7-13（c）所示，再将多余的线头剪去，修理好切口毛刺即可。

② 缠绕法。缠绕法是将已去除绝缘层和氧化层的线头相对交叠，再用直径为 1.6 mm 的裸铜线做缠绕线线头上进行缠绕，如图 7-14 所示，其中线头直径在 5 mm 及以下的缠绕长度为 60 mm，直径大于 5 mm 的，缠绕长度为 90 mm。

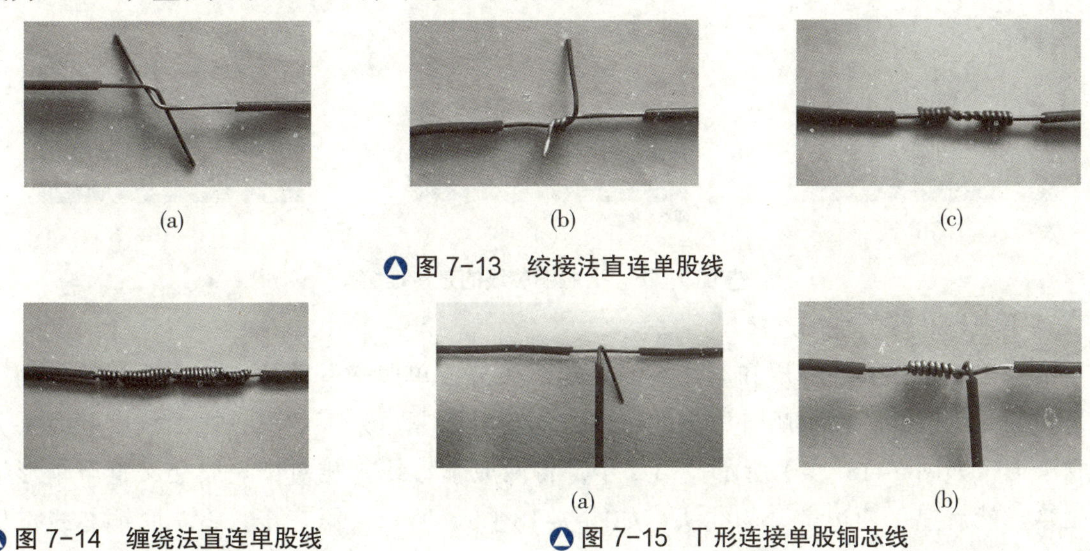

(a) (b) (c)

图 7-13 绞接法直连单股线

图 7-14 缠绕法直连单股线

(a) (b)

图 7-15 T 形连接单股铜芯线

(2) 单股铜芯线的 T 形连接

单股铜芯线 T 形连接时仍可用绞接法和缠绕法。绞接法是先将去除绝缘层和氧化层的线头与干线剖削处的芯线十字相交。注意：在支路芯线根部留出 3 ~ 5 mm 裸线，接着顺时针方向将支路芯线在干路芯线上紧密缠绕 6 ~ 8 圈，如图 7-15 所示，剪去多余线头，修整好毛刺。

对用绞接法连接较困难的截面较大的导线，可用缠绕法，如图 7–16 所示。其具体方法与单股芯线直连的缠绕法相同。

对于截面较小的单股铜芯线，可用如图 7–17 所示的方法完成 T 形连接，先把支路芯线线头与干路芯线十字相交，仍在支路芯线根部留出 3 ~ 5 mm 裸线，把支路芯线在干线上缠绕成结状，再把支路芯线拉紧扳直并紧密缠绕在干路芯线上。为保证接头部位有良好的电接触和足够的机械强度，应保证缠绕长度为芯线直径的 8 ~ 10 倍。

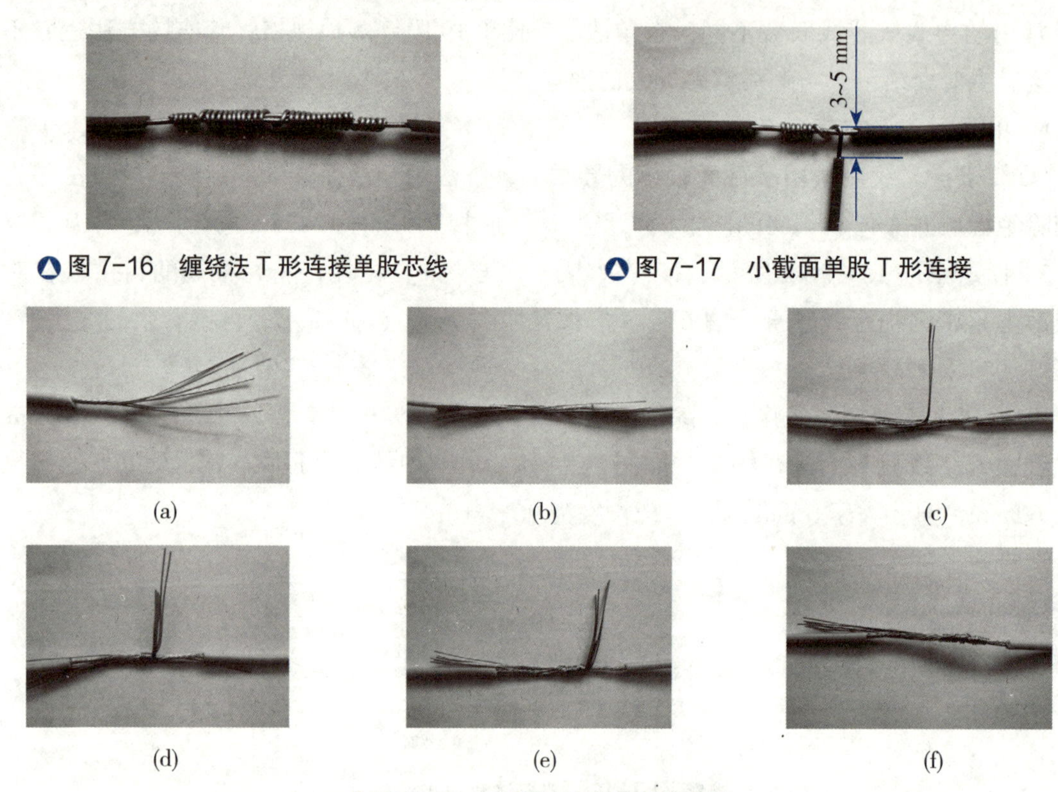

图 7–16 缠绕法 T 形连接单股芯线

图 7–17 小截面单股 T 形连接

(a) (b) (c) (d) (e) (f)

图 7–18 七股铜芯线的直接连接

(3) 七股铜芯线的直接连接

第一步，将除去绝缘层和氧化层的芯线线头分成单股散开并拉直，在线头总长的三分之一处（离根部距离）顺着原来的扭转方向将其绞紧，余下的三分之二长度的线头分散成伞形，如图 7–18（a）所示。第二步，将两股伞形线头相对，隔股交叉直至伞形根部相接，然后捏平两边散开的线头，如图 7–18（b）所示。第三步，将 7 股铜芯线按根数 2、2、3 分成三组，先将第一组的两根线芯扳到垂直于线头的方向，如图 7–18（c）所示，按顺时针方向缠绕两圈。第四步，缠绕两圈后，将余下的线芯向右扳直，再将第二组的线芯扳于线头垂直方向，如图 7–18（d）所示，按顺时针方向紧压前线芯缠绕。第五步，缠绕两圈后，将余下的线芯向右扳直，再将第三组的线芯扳于线头垂直方向，如图 7–18（e）所示，按顺时针方向紧压前线芯缠绕。第六步，绕了三圈后，切去每组多余的线芯，钳平线端，如图 7–18（f）所示。到此完成了该接头的一半任务，后一半的缠绕方法与前一半完全相同。

⑷ 七股铜芯线的 T 形连接

第一步，将除去绝缘层和氧化层的支路线端分散拉直，在距根部八分之一处将其进一步绞紧，将支路线头按 3 和 4 的根数分成两组并整齐排列。接着用一字形螺丝刀把干线也分成尽可能对等的两组，并在分出的中缝处撬开一定距离，将支路芯线的一组穿过干线的中缝，另一组排于干路芯线的前面，如图 7–19（a）所示。第二步，将前面一组在干线上按顺时针方向缠绕 3 ~ 4 圈，剪除多余线头，修整好毛刺，如图 7–19（b）所示。第三步，将支路芯线穿越干线的一组在干线上按逆时针方向缠绕 3 ~ 4 圈，剪去多余线头，钳平毛刺即可，如图 7–19（c）所示。

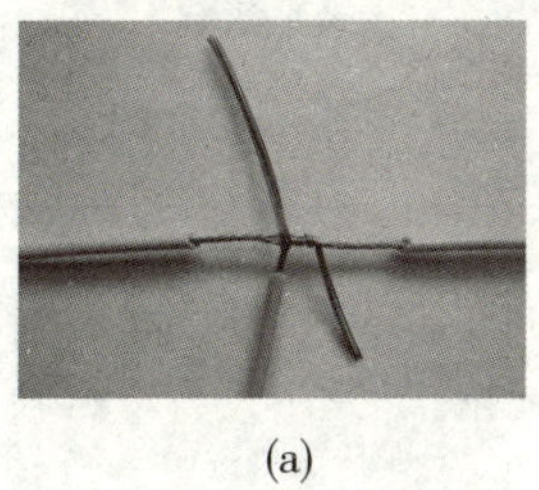
(a)

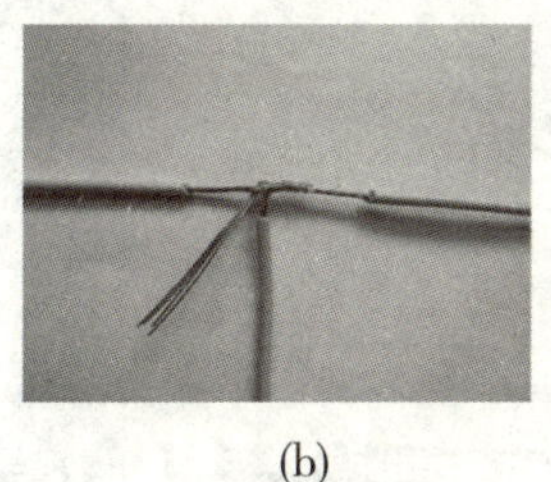
(b)

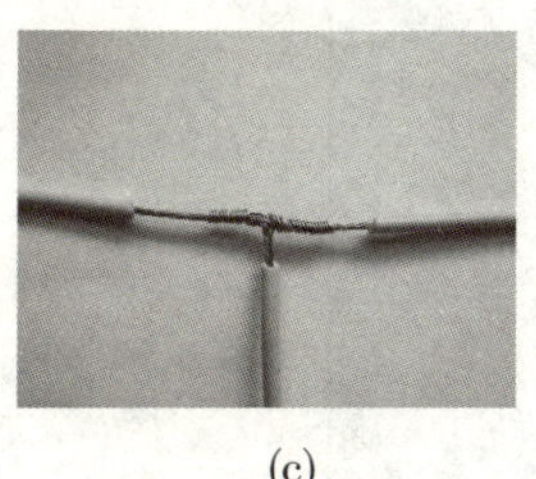
(c)

图 7–19　七股铜芯线 T 形连接

2. 导线绝缘层的恢复

导线绝缘层被破坏后必须修复，并且导线直接点的机械拉力不能小于原导线机械拉力的 80%。在实际操作中，导线绝缘层的修复通常采用包缠法，具体操作步骤如下：

第一步，用绝缘带（黄腊带或涤纶薄膜带）从左侧完好的绝缘层上开始顺时针包缠，如图 7–20（a）所示。第二步，包扎时，绝缘带与导线应保持 45° 的倾角并用力拉紧，使绝缘带半幅相叠压紧，如图 7–20（b）所示。第三步，另一端也必须包入与始端同样长度的绝缘层，然后接上黑胶带，并使黑胶带包出绝缘带至少半根带宽，即让黑胶带完全包没绝缘带，如图 7–20（c）所示。第四步，收尾后应用双手的拇指和食指紧捏黑胶带两端口，进行一正一反方向旋转，利用黑胶带的黏性将两端口充分密封起来，如图 7–20（d）所示。

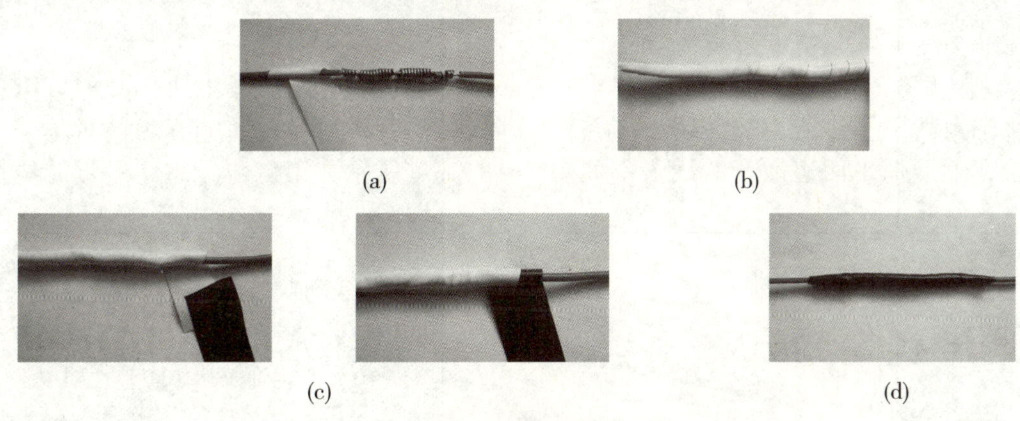
(a)　(b)　(c)　(d)

图 7–20　导线绝缘层的修复（包缠法）

认识常见照明灯具

一、照明灯具的种类

照明灯具的种类很多，常见照明灯具的种类及应用具体见表 7-1 。

表 7-1 常见照明灯具的种类及应用

名称	实物图	特点及应用
白炽灯		白炽灯俗称灯泡，是利用温度放射而发光。白炽灯的优点是构造简单、价格便宜、没有闪烁现象，是最常见的灯具。缺点是寿命短、刺眼、易有灼热感，发光效率低，国家已在逐步淘汰白炽灯
日光灯		日光灯的优点是所发出的光不含红外线，温和不伤眼睛，比较省电，缺点是有闪烁现象
金属卤化物灯		寿命长、光效高，显色性好，节电效果明显
高压钠灯		发光效率高，紫外线成分少，不诱虫，被照物体不褪色，但显色性差。适用于公路、航道及机场照明
自镇流荧光灯又名节能灯		寿命达 8 000 小时以上，16 W 的自镇流荧光灯可相当于 60 W 的白炽灯的亮度
双端荧光灯		细管径的双端荧光灯与粗管径双端荧光灯相比，寿命延长 20 % ，光效增加 22 %，节能 10 % ，寿命长达 10 000 小时以上

（续表）

名 称	实物图	特点及应用
LED 灯		LED 灯是一种全新的照明灯具，其发光效率高，寿命长（大于 50 000 小时），节能 80 %，环保（无紫外线、无频闪、无重金属），显色性好，是当今世界上最新的照明光源

二、日光灯

日光灯又称荧光灯，主要由日光灯管、镇流器、启辉器等组成，如图 7–21 所示。

1. 日光灯管

如图 7–22 所示为日光灯管的结构图，日光灯管两端各有一灯丝，灯管内充有微量的氩和稀薄的汞蒸气，灯管内壁上涂有荧光粉膜，两个灯丝之间的气体导电时发出紫外线，使荧光粉膜发出柔和的可见光。

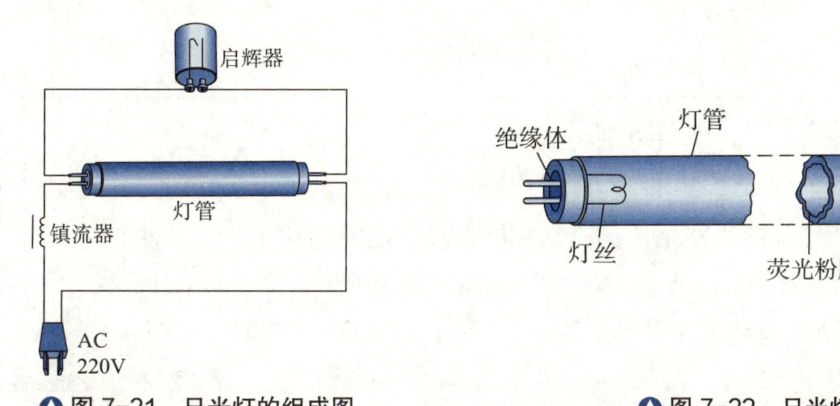

图 7–21 日光灯的组成图

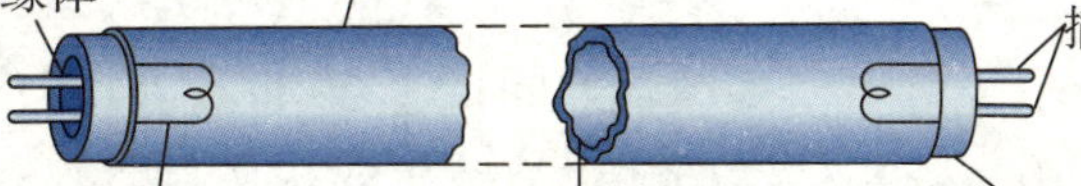

图 7–22 日光灯管的结构图

2. 启辉器

如图 7–23 所示，启辉器是一个小型的辉光管，小玻璃管内充有氖气，并装有两个触片。其中一个触片是用热膨胀系数不同的两种金属组成（通常称双金属片）的，冷态时两触片分离，接通电源后，氖气放电发出辉光，辉光产生热量使双金属片受热而伸张，两触片自动闭合，构成一个闭合的电路。电路接通后，启辉器中的氖气停止放电，两触片分离，电路自动断开。启辉器在电路中起开关的作用。

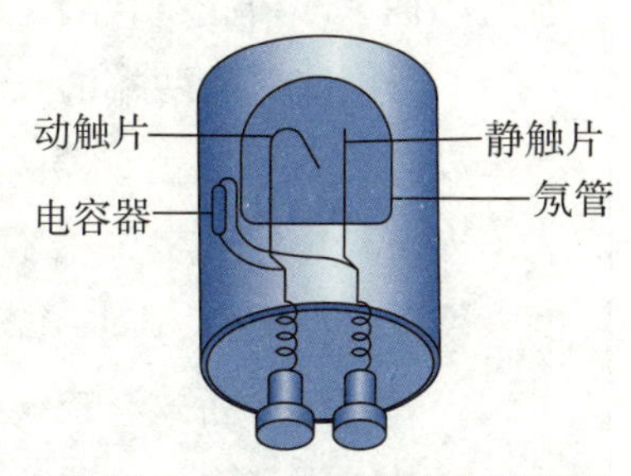

图 7–23 启辉器内部结构图

小提示 启辉器中的小电容器的作用：（1）消除启动时产生的谐波，防止干扰收音机等；（2）保护氖管，使触片分离时不产生火花。

3. 镇流器

铁芯式镇流器日光灯是典型的 RL 串联电路。

镇流器是与日光灯管串联的一个元件，实际上是绕在硅钢片铁芯上的电感线圈，如图 7-24 所示，其感抗值很大。镇流器的作用如下：

第一，正常工作时，限制灯管的电流；

第二，启动时，产生足够的自感电动势，使灯管获得高压而点亮。

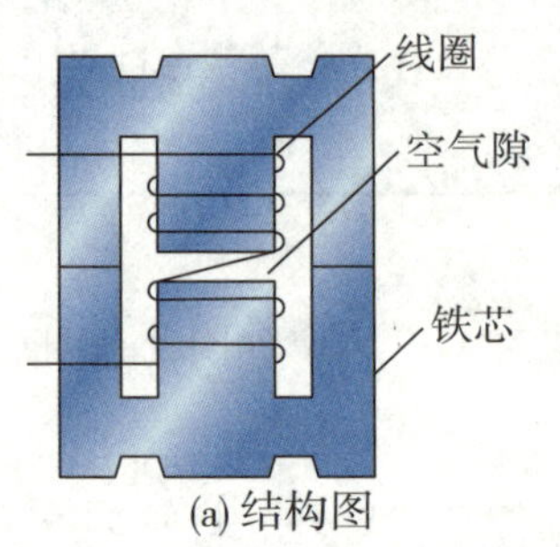

(a) 结构图

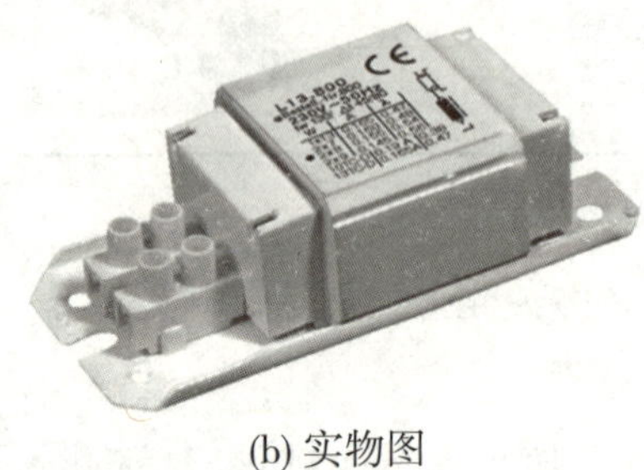

(b) 实物图

图 7-24 镇流器的结构图及实物图

镇流器一般有两个引脚，但有些镇流器为了在电压不足时也容易启辉，就多绕一组线圈，因此也有 4 个引脚的镇流器。

加油站

电子式镇流器

荧光灯电子式镇流器问世于 20 世纪 80 年代初，由荷兰飞利浦电子公司首先研制成功。由于它与传统的电感式镇流器相比具有功率因数高、电能损耗小、启动性能好、频闪低、无噪声、体积小等优点，因此，电子式镇流器比电感式镇流器更具有生命力。

荧光灯电子式镇流器的电路设计有多种多样，在科学突飞猛进的今天，荧光灯电子式镇流器的设计正趋向集成化或模块化，目的是使电路结构简单，电气性能更可靠、稳定、安全。

要注意的是电子式镇流器的接线方法。电子式镇流器有 6 个接线端，一般按照镇流器上的标示即可正确接线。若无标示，可按照红线、黑线分别接电源，另外 4 根，两根一组，分别接灯管两端的 4 个引脚。

荧光灯电子式镇流器的工作原理如下：

荧光灯电子式镇流器不再使用铁芯式镇流器和启辉器，它全部由电子元件组成。它的电路分为两个部分：一部分是开关电路，一部分是串联谐振电路。开关电路先由高反压二极管组成的桥式整流电路把 220 V 市电直接变换成高压直流电，然后再由开关三极管、脉冲变压器等元件组成的脉冲电路把高压直流电变换成高压脉冲。接着，开关电路输出高压脉冲，高压脉冲的频率使得由谐振电感、谐振电容和灯管灯丝等元件组成的串联谐振，在谐振电容上产生谐振电压，该电压正比于谐振回路的 Q 值远大于开关电路输出的高压脉冲的电压峰值，当灯丝预热射电子后，该谐振电压将灯管气体电离而点亮。现在，电子式镇流器已经完全取代电感式（铁芯式）镇流器。

1. 简述常见照明灯具的种类及应用。

2. 日光灯是由哪几个部分组成的?

3. 简述镇流器与启辉器在电路中的作用。

实训 8　日光灯的安装与检修

实训目的

了解日常生活中日光灯的结构，学会安装、简单检修日光灯电路。

实训器材

日光灯管、镇流器、启辉器、灯座、插座、开关各 1 个，万用表、单相电度表各 1 个，电工工具 1 套，自制木台 1 个，导线若干。

实训步骤

1. 按照日光灯电路图（图 7–25）配好导线。

2. 按照电路图在木台上划定好位置并固定灯座、开关等器件。

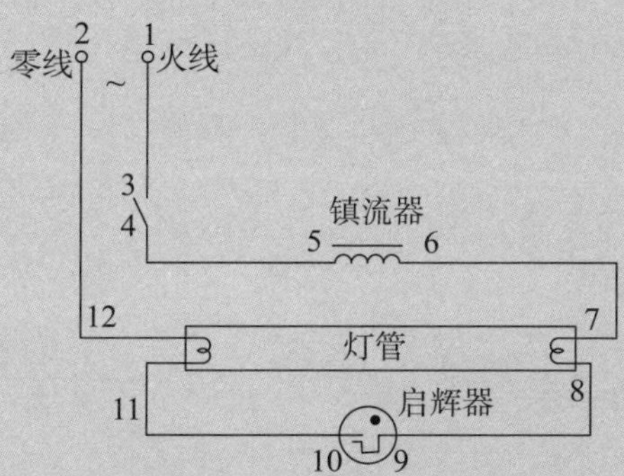

图 7–25　20 W 日光灯组成电路

3. 进行接线

接线时，启辉器座上的两个接线柱分别与两个灯座中的一个接线端连接。一个灯座中余下的一个接线柱与电源的零线连接，另一个灯座中余下的接线柱与镇流器的一个线头相连，而镇流器的另一个线头与开关的一个接线柱连接，开关另一个接线柱与电源的火线连接。

4. 检测

电路接好后，合上开关，应看到启辉器有辉光闪烁，灯管在 3 s 内正常发光。如果发现灯管不发光，说明电路或灯管有故障，应进行简单的故障分析，其步骤如下：

(1) 用测电笔或万用表检查电源电压是否正常。确认电源有电后，闭合开关，转动启辉器，检查启辉器与启辉器座是否接触良好。如果仍无反应，可将启辉器取下，查看启辉器座内弹簧片弹性是否良好，位置是否正确，若不正确可用旋具拨动，使其复位。

(2) 用测电笔或万用表检查启辉器座上有无电压。如有电压，则启辉器损坏的可能性很大，可以换一个启辉器重试。

(3) 若测量启辉器座上无电压，应检查灯脚与灯座是否接触良好。若灯管开始闪光，说明灯脚与灯座接触不良，可将灯管取下来，将灯座内弹簧片拨紧，再把灯管装上。若灯管仍不发光，应打开吊盒，用测电笔或万用表检查吊盒上有无电压。若吊盒上无电压，说明线路上有断路，可用测电笔检查吊盒两接线端；如测电笔均发亮，说明吊盒之前的零线断路。

注意事项

1. 镇流器和日光灯管的规格应配套，不同功率不能互相混用，否则会缩短灯管寿命，并造成启动困难。当选用附加线圈的镇流器时，接线应正确，不能搞错，以免损坏灯管。

2. 使用日光灯管必须按规定接线，否则将烧坏灯管或使灯管不亮。

3. 接线时应使火线通过开关，经镇流器到灯管。

模块 3 模拟电子技术

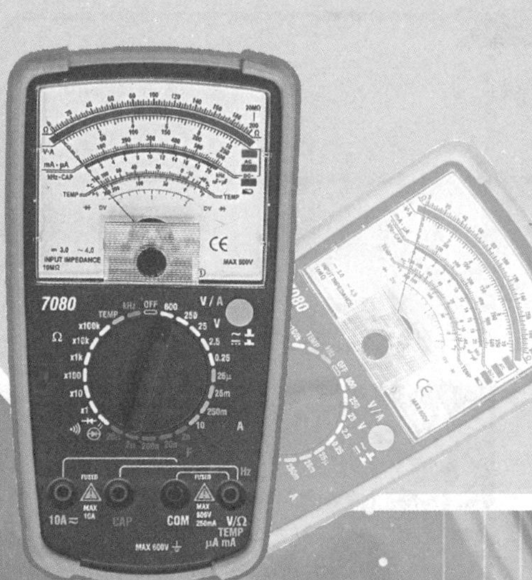

内容纲要

- 电子操作基础知识
- 常用半导体器件
- 整流、滤波及稳压电路
- 放大电路与集成运算放大器

主题8 电子操作基础知识

情境创设

视频展示电子厂流水装配生产作业，了解电子装配线的手工锡焊过程。

课题 1 焊接技术

任务书

1. 了解焊接工具和材料的使用，正确选用焊具和焊料。
2. 掌握手工焊接的方法与步骤，能形成良好焊点。

焊接基本知识

请同学们看看图 8–1 的两张图片是什么？想一想都应用在什么地方？

(a)标记符号

(b)导电图形

图 8–1 电路板

如何选择、使用好电烙铁并进行良好的焊接呢？

焊接是金属连接的一种方法。装配电子元器件时主要使用的焊接方法是钎焊，就是在固体和待焊材料之间，熔入比待焊材料金属熔点低的焊料，使焊料进入待焊材料之中，并发生化学变化，从而使待焊材料与焊料实现永久性连接。

电子电路中焊接的方式有多种，各种方式的适用性也不尽相同。在小批量的生产和维修中多采用手工电烙铁焊接，成批或大量生产时则采用浸焊和波峰焊等自动化焊接。在此主要介绍手工电烙铁焊接，常用的焊接工具与材料的相关描述如下。

一、电烙铁

电烙铁是进行手工焊接最常用的工具，它是根据电流通过加热器件产生热量的原理而制成的。电烙铁的标称功率有 20 W、35 W、50 W、75 W 等，需根据实际情况进行选用。

普通电烙铁按对烙铁头的加热方式可分为内热式与外热式两种，近年来又出现了一些新产品，它们的种类和特点见表 8-1 。

表 8-1　电烙铁的种类和特点

种　类	特　点
外热式电烙铁	外热式电烙铁的加热部分套在烙铁头的外面，加热部分为烙铁芯，它是将电热丝平行地绕在一根空心瓷管上构成的，中间用云母片绝缘并引出两根导线和电源连接。烙铁头为紫铜，常用功率有 25 W 、45 W 、75 W 、100 W 等，功率越大烙铁头温度越高。烙铁芯的功率规格不同，其内阻也不同
内热式电烙铁	内热式电烙铁的铁芯安装在烙铁头里面，因而发热快，热利用率高。20 W 内热式电烙铁就相当于 40 W 左右的外热式电烙铁。内热式电烙铁的烙铁芯是用比较细的镍铬电阻丝绕在瓷管上制成的，其电阻约为 2.5 kΩ（20 W），烙铁的温度一般可达 350 ℃ 。由于内热式电烙铁有升温快、重量轻、耗电少、体积小、热效率高的特点，因而得到了广泛的应用。但温度高时很容易使烙铁头“烧死”，使烙铁头不“吃”锡，影响焊接工作
恒温电烙铁	恒温电烙铁的烙铁头内，装有带磁铁式的温度控制器，控制通电时间而实现温控，即给电烙铁通电时，烙铁的温度上升，当达到预定温度时，磁芯触点断开，这时便停止向电烙铁供电；当温度低于预定温度时，磁芯触点闭合，继续向电烙铁供电。如此循环往复，便达到了控制温度的目的
恒温电焊台	恒温电焊台一般用于精密电子元器件的焊接，具有快速升温、瞬时温度补偿、温控精确稳定等优点。有的恒温电焊台配有多款烙铁头可供选用，防静电设计，并且备有温度调节锁定装置，防止操作中随意调整温度，有效保障生产工艺。与大功率的外热式电烙铁相比，这种形式的烙铁手柄比较轻巧，长时间使用不会疲劳
吸锡电烙铁	吸锡电烙铁是将电烙铁和活塞式吸锡器组合在一起的拆焊工具。在拆焊元器件时，先用电烙铁加热焊点焊锡，再用吸锡器将焊锡吸走，可以很方便地拆卸、更换元器件，特别是拆焊多焊点的元器件（如集成块底座）时更加省时省力，但在使用时要及时排出吸锡器内的锡液，价格也较高

 首次使用的电烙铁需先“上锡”再使用。烙铁头经长时间使用后表面会受到焊剂和焊料的侵蚀，变得高低不平，从而影响焊接质量，这时可先刮去焊料，再清除掉表面的氧化层，最后重新整形、上锡就不会影响焊接质量了。

二、焊料

焊料由易熔金属构成，焊接时熔化且与待焊金属材料结合，在待焊材料表面形成合金层，将待焊材料连接在一起。

整机装配、维修时焊料多采用锡铅焊料（又称共晶焊锡），其配比为含锡点 63%、铅点 37%，共晶点的温度为 183 ℃。其优点为：

第一，焊点温度低，减少了元器件、印制线路板等被焊物件受热损坏的机会。

第二，由于锡铅焊料可以由液体直接变成固体，减少了焊点冷却过程中元器件松动而出现的虚焊现象。

第三，锡铅焊料的抗拉强度和剪切强度高。

锡铅焊料因其优异的性能和低廉的成本，一直是电子组装焊接中的主要焊接材料。但铅及其化合物属于有毒物质，且锡铅合金不能满足近代电子工业对可靠性的要求，故锡铅焊料将逐渐被停止使用。目前，较理想的替代锡铅焊料的无毒合金是锡基合金，它主要以锡为主，添加银、锌等金属元素，形成以锡 — 银、锡 — 锌为基体，再加以适量的其他金属元素所组成的三元、多元合金。

三、焊剂

焊剂是焊接时添加在焊点上的化合物，它是进行锡铅焊必备的辅助材料，焊接时待焊材料表面要涂覆焊剂。焊剂的作用是：

第一，利用熔化时焊剂的活化性，熔解待焊材料表面的氧化物和杂物。

第二，焊接时，焊剂熔化后在焊料和待焊材料表面形成一层薄膜，隔绝与外界空气的直接接触，防止待焊材料和焊料在加热高温下与空气中的氧气发生氧化反应。

第三，可减小熔化后焊料表面的张力，增加其流动性，有助于润湿而形成良好的焊点。在通常的手工电烙铁焊接中，多选用松香作助焊剂。

小提示 为了方便，有的焊料中已加入了焊剂，如松香芯焊锡丝等。

手工焊接

一、焊接前的准备工作

在焊接前，还有一些准备工作，具体说明如下：

1. 刮脚

刮脚主要是指使用小刀（或钢锯条）将元器件引脚上的漆膜、氧化膜清除干净。因为元器件的引脚长时间放置在空气中，表面会有一层氧化膜，若不去除，会造成焊点不牢而出现虚焊、假焊等情况。如果元器件引脚本身发亮，则可以直接进入下道工序。

2. 搪锡

元器件的引脚刮好之后，还不能直接用于焊接，必须再进行搪锡。搪锡的方法是左手拿元器件，右手持电烙铁，用带有适量焊锡的烙铁将元器件要搪锡的引脚压在松香里，左手缓慢抽出，这样，元器件的引脚上就牢牢地敷上一层焊锡，同时在焊锡外围还敷有一层薄薄的松香，便于后面的焊接。导线的搪锡过程也是如此。

3. 整形

整形就是利用尖嘴钳或镊子等工具将元器件的引脚整直，然后再根据安装的要求将元器件的引脚弯曲成一定的形状。元器件的安装形状有卧式和立式两种，如图 8–2 所示。在整形的过程中，要让元器件的有关标识朝外，以便观察和检修，切忌弯曲元器件的根部。

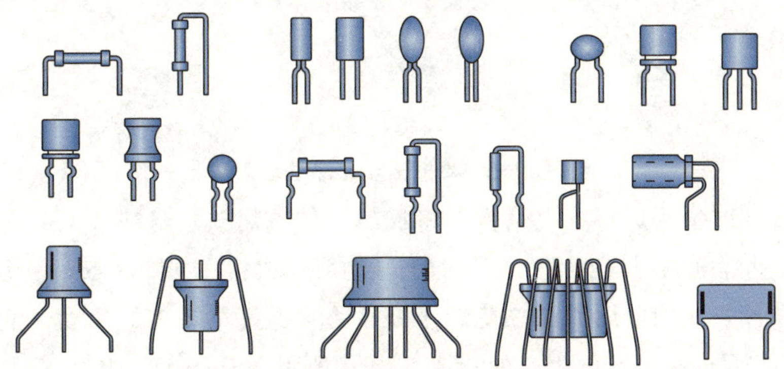

图 8–2　整形后元器件的引脚形式

二、电烙铁和焊料的握持方法

焊接时，电烙铁的握持方法因人而异，可以灵活掌握。如图 8–3（a）所示是反握法，适用于用大功率电烙铁焊接大批焊件；图 8–3（b）是正握法，适用于弯形烙铁头或较大的电烙铁；图 8–3（c）是笔握法，适用于小功率电烙铁。

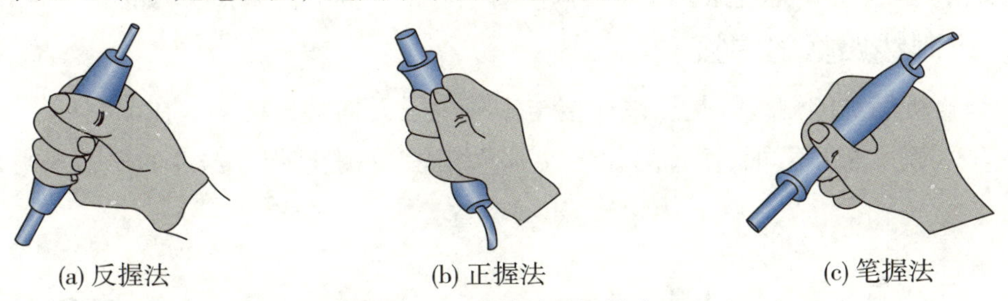

(a) 反握法　(b) 正握法　(c) 笔握法

图 8–3　电烙铁的握持方法

焊料的一般拿法如图 8–4 所示，图 8–4（a）为连续焊接时的拿法，图 8–4（b）为断续焊接时的拿法。

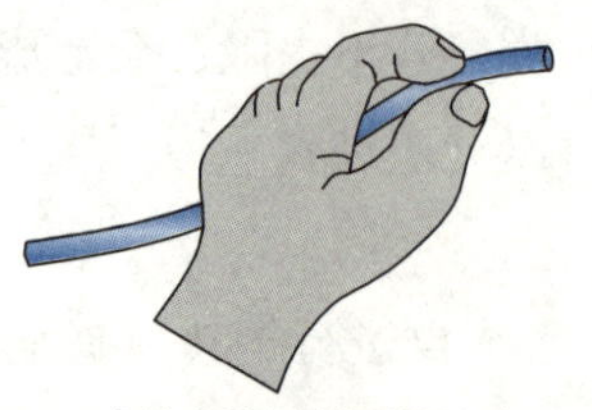

(a) 连续焊接时焊料的拿法

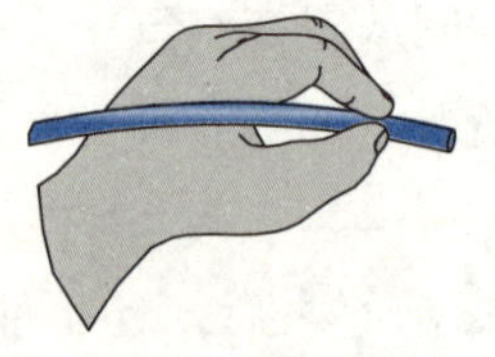

(b) 断续焊接时焊料的拿法

图 8-4　焊料的拿法

三、焊接操作步骤

在各方面的条件都准备好以后，就可以进行焊接了。在手工电烙铁焊接中，初学者可采用“五步工序法”来进行，如图 8-5 所示。

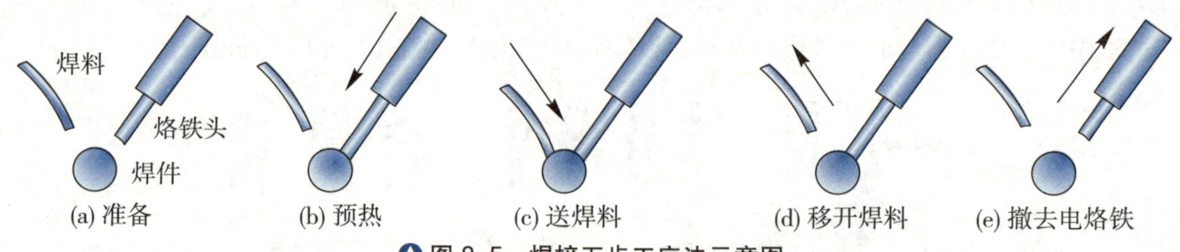

(a) 准备　(b) 预热　(c) 送焊料　(d) 移开焊料　(e) 撤去电烙铁

图 8-5　焊接五步工序法示意图

第一，准备：准备好焊料和电烙铁，将加热好的电烙铁（烙铁头上应有一部分已熔化的焊料）和带有助焊剂的焊料对准已经预加工好的待焊材料，如图 8-5（a）所示。

第二，烙铁预热：用电烙铁加热待焊接处，要掌握好烙铁头的角度，使焊点与烙铁头的接触面积大一些且应有一定压力，如图 8-5（b）所示。

第三，送焊料：待焊材料加热到一定温度后，送上焊料并熔化焊料，如图 8-5（c）所示。

第四，移开焊料：当焊料熔化到一定量后，移开焊料，如图 8-5（d）所示。

第五，撤去电烙铁：当焊接点上的焊料接近饱满、焊剂尚未完全挥发、焊点最光亮、流动性最强的时候，应迅速撤去电烙铁。正确的方法是使电烙铁迅速回带一下，同时轻轻旋转一下，朝焊点 45° 方向迅速撤去（也可以沿着引脚的方向撤离烙铁），如图 8-5（e）所示。

四、印制线路板的焊接

印制线路板简称印制板，是用来连接与安放电子元器件的材料。在印制板上，各元器件由于各自外形、条件不同，摆置的方法也不尽相同，一般被焊元器件的安置方式如图 8-6 所示。

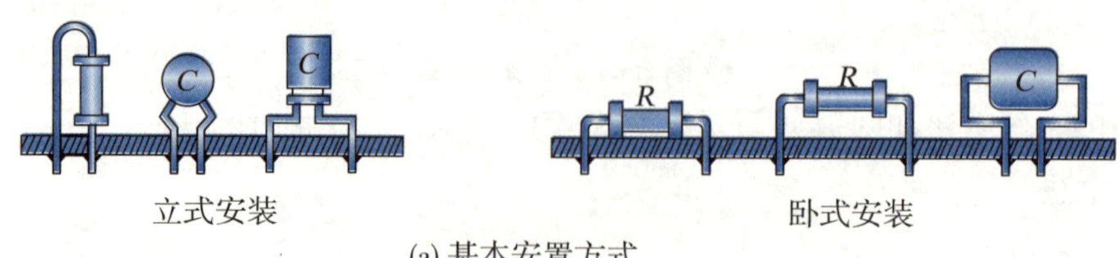

(a) 基本安置方式

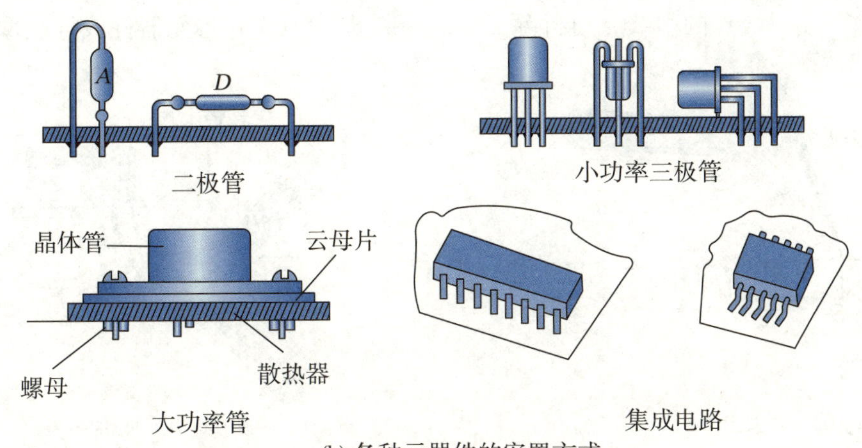

(b) 各种元器件的安置方式

图 8-6　各种元器件的安置方式

在焊接印制板时，可以选用功率为 20 ~ 40 W 的电烙铁，选用烙铁头的形状时应以不损伤印制板线路为原则，并适当增加烙铁头的接触面积，最好选用凿形的烙铁头，并用锉刀将棱角部分锉圆。焊接时，烙铁头不能对印制板施加太大的压力，以防焊盘受压翘起。可以用大拇指、食指和中指三个手指握住电烙铁手柄，小指垫在印制板上支撑电烙铁，以便自由调整接触角度、接触面积、接触压力，使待焊材料均匀受热。一般选择的焊锡丝直径在 1.2 ~ 1.5 mm 之间。在对双面印制板的金属化孔上焊接时，要将整个元器件都充分浸透焊料，焊接加热时间应长一些。

焊接小功率元件（如电阻）时，在空间许可的前提下，尽可能采用卧式焊接，且完全卧在印制板上；大功率卧式元件要求离印制板有一定的距离（0.5 cm 以上），以便于散热；立式电阻元件要求下端尽可能坐在印制板上；三极管要求与印制板保持 0.5 ~ 1 cm 的距离；电解电容器要求尽可能地坐在印制板上；瓷片电容器和涤纶电容器要求与印制板保持 0.3 ~ 0.5 cm 的距离；中周变压器等器件的外壳必须与印制板焊牢。

焊接时要控制好焊接时间，一般要在 2 ~ 3 s 之内焊好一个点。焊点要保持圆锥体形状，且要求光滑，无毛刺现象，更不能出现虚焊、假焊等情况。焊接完成之后，进行元器件引脚的剪除，切忌先剪引脚，再焊接。

五、拆焊技术

在装配与修理中，有时需要将已经焊接的连线或元器件拆除，这个过程就是拆焊。在实际操作中，拆焊比焊接难度更大，更需要用恰当的方法和必要的工具，才不会损坏元器件或破坏原焊点。

印制板上焊接元器件的拆焊，与焊接一样，动作要快，对焊盘加热时间要短，否则将烫坏元器件或导致印制板铜箔起泡、剥离。

根据被拆除对象的不同，常用的拆焊方法有分点拆焊法（图 8-7）、集中拆焊法和间断加热拆焊法三种。印制板上的电阻、电容、普通电感、连接导线等只有两个焊点，可用分点拆焊法先拆除一端焊接点的引线，再拆除另一端焊接点的引线并将元器件或导线取出。

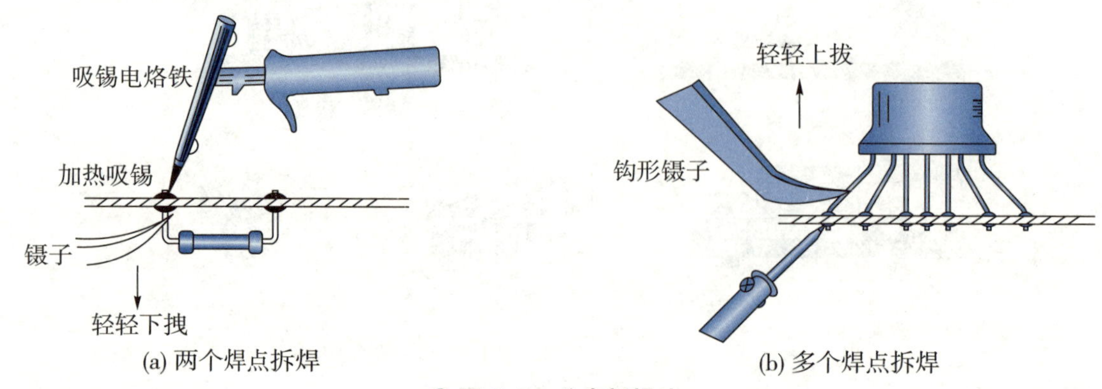

图 8-7　分点拆焊法

六、焊点检验

形成良好焊点的焊接条件是待焊材料具有清洁的金属表面，加热到最佳焊接温度，金属扩散时产生金属化合物。

点接触良好、机械性能好和美观是形成良好焊点的基本质量要求。对图 8-8 所示各种焊点质量的分析见表 8-2 。

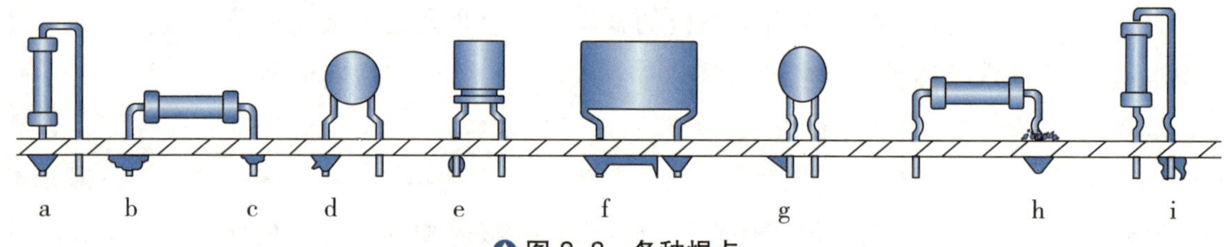

图 8-8　各种焊点

表 8-2　各种焊点质量分析表

焊点	特　点	产生原因
a	优良焊点	
b	焊料过多，焊料面呈凸形	焊料撤离过迟
c	焊料过少，焊料未形成平滑面，焊点机械强度差	焊料撤离过早
d	焊点外表不光滑，有毛刺	焊接时间过长，电烙铁撤离角度不当
e	焊点过于饱满，多为虚焊，电路不能正常工作	焊料未浸润焊点，焊件表面不清洁
f	焊点拖尾，容易造成短路	焊料过多，电烙铁撤离方向不对
g	焊点不完整，机械强度不够	焊料流动性差，焊件加热不足
h	焊料反面渗出过多	电烙铁过热
i	焊料凝固成松散的豆腐渣形状，强度低，导电性差	焊料未凝固前焊点处有抖动

加油站

浸焊与波峰焊

浸焊与波峰焊是适应印制线路板的大批量焊接而发展起来的焊接技术，与手工焊接相比，其效率高、质量好、操作简单，尤其是波峰焊，已成为印制线路板的主要焊接方法。

浸焊是将安装好元器件的印制线路板在熔化的锡锅内浸锡，一次完成板上众多元器件焊接点的焊接，不仅比手工焊接效率高，而且可以消除漏焊现象。浸焊适用于中、小批量电子产品生产。浸焊也有手工浸焊和机器浸焊两种形式，浸焊时间为 3 ~ 5 s，一般需要补焊。

波峰焊是将插有分立元器件的印制线路板放在自动生产线上，在波峰焊设备内，印制线路板一边移动一边与熔化焊料的波浪接触，实现钎焊连接，适合大批量和自动化生产线。

波峰焊流程：将组件插入相应的组件孔中 →预涂助焊剂 → 预烘（温度 90 ~ 100℃，长度 1 ~ 1.2 m）→ 波峰焊（ 220 ~ 240℃ ）→ 剪除多余插件脚 → 检查。

学后测评

1. 电烙铁按发热方式不同可分为哪几种？
2. 简述手工电烙铁焊接的“五步工序法”。
3. 一般电烙铁有哪几种握法？小功率电烙铁宜采用哪种握法？
4. 使用一段时间后的电烙铁会出现“烧死”现象（不能上锡），此时应怎么处理？

*课题 2　常用电子仪器仪表的使用

任务书

了解函数信号发生器、示波器、直流稳压电源、交流毫伏表等常用电子仪器仪表的使用。

函数信号发生器的使用

函数信号发生器是为进行电子测量、提供满足一定技术要求电信号的仪器设备，实际使用中，有各种不同型号的函数信号发生器，它们的外形不尽相同，但是功能类似，使用方法也大同小异。图 8–9 所示为 YB1638 型函数信号发生器前面板，其各功能键名称及作用介绍见表 8–3 。

想一想 日常生活中除了函数信号发生器你还见过哪些仪器能产生信号？

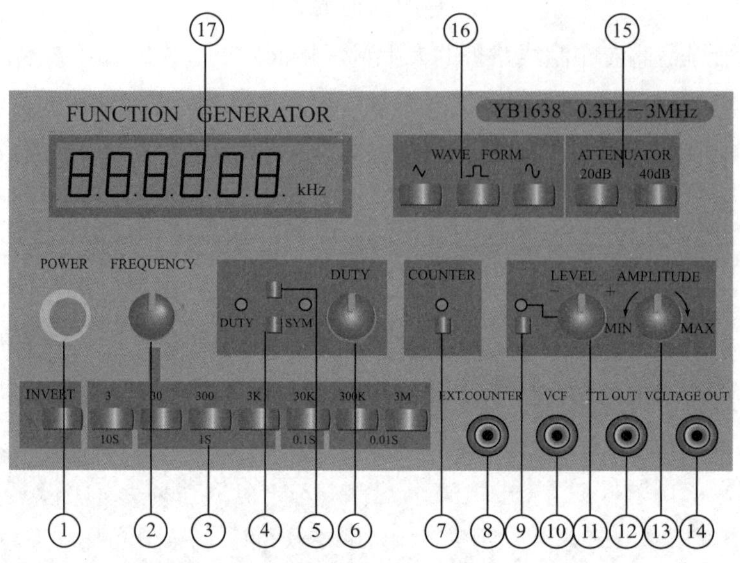

图 8-9 YB1638 型函数信号发生器前面板

表 8-3 YB1638 型函数信号发生器前面板各功能键介绍

序 号	名 称	作 用
1	电源开关	控制仪器电源通、断
2	频率调节旋钮	调节此旋钮，可以改变输出信号的频率
3	频率范围选择开关	根据需要产生的输出信号频率或外测信号频率，选择适当的范围
4	占空比/对称度选择开关	占空比控制开关按下后，此键未按下，DUTY 指示灯为占空比调节状态，此键按下后，SYM 指示灯亮，为对称度调节状态
5	占空比控制开关	此键按下后，占空比/对称度选择开关才起作用
6	占空比/对称度调节旋钮	用于调节占空比和对称度
7	频率测量内/外开关	此键按下，指示灯亮，LED 屏幕上指示为外测信号的频率；未按下此键（常态）时，指示灯灭，LED 屏幕上指示为本仪器输出信号频率
8	外测信号输入插座	需要测量外部信号的频率时由此插座插入，可测量的最高频率为 10 MHz
9	电平控制开关	此键按下，指示灯亮，电平调节旋钮才起作用
10	外接调频电压输入插座	外接调频电压（调频电压的幅度范围为 0 ~ 10 V）
11	电平调节旋钮	电平控制开关按下，指示灯亮后，调节此旋钮，可以改变输出信号的直流电平

（续表）

序　号	名　称	作　用
12	TTL 方波输出插座	专门为 TTL 电路提供的具有逻辑高（3 V）、低（0 V）电平的方波输出插座
13	输出幅度调节旋钮	调节此旋钮，可以改变输出电压的大小
14	电压输出插座	仪器产生的信号由此插座输出
15	电压输出衰减开关	不按时，无衰减；单独按下 20 dB 或 40 dB 键时，输出信号衰减 10 倍或 100 倍；两键同时按下时，衰减1 000 倍，因此，需要输出小信号时按下此键
16	波形方式选择开关	根据需要的波形，按下相应的键；三个键都未按下时，无信号输出
17	LED 显示屏	显示屏上数字显示输出信号频率或外测信号频率，以 kHz 为单位

函数信号发生器在实际使用过程中的注意事项及使用说明如下：

第一，该函数信号发生器没有输出电压指示（有些函数信号发生器可以显示输出电压的峰—峰值），只有接上示波器或交流毫伏表时才能监测输出信号的大小，并根据要求调节输出幅度调节旋钮。

第二，电压输出衰减开关均不按下时，输出电压的峰 — 峰值约为 8 V，因此，要输出峰 — 峰值为 0.8 V 以内的信号时按下衰减 20 dB 键；输出峰 — 峰值为 0.08 V 以内的信号时按下衰减 40 dB 键；输出峰 — 峰值为 8 mV 以内的信号时同时按下两个键。

第三，信号输出时，红色接输出信号，黑色接地，不能短路。

第四，产生脉冲时，波形方式要选择方波，按下占空比控制开关，调节占空比调节旋钮即可。

第五，TTL 输出时，要外接示波器才能看到输出的脉冲，其频率是可调的，但高电平（3 V）和低电平（0 V）是固定的。

第六，外测信号时，需按下频率测量内 / 外开关，此时可以从 LED 显示屏上读出外测信号的频率。

示波器的使用

示波器是一种能观察各种电信号波形并可测量其电压、频率等参数的电子测量仪器。示波器还可通过传感器对一些能转化成电信号的非电量进行观测，因而它是一种应用非常广泛的、通用的测量仪器。示波器的类型很多，但使用方法比较类似。如图 8–10 所示为 YB4324 型示波器前面板，其各功能键名称及作用见表 8–4 。

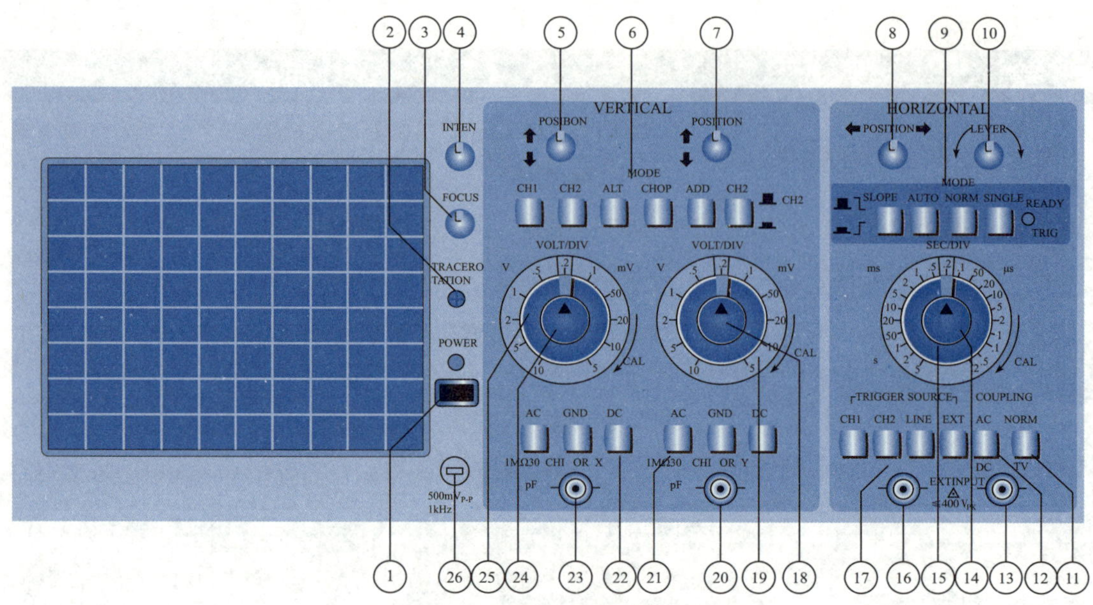

图 8-10　YB4324 型示波器前面板

表 8-4　YB4324 型示波器前面板各功能键介绍

序　号	名　称	作　用
1	电源开关	控制仪器电源通、断
2	光迹旋钮	调整水平轨迹与刻度线的平行
3	聚焦旋钮	调节轨迹或亮点的聚焦
4	亮度旋钮	调节轨迹或亮点的亮度
26	标准信号	提供 2 V_{P-P}，1 kHz 的用于校准的标准信号
23、20	通道输入	输入信号可以从 CH1、CH2 两个通道输入
21、22	耦合方式选择	AC：交流耦合，DC：直流耦合，GND：接地
19、25	垂直衰减旋钮	调节垂直灵敏度
18、24	垂直微调旋钮	微调垂直灵敏度
5、7	垂直位移旋钮	调节光迹在屏幕上的垂直位置
6	垂直方式选择	CH1：单独显示 CH1 通道；CH2：单独显示 CH2 通道；ALT：交替显示两个通道；CHOP：断续显示；ADD：显示两个通道的代数和；CH2（右侧）：改变 CH2 通道极性
8	水平位移旋钮	调节光迹在屏幕上的水平位置
9	触发方式选择	SLOPE：选择触发极性（上升沿或下降沿触发）；AUTO：自动扫描；NORM：触发扫描（常态）；SINGLE：单次扫描

（续表）

序　号	名　称	作　用
10	触发电平旋钮	用于调节被测信号在某一电平触发同步
15	时基因数选择旋钮	调节水平时基
14	扫描微调	微调水平时基
11	电视场信号	按下该键，可观察电视场信号
12	外触发耦合	选择外触发的交流耦合（AC）或直流耦合（DC）
17	触发源选择按钮	CH1：通道 1 为内部触发源；CH2：通道 2 为内部触发源；LINE：电源频率为触发信号；EXT：外部触发信号输入
13	外触发输入插座	用于输入外部触发信号
16	接地端	接地

示波器在实际使用过程中的注意事项及使用说明如下：

第一，接通电源后，示波器要预热才能正常显示光迹。

第二，调节亮度旋钮、聚焦旋钮、光迹旋钮、垂直位移旋钮、水平位移旋钮等，使扫描基线设定在屏幕的中间。

第三，由探头接入校准信号，如果显示波形不是一个标准的方波，可以调节探头上的微调旋钮。

第四，输入被测信号（输入电压不可超过 400 V），垂直微调旋钮要处于校正位置（顺时针旋转到最大），然后根据被测量调节相应的旋钮，使示波器中出现一个大小合适的清晰的波形。

第五，对于较大的信号，在探头上有“ ×10 ”的衰减，在读取数值时要注意。

第六，使用探头后，示波器的输入阻抗提高，有利于减少对被测电路的影响。示波器的探头要采用与型号相对应的专用探头。

直流稳压电源的使用

直流稳压电源是将交流电压转换为直流电压的实验设备，大多数直流稳压电源具有两路电压输出（有的直流稳压电源具有多路电压输出），输出电压的调节范围为 0 ~ 30 V，每路输出电流为 0 ~ 3 A ，并具有输出端短路自动保护、过载保护和手动复位的功能，安全可靠，使用方便。直流稳压电源的种类很多，但在使用上大同小异。如图 8-11 所示为 DF1731S 型双路直流稳压电源前面板，其各功能键的名称及作用见表 8-5 。

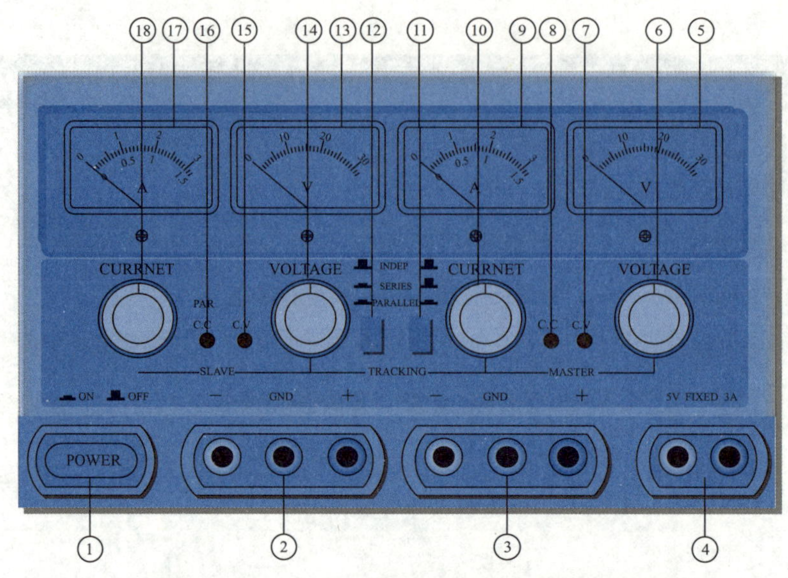

图 8-11 DF1731S 型双路直流稳压电源前面板

表 8-5 DF1731S 型双路直流稳压电源前面板各功能键介绍

序号	名称	作用
1	电源开关	控制仪器电源通、断
2	主路输出插孔	输出直流电，红正，黑负，绿接地
3	从路输出插孔	输出直流电，红正，黑负，绿接地
4	5 V固定输出插孔	输出固定的 5 V 直流电，红正，黑负
5、13	电压表	用于显示主路、从路的直流电压
9、17	电流表	用于显示主路、从路的直流电流
7、15	稳压状态指示灯	用于显示主路、从路稳压状态
8、16	稳流状态指示灯	用于显示主路、从路稳流状态
6、14	电压调节旋钮	用于调节主路、从路的稳压输出电压
10、18	电流调节旋钮	用于调节主路、从路的稳流输出电流
11、12	两路电源工作控制开关	用于控制主路、从路电源的工作状态（INDEP：独立工作；SERIES：串联工作；PARALLEL：并联工作）

双路直流稳压电源在实际使用过程中的注意事项及使用说明如下：

第一，独立工作时（11、12 两路电源工作控制开关均弹起），可作稳压电源，也可作稳流电源。作为稳压电源使用时，将稳流调节旋钮顺时针调节到最大，此时稳压状态指示灯亮，再调节稳压旋钮即可输出所需的直流电压值（最大为 30 V）；作为稳流电源使用时，先将稳压调节旋钮顺时针调到最大，此时稳流状态指示灯亮，在输出端接入负载，再调节稳流输出旋钮即可输出所需的直流电流（最大为 3 A）。

第二，串联工作时（11 号开关弹起，12 号开关按下），主路、从路的电源输出端的负载与接地端不能有连接片相连。将从路稳流输出调节旋钮顺时针调到最大，此时调节主路稳压调节旋钮时，从路电压严格跟从，在主路的正与从路的负间输出所需的直流电压（最高达 60 V）。

第三，并联工作时（11、12 两路电源工作控制开关均按下），调节主路电压调节旋钮，并联指示灯亮，当接上负载时，两路输出电流相同，总输出电流最大可达 6 A 。

交流毫伏表的使用

常用的单通道晶体管毫伏表具有测量交流电压、电平测试、监视输出三大功能。交流测量范围是 100 μV ~ 300 V、5 Hz ~ 2 MHz，共分 1 mV、3 mV、10 mV、30 mV、100 mV、300 mV，1 V、3 V、10 V、30 V、100 V、300 V 12 挡；电平 dB 的刻度范围是 −60 ~ +50 dB。如图 8-12 所示为 SX2172 型交流毫伏表的前面板，其各功能键名称及作用介绍见表 8-6 。

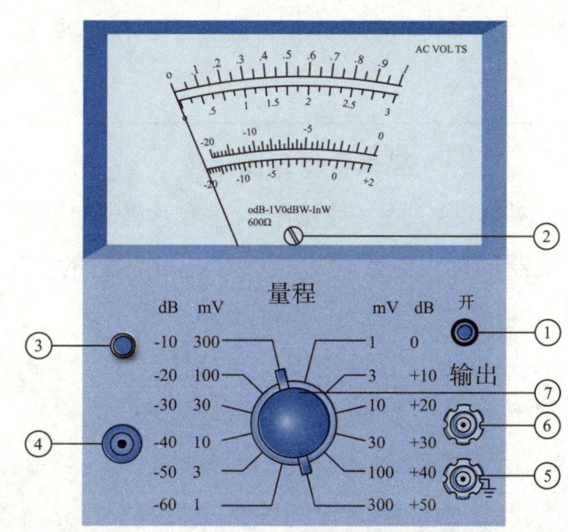

图 8-12　SX2172 型交流毫伏表的前面板

表 8-6　SX2172 型交流毫伏表的前面板各功能键介绍

序　号	名　称	作　用
1	电源开关	控制仪器电源通、断
2	机械调零螺丝	仪器接通电源之前，调节该螺丝，使指针处于零位
3	指示灯	仪器接通电源时指示灯亮
4	输入插座	输入被测信号
5	接地端	接地
6	输出端	毫伏表作放大器使用时，信号从输入端输入，从输出端和接地端输出
7	量程选择旋钮	根据被测信号的大小选择合适的量程（指针偏至满刻度 2/3 左右）

交流毫伏表在实际使用过程中的注意事项及使用说明如下：

第一，测量前应短路调零。打开电源开关，将测试线（也称开路电缆）的红、黑夹子夹在一起，将量程旋钮旋到“1 mV”量程，指针应指在零位。若指针不指在零位，应通过面板上的调零电位器进行调零；若没有效果，则再检查测试线是否断路或接触不良。

第二，交流毫伏表灵敏度较高，打开电源后，在较低量程时由于干扰信号（感应信号）

的作用使指针发生偏转，我们称这种现象为自起现象。所以在不测试信号时应将量程旋钮旋到较高量程挡，以防打弯指针。

第三，交流毫伏表表盘刻度分为 0 ~ 1 和 0 ~ 3 两种刻度，量程旋钮切换量程可分为逢一量程（1 mV、10 mV、0.1 V 等）和逢三量程（3 mV、30 mV、0.3 V 等），逢一的量程直接在 0 ~ 1 刻度线上读取数据，逢三的量程直接在 0 ~ 3 刻度线上读取数据，单位为该量程的单位，无需换算。

第四，交流毫伏表只能用来测量正弦交流信号的有效值，若测量非正弦交流信号须经过换算。

在实际的实验、实训中可能接触到各种仪器仪表，它们的外形结构不会完全相同，在使用之前最好读懂它们的使用说明书。这样才能保证安全、正确地使用它们。

加油站

晶体管特性图示仪

晶体管特性图示仪（图 8–13）是一种用图示法在示波管上显示各种晶体管特性曲线的多用途测试仪，通过仪器的标尺刻度可以直接读出晶体管的各项参数，如晶体三极管的输入特性、输出特性、电流放大特性，各种反向饱和电流，各种击穿电压，各种晶体二极管的正反向特性，场效应管的漏极特性、转移特性、夹断电压和跨导等参数。此外，还可以测量单结晶体管和晶闸管的特性参数。

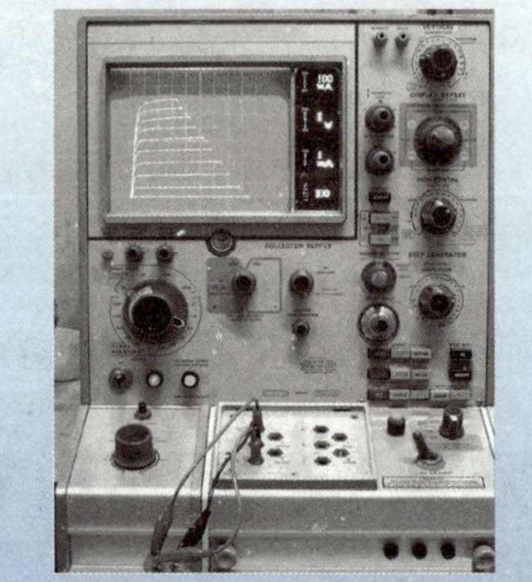
图 8–13　晶体管特性图示仪

与其他的晶体管测试仪相比，晶体管特性图示仪具有用途广泛、直接显示和读数简便等优点，尤其是在晶体管的各种极限参数和击穿特性的观测上，因为测试时电压和瞬间电流能使被测晶体管只承受瞬时过载而不至于造成损坏，所以给晶体管的测试和晶体管的合理应用都带来极大的方便，但晶体管图示仪不能测量晶体管的高频特性参数。

学后测评

1. 用函数信号发生器产生一个频率为 2 kHz，峰 — 峰值为 16 V 的正弦信号，并用示波器观测它的波形。

2. 用交流毫伏表测量信号发生器标称频率为 1 Hz，峰—峰值为 100 mV 的正弦信号。

3. 将双路直流稳压电源主路调节为输出 9 V，从路输出 15 V；将双路直流稳压电源设置为跟踪，主、从路输出均为 5 V。

主题9 常用半导体器件

情境创设

1. 实物展示手机充电器、光电鼠标的内部结构，直观地认识部分半导体器件的外形。

2. 播放电子产品装配企业生产车间流水生产线，了解企业的生产流程，关注产品部件中的半导体器件。

3. 播放关于识别与检测半导体二极管视频，对不同种类二极管的用途进行思考。

课题1 二极管

任务书

1. 了解二极管的种类及结构。
2. 了解二极管的特性及主要参数。
3. 能正确识别与检测二极管。

认识二极管

一、二极管的种类

晶体二极管简称二极管，是一种常见的半导体器件，图 9-1 列出了常用电子产品中几种不同外形的二极管。二极管是由一个 PN 结构成的，从 P 区和 N 区各引出一个电极，再加以封装。从 P 区引出的电极称为阳极（又称正极）；从 N 区引出的电极称为阴极（又称负极）。二极管的文字符号为 VD。

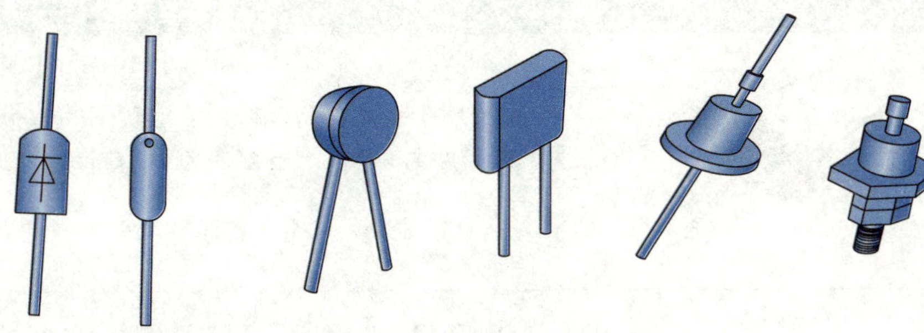

图 9-1 不同外形的二极管

1. 按结构不同分类

二极管按其结构的不同可分为点接触型、面接触型和平面型三种，如图 9-2 所示。

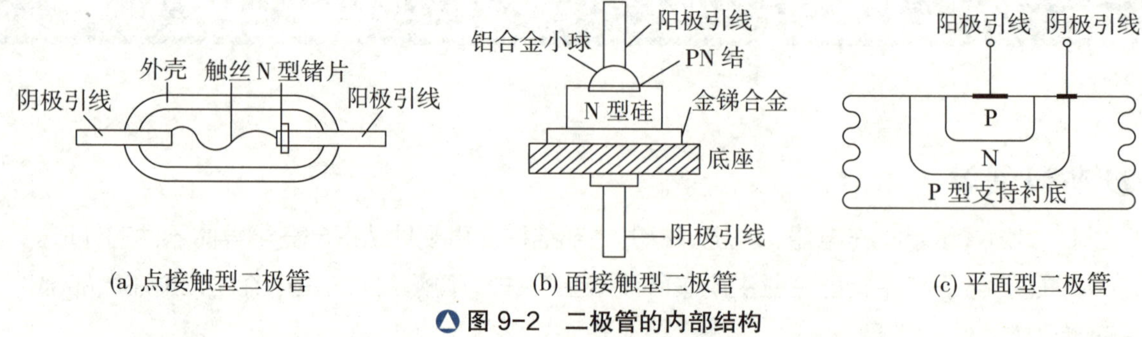

(a) 点接触型二极管　　(b) 面接触型二极管　　(c) 平面型二极管

图 9-2　二极管的内部结构

点接触型二极管一般为锗管，它的 PN 结结面积很小（结电容小），不能通过较大电流，但其高频性能好，一般适用于高频和小功率场合，也可以用作数字电路的开关元件。

面接触型二极管一般为硅管，它的 PN 结结面积大（结电容大），可通过较大电流，但其工作频率较低，一般用作整流元件。

平面型二极管 PN 结结面积有大有小，往往用于集成电路制造工艺中，一般用于高频整流和开关电路中。

如图 9-3 所示为常见二极管的相关图形符号、文字符号。

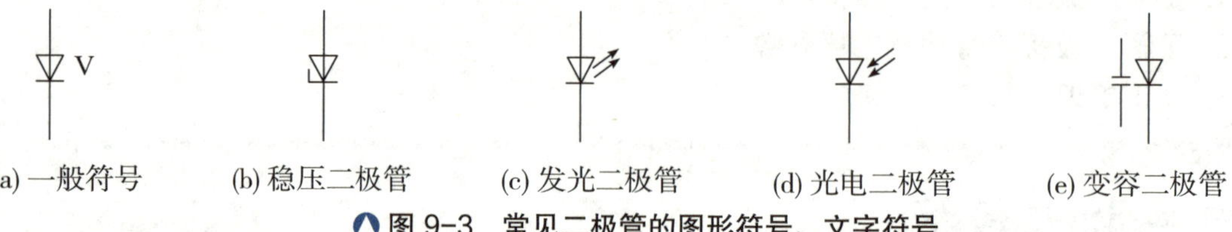

(a) 一般符号　　(b) 稳压二极管　　(c) 发光二极管　　(d) 光电二极管　　(e) 变容二极管

图 9-3　常见二极管的图形符号、文字符号

2. 按用途不同分类

二极管按用途不同可分为整流二极管、检波二极管、稳压二极管、开关二极管、阻尼二极管、变容二极管、发光二极管及光电（敏）二极管等，其分类、特点及应用具体见表 9-1 。

表 9-1　二极管的分类、特点及应用

名　称	实物图	特点及应用
整流二极管		主要用于整流电路，把交流电转变成脉动的直流电。整流二极管一般由硅材料制成，为面接触型，工作频率在 3 kHz 以下
检波二极管		主要作用是把调制在高频或中频信号中的低频信号检测出来。一般由锗材料制成，为点接触型，由玻璃外壳封装，广泛应用于半导体收音机、收录机、电视机及通信等设备的小信号电路中

（续表）

名　称	实物图	特点及应用
稳压二极管	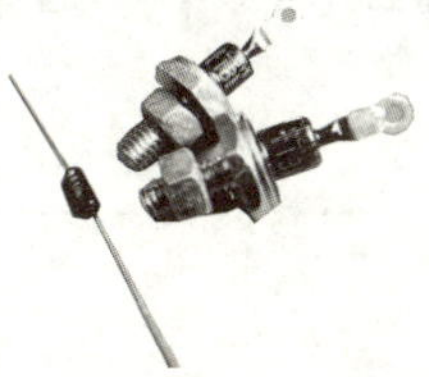	利用二极管的反向击穿特性，即当二极管的反向电压达到某一数值时，反向电流会急剧增大使二极管反向击穿。此时，只要控制好电流，二极管不会损坏，端电压就会基本保持不变，从而实现稳压的功能
开关二极管		用于控制电路中电流的接通或断开，体积小，寿命长，开关速度快，多用玻璃或陶瓷外壳封装
阻尼二极管		用于高频整流电路中，能承受较高的反向电压和较大的峰值电流，可以用硅或锗材料制成，常用于电视机行扫描电路中
变容二极管	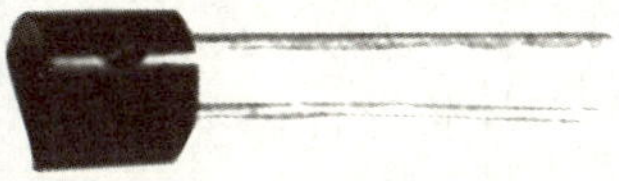	多用硅或砷化镓材料制成，用陶瓷或环氧树脂封装。用于收录机、电视机等调谐电路中，以代替可变电容；在一定的范围内，反向电压越小，结电容越大
发光二极管	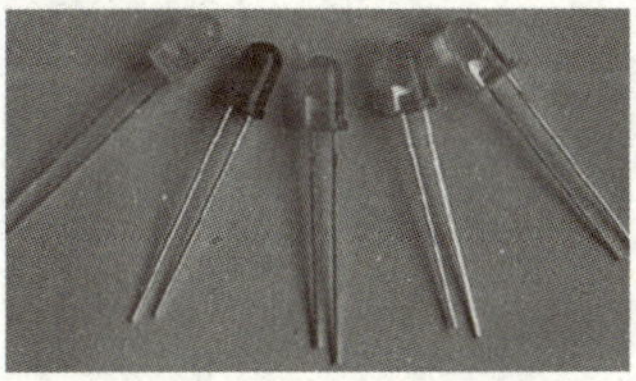	用磷砷化镓、镓铝砷等材料制成，用于电子设备指示装置，将电能转化为光能。根据不同的材料和制作工艺，发光颜色有红、绿、蓝三基色。人们常用发光二极管做成大型显示屏
光电（敏）二极管	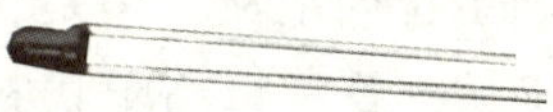	反向接入电路中，当没有光照时，反向电阻很大，反向电流（暗电流）很小；当有光照时，反向电阻变小，反向电流增大（亮电流）。光电二极管主要用于光控电路中

3. 按材料不同分类

二极管按材料不同可分为硅管和锗管两种，硅管的热稳定性比锗管要好。

二、二极管的单向导电性

如图 9-4（a）所示，当开关 S 闭合后，指示灯 L 亮，说明二极管的电阻较小，导电性能良好，此时的状态称为导通。若将二极管的极性对调，其余不变，如图 9-4（b）所示，闭合开关 S 后，指示灯 L 不亮，说明二极管的电阻很大，导电性能极差，此时的状态称为截止。

由此可知，二极管导通时，其正极电位高于负极电位，此时的外加电压称为正向电压，二极管处于正向偏置，简称正偏；二极管截止时，其正极电位低于负极电位，此时的外加电压称为反向电压，二极管处于反向偏置，简称反偏。我们把二极管的这种加正向电压时导通；加反向电压时截止的特性称为二极管的单向导电性。

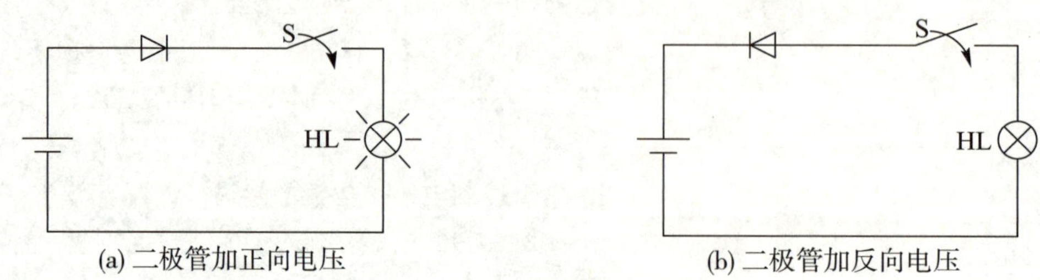

图 9-4　二极管的导电性能实验

三、二极管的伏安特性

二极管的伏安特性是指二极管的端电压与通过的电流之间的关系。根据这一关系画出的曲线称为伏安特性曲线。不同类型的二极管，其伏安特性不一样，即使是同一只二极管，不同温度下的伏安特性数值大小也不同。但是二极管的伏安特性有相同的规律，曲线形状大致是一样的，如图 9-5 所示。

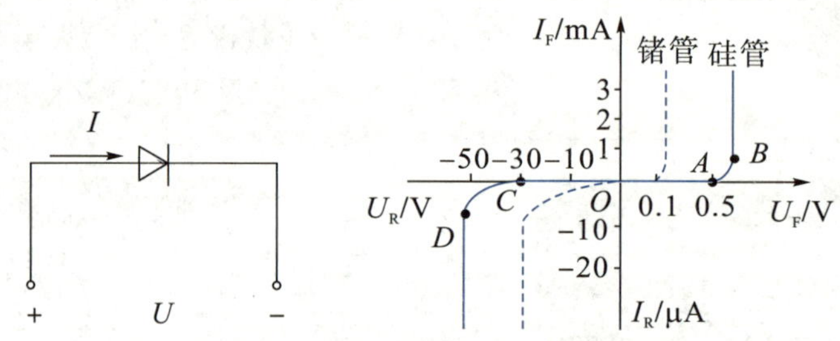

图 9-5　二极管的伏安特性

1. 正向特性

以硅管为例，在二极管两端加正向电压时，就会产生正向电流。但是，当起始电压很低时，正向电流很小，近似为零，如图 9-5 中 *OA* 段所示，管子呈高阻状态，这段区域称为死区。*A* 点电压称为死区电压（用符号 U_T 表示），在常温下硅管的死区电压约为 0.5 V，锗管的死区电压约为 0.1 V。当二极管两端的电压超过死区电压后，管子开始导通，正向电流随端电压的升高而迅速增大，管子呈低阻状态，从图 9-5 中 *B* 点以后的特性可以看出，这时二极管的正向电流在相当大的范围内变化，而二极管两端的电压变化却不大（近似为恒压特性），此时的电压称为导通压降（用符号 U_D 表示），小功率硅管约为 0.7 V，锗管约为 0.3 V。

由二极管的正向特性可知，正偏电压大于死区电压，二极管才能工作；可以利用二极管正向压降的恒压特性来稳压。

2. 反向特性

在二极管两端加反向电压时，由于 PN 结的反向电阻很大，所以反向电压在一定围内变化时，反向电流非常小，且基本不随反向电压而变化，如图 9–5 中 *OC* 段所示，此电流称为反向饱和电流（用符号 I_{SR} 表示），此时管子处于截止状态。反向电流越大，说明管子的单向导电性能越差。硅管的反向电流约为 1 微安到几十微安，锗管约为几十微安到几百微安。另外，反向电流会随温度的上升而急剧增长。

由二极管的反向特性可知，选用二极管应是反向饱和电流越小越好。

3. 击穿特性

在图 9–5 中，当过 *C* 点继续增大反向电压时，反向电流在 *D* 点处突然上升，这种现象称为反向击穿。发生击穿时的电压称为反向击穿电压（用符号 U_{BR} 表示）。不同类型管子的反向击穿电压大小不同，通常为几十伏到几百伏，甚至数千伏。

由二极管的反向击穿特性可知，除稳压管工作在击穿区外，其他二极管的反向电压不得超过其击穿电压。

总之，二极管的以上三个特性说明二极管是一种非线性元件。

四、二极管的主要参数

1. 最大整流电流（I_{FM}）

最大整流电流是指二极管长期运行时允许流过二极管的最大正向平均电流。它主要由 PN 结的结面积和散热条件决定。如果工作电流高于此电流值，二极管可能会因过热而损坏。

2. 最高反向工作电压（U_{RM}）

最高反向工作电压是指二极管长期运行时允许承受的最高反向电压。选用二极管时，二极管两端承受的反向电压不能超过此值。

小提示 反向电压增大到一定值时，反向电流会突然剧增的现象称为反向击穿。

3. 反向电流（I_R）

反向电流是指二极管上加反向电压未击穿时的反向电流。反向电流越大，说明二极管的单向导电性能越差，并且受温度影响大。

小提示 上述参数都与温度有关，所以只有在规定的散热条件下，保证在长期运行中各参数稳定，二极管才能正常工作。

识别与检测二极管

一、识别二极管

通过识读二极管的型号，可知道二极管的材料类型、功能等。

我国国产半导体器件型号采用国家标准 GB/T 4589.1–2006 的规定，如 2CW50 表示 N 型硅材料的稳压管，详见表 9–2。

表 9–2　二极管型号的意义

第一部分	第二部分	第三部分	第四部分	第五部分
2	A：N 型锗材料	P：普通管　C：变容管	序号	规格（可缺）
	B：P 型锗材料	Z：整流管　S：隧道管		
	C：N 型硅材料	K：开关管　V：微波管		
	D：P 型硅材料	W：稳压管　N：阻尼管		
	E：化合物	L：整流堆　U：光电管		

同时，由外观标识也可知道二极管的正、负极。如图 9–6 所示，有时会将二极管图形符号直接画在其外壳上；有时会在其外壳上标出色环（或色点），其中有色环（或色点）的一端为二极管的负极；有时二极管两端的形状不同，则平头为正极，圆头为负极。

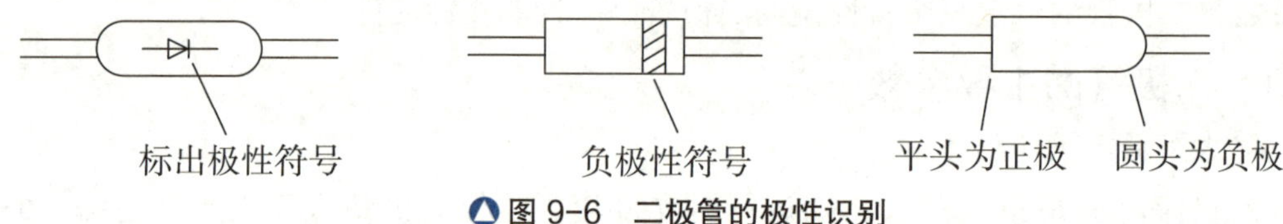

图 9–6　二极管的极性识别

二、检测二极管

对于标识不清的二极管，可以用万用表的欧姆挡来判别其材料类型和引脚极性，同时也可粗略检测其质量优劣。

1. 用模拟式万用表检测

(1) 检测原理

利用二极管具有单向导电性的特性，用万用表的欧姆挡分别测量其正、反向电阻，反向电阻应远大于正向电阻。对于锗二极管，正向电阻一般为 100 ~ 1 000 Ω；对于硅二极管，正向电阻一般为几百欧至几千欧。检测二极管时，万用表一般选用“$R\times100$”挡或“$R\times1$ k”挡，对于大功率二极管可以选用“$R\times10$”挡。

(2) 检测方法

将两表笔分别接在二极管的两个电极上，记录测量的阻值；然后将表笔对换，记录测量的阻值，如图 9–7 所示。若两次阻值相差很大，说明该二极管性能良好，同时，测量电阻小的那次，黑表笔所接的是二极管的正极，红表笔所接的是二极管的负极。

小提示　1. 模拟式万用表内电源的正极与“—”插孔连通，内电源的负极与“+”插孔连通。

2. 检测二极管、三极管等半导体元件最好用鳄鱼夹来夹表线。

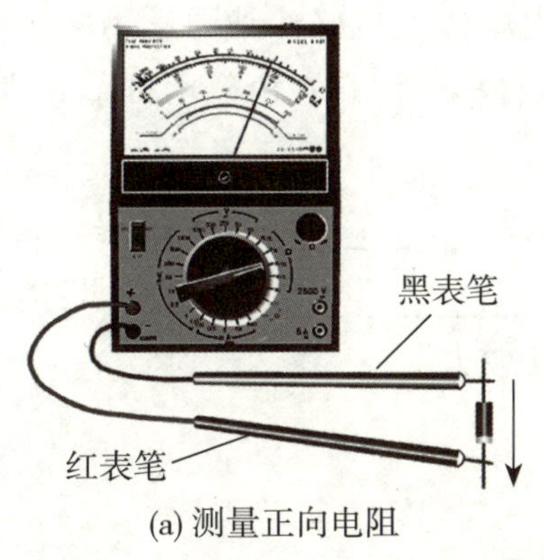

(a) 测量正向电阻

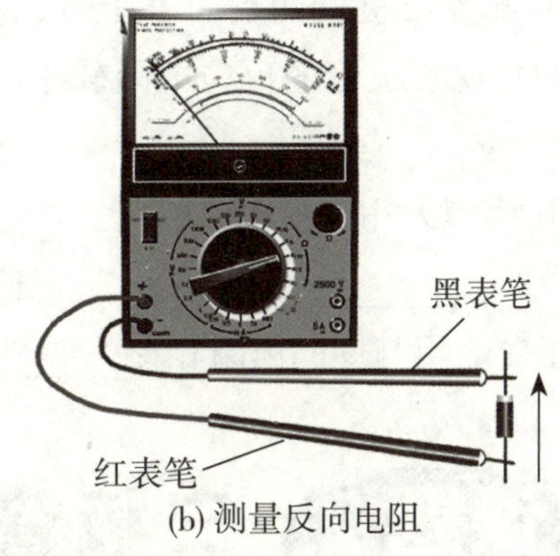

(b) 测量反向电阻

图 9-7　二极管的检测

如果两次测量的阻值都很小，说明二极管已经击穿；如果两次测量的阻值都很大，说明二极管内部已经断路；如果两次测量的阻值相差不大，说明二极管失效。

2. 用数字式万用表检测

数字式万用表设置了专门的二极管挡。利用该挡功能可测二极管的极性和正向压降。检测方法是将红、黑表笔分别接二极管的两个引脚，若出现溢出，则二极管呈反向特性。交换表笔后再测时应出现多位数字，此数字是以小数形式表示的二极管正向压降，由此可判断二极管的极性和材料类型。显示正向压降时，红表笔所接引脚为二极管的正极。根据正向压降的大小可区分硅材料与锗材料，硅管导通压降为 0.7 V 左右，锗管为 0.3 V 左右。

小提示　数字式万用表内电源的正极与“+”插孔连通，内电源的负极与“−”插孔连通。

三、选用二极管

一般按照用途和电路具体要求选择二极管的种类、型号和参数。选用检波二极管时，二极管的工作频率应符合电流频率要求，且二极管的正向电阻小，特性曲线好，能保证较高的检波效率，避免引起过大的失真。选择整流二极管时，主要考虑最大整流电流、正向电压和最高反向工作电压。在光电控制电路中，一般选用光电二极管。在激光通信、激光测距中，可选用工作频率高的 PIN 型光电二极管或光敏度更高的雪崩光电二极管。发光二极管一般用于指示、显示、照明等电路。

在维修过程中，若要更换二极管，最好选用同型号的更换。不同用途的二极管不宜代用，硅管与锗管也不宜代用。对于进口二极管，要先查阅相关手册，再选用国产二极管代替，也可根据其在电路中的作用及主要参数选用性能参数相近的二极管代替。

学后测评

1. 二极管可分为哪几类？它们各有什么特点？

2. 二极管具有怎样的特性？

3. 如何正确识别、检测二极管？

4. 在测量二极管的反向电阻时，为了使表笔和引脚接触良好，某同学用两手捏两引脚，结果发现二极管的反向电阻较小，认为二极管不合格，但它在电路中却能正常工作。这是为什么？

5. 用模拟万用表检测二极管正向电阻时，一般选择 ______________ 量程，红表笔应接二极管的 ______________ 极，黑表笔接二极管的 ______________ 极；一只性能良好的二极管正向电阻与反向电阻相差 ______________（填“较大”或“较小”）。

课题 2 三极管

任务书

1. 了解三极管的结构、符号及种类。
2. 了解三极管的特征、输入、输出特性及主要参数。
3. 能正确识别与检测三极管的引脚极性和管型。

认识三极管

三极管又称晶体三极管或半导体三极管，它是在一块本征半导体中按特定方式进行掺杂，构成三个杂质区、两个 PN 结，从每个杂质区各引出一个电极，然后封装而成的。如图 9-8 所示为电子产品中常见的三极管。

图 9-8 三极管的实物图

一、三极管的类型

三极管分为 NPN 和 PNP 两个基本类型，基区为 P 型半导体的称为 NPN 型三极管，基区为 N 型半导体的称为 PNP 型三极管，它们的结构示意图和电路中的符号如图 9-9 所示。PNP 型和 NPN 型三极管的工作原理相同，只是工作电压极性和电流流向相反。

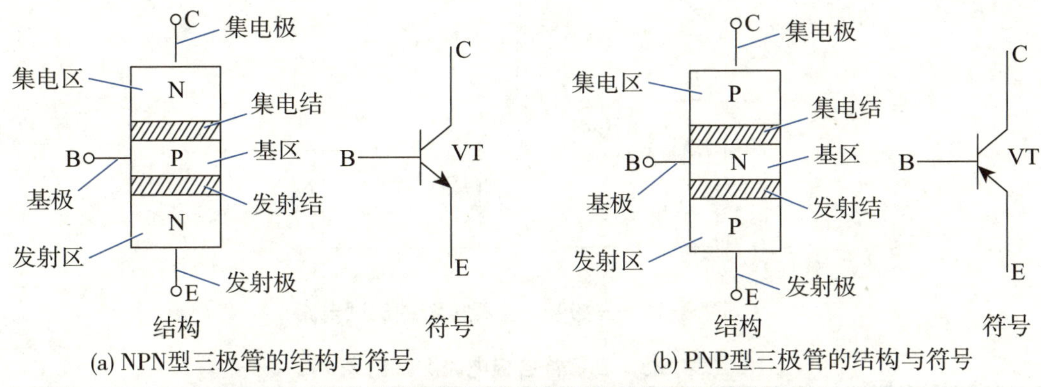

图 9-9 两种类型三极管的内部结构示意图与图形符号

三极管由两个 PN 结构成，三极管图形符号中的箭头表示发射结的正偏电压方向。三极管的文字符号一律用 VT 表示。

三极管的种类很多，具体分类如图 9-10 所示。

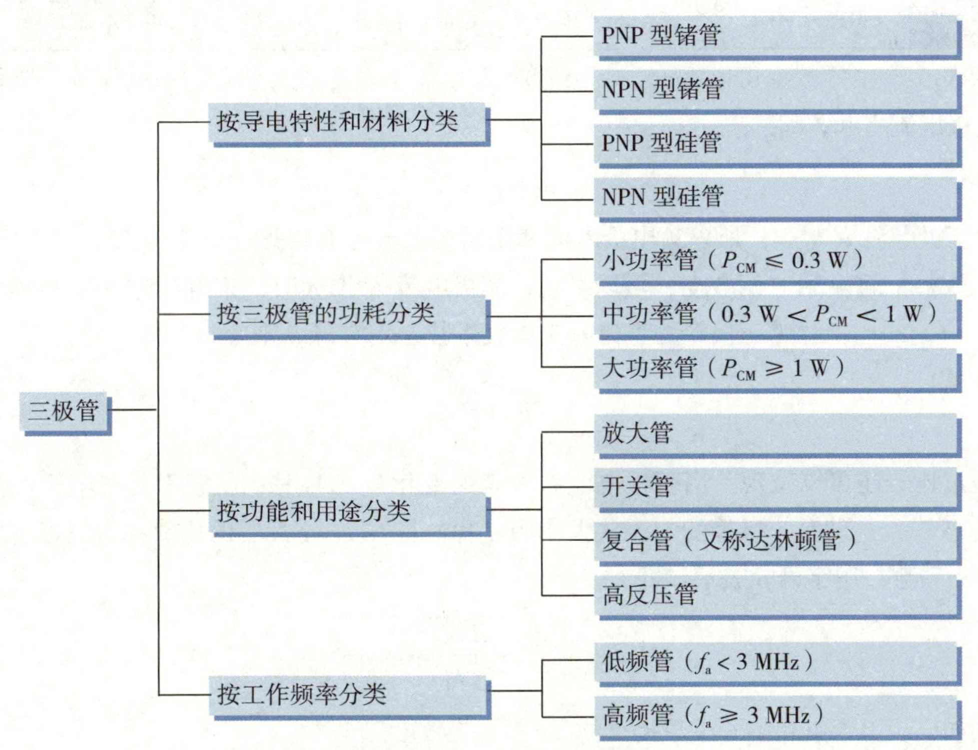

图 9-10 三极管的分类

二、三极管内的电流分配与放大作用

如图 9-11 所示为研究 NPN 型三极管的实验电路。通过改变电位器 R_P 来改变基极电流 I_B 的大小，从而测得与之对应的集电极电流 I_C 和发射极电流 I_E，并记录数据于表 9-3 中。

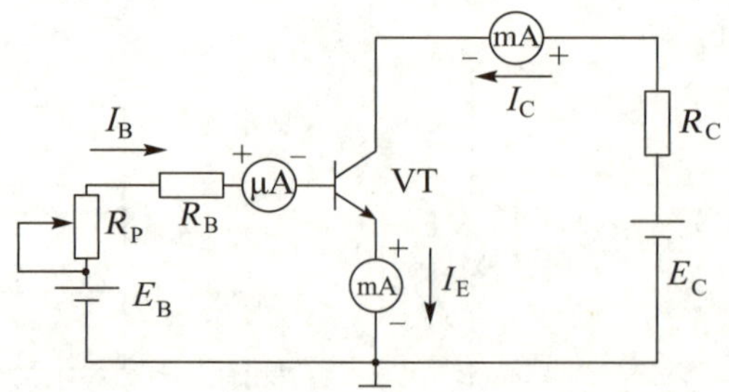

图 9-11 三极管三个极电流的测试电路

表 9-3 三极管各极电流测试记录

实验序号	1	2	3	4	5	6	7	8	9	10
I_B / mA	0	0.01	0.02	0.03	0.04	0.05	0.06	0.08	0.10	0.12
I_C / mA	0.01	0.71	1.52	2.40	3.20	4.00	4.78	5.82	5.85	5.85
I_E / mA	0.01	0.72	1.54	2.43	3.24	4.05	4.84	5.90	5.95	5.97

从表 9–3 中的数据可以看出，三极管内的电流分配关系满足发射极电流等于基极电流与集电极电流之和，即

$$I_E = I_B + I_C$$

又因为基极电流 I_B 很小，所以集电极电流和发射极电流近似相等，即 $I_C \approx I_E$。

比较第 1 组 ~ 第 8 组数据，可以发现，基极电流 I_B 增大时，集电极电流 I_C 也增大，通常把 I_C 与 I_B 的比值称为三极管的直流电流放大系数，用字母 $\overline{\beta}$ 来表示，即

$$\overline{\beta} = \frac{I_C}{I_B}$$

通过比较还可以发现，当基极电流有微小的变化量 ΔI_B 时，就能引起集电极电流有较大变化 ΔI_C，这就是三极管的电流放大作用。我们将 ΔI_C 与 ΔI_B 的比值称为三极管的交流电流放大系数，用字母 β 表示，即

$$\beta = \frac{\Delta I_C}{\Delta I_B}$$

例如，从第 5 组和第 6 组数据可得

$$\beta = \frac{\Delta I_C}{\Delta I_B} = \frac{4.00-3.20}{0.05-0.04} = 80$$

β 越大，表明三极管的电流放大作用越大。但是，三极管的电流放大作用不是真正地把微小电流放大了，而是以基极电流微小的变化去控制集电极电流的较大变化。而且，这一放大作用是有一定范围的，比较第 9 组和第 10 组数据可以看出，此时基极电流虽然增大了，但是集电极电流没有变化，三极管失去了电流的放大作用。

三、三极管的特性曲线

三极管的特性曲线是指三极管各极电压与电流之间的关系曲线。

1. 输入特性曲线

输入特性曲线是指集电极与发射极之间的电压 u_{CE} 一定时，发射结外加电压 u_{BE} 与基极电流 i_B 之间的对应关系曲线。如图 9–12 所示为三极管的共射输入特性曲线，由于放大电路中的三极管发射结处于正偏，所以只画出 $u_{BE}>0$ 时的曲线。

当 u_{CE} 一定时，输入特性曲线与二极管的正向伏安特性曲线具有相同的变化规律。当 $0<u_{CE}<1$ V 时，输入特性曲线右移，但当 $u_{CE}\geqslant 1$ V 时，曲线几乎不再移动，此时对应的曲线就是三极管的输入特性曲线。可以看出，输入特性曲线有一段死区电压，只有 u_{BE} 大于死区电压后，u_{BE} 增大，i_B 也增大，两者成线性关系。同时，u_{BE} 的值变化很小，可近似为一个常数，称该常数为晶体三极管的导通压降。一般地，硅管的导通压降约为 0.7 V，锗管的导通压降约为 0.3 V 。

2. 输出特性曲线

输出特性曲线是指基极电流 i_B 一定时，u_{CE} 与 i_C 之间的关系。如图 9–13 所示为三极管的共射输出特性曲线。由图可知，对应于不同的 i_B 取值，均有一条变化规律相同的输出特性曲线。取不同的基极电流，可以得到一组曲线，就构成了三极管的输出特性曲线。

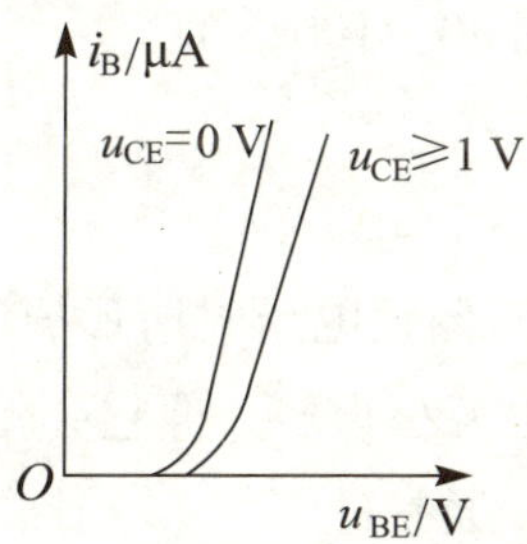

图 9–12　三极管输入特性曲线

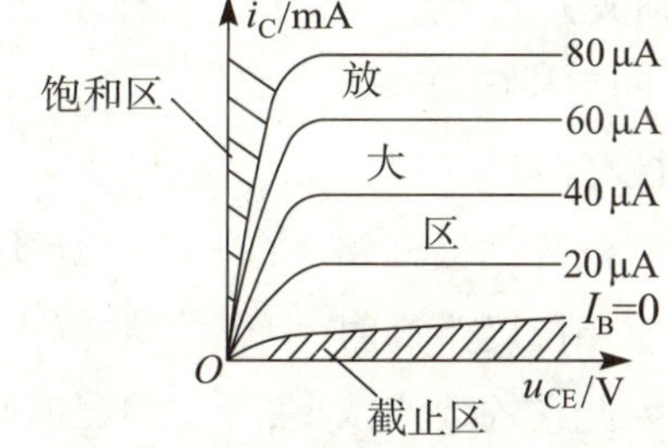

图 9–13　三极管输出特性曲线

从图 9–13 中可以看出，输出特性曲线分为截止区、饱和区、放大区三个工作区。

(1) 截止区

$i_B=0$ 曲线以下的区域称为截止区，此时三极管处于截止状态。三极管处于截止状态的条件是发射结和集电结均反偏。

(2) 饱和区

饱和区是指 u_{CE} 较小的区域，此区域内三极管处于饱和状态，即 i_C 不随 i_B 的增大或减小而变化，且 u_{CE} 的数值较小。三极管饱和时的 u_{CE} 称为饱和压降。一般小功率硅管的饱和压降约为 0.3 V ，锗管的饱和压降约为 0.1 V 。三极管处于饱和状态的条件是发射结和集电结均正偏。

(3) 放大区

截止区和饱和区之间的区域称为放大区，此区域内三极管处于放大状态，即 I_C 的变化受到 I_B 的控制，I_C 的变化量比相应的 I_B 的变化量大得多，即 $\Delta I_C = \beta \Delta I_B$，具有电流放大的作用。三极管处于放大状态的条件是发射结正偏、集电结反偏。

从以上的分析可知，三极管工作于放大状态时，具有电流放大作用；工作于截止和饱和状态时，相当于一个由基极电流控制的无触点的开关，具有开关作用（饱和时 C、E 间相当于开关闭合，截止时 C、E 间相当于开关断开）。三极管的工作状态可以根据各极电位的高低来判定，具体见表 9–4 。

表 9–4　三极管各极电位与其工作状态

工作状态	NPN 型	PNP 型
放大	$V_C > V_B > V_E$	$V_C < V_B < V_E$
截止	$V_C > V_B$，$V_B \leqslant V_E$	$V_C < V_B$，$V_B \geqslant V_E$
饱和	$V_C < V_B$，$V_B > V_E$	$V_C > V_B$，$V_B < V_E$

四、三极管的主要参数

1. 直流电流放大系数 $\overline{\beta}$ 和交流电流放大系数 β

一般情况下，$\overline{\beta}$ 与 β 近似相等，在实际应用中，可认为 $\beta = \overline{\beta}$ 。$\overline{\beta}$ 值一般在 20 ~ 200 之间。$\overline{\beta}$ 值太小则放大能力差，太大则工作不稳定，一般选用 30 ~ 100 为宜。

2. 极间反向饱和电流

(1) 集—射极反向饱和电流 I_{CEO}

I_{CEO} 是指三极管基极开路（$I_B = 0$），在集电结外加反向偏置电压时所形成的饱和电流，又称穿透电流。当温度不高时，I_{CEO} 的数值比三极管工作电流小很多，但它会随温度的升高而快速增加，因此它的数值越小，三极管的热稳定性越好。通常硅管的 I_{CEO} 比锗管的 I_{CEO} 要小得多，所以硅管的热稳定性比锗管好。

(2) 集—基极反向饱和电流 I_{CBO}

I_{CBO} 是指三极管的发射极开路（$I_E = 0$），在集电结外加反向偏置电压时，所形成的反向饱和电流。I_{CBO} 的大小标志着集电结质量的好坏，其值越小越好。I_{CBO} 会随温度的升高而增加，小功率锗管的 I_{CBO} 约为 10 μA，而硅管的 I_{CBO} 通常小于 1 μA 。

3. 极限参数

(1) 集电极最大允许电流 I_{CM}

I_{CM} 是指三极管的 β 值下降不超过允许范围（对于三极管，随着 I_C 上升至一定值以后，β 将显著下降）时的集电极最大电流。当 $I_C > I_{CM}$ 时，三极管的性能明显变差，甚至有可能烧毁。

(2) 集—射极反向击穿电压 $U_{(BR)CEO}$

$U_{(BR)CEO}$ 是指基极开路（$I_B = 0$），造成集电结反向击穿时所加在集电极和发射极之间的最大允许电压。三极管使用时，要求 $U_{CE} < U_{(BR)CEO}$。$U_{(BR)CEO}$ 会随温度的升高而降低。

(3) 集电极最大耗散功率 P_{CM}

P_{CM} 是指集电极上所允许的功率损耗最大值。三极管工作时要求实际功率 $P_C < P_{CM}$，否则三极管会因过热而烧毁。

综上所述，三极管的安全工作区由 I_{CM}、$U_{(BR)CEO}$ 和 P_{CM} 三个极限参数所划定。使用时，要求 $I_C < I_{CM}$、$U_{CE} < U_{(BR)CEO}$、$P_C < P_{CM}$。

4. 特征工作频率

三极管的 β 值随工作频率的升高而下降，频率越高，β 下降越严重。三极管的特征工作频率 f_T 是当 β 下降到 1 时的频率，在这个频率下，三极管已失去放大能力，即表明了三极管频率特性的好坏。

小提示 温度对三极管的参数影响较大，且相同型号的三极管，在实际使用时，它们的参数也可能不完全相同。

识别与检测三极管

一、三极管的识别

1. 三极管的外形与型号识读

(1) 三极管外形识读

不同的三极管有不同的封装外形，其引脚排列也是有一定规律的。图 9-14 是两种典型的三极管引脚排列情况示意图。

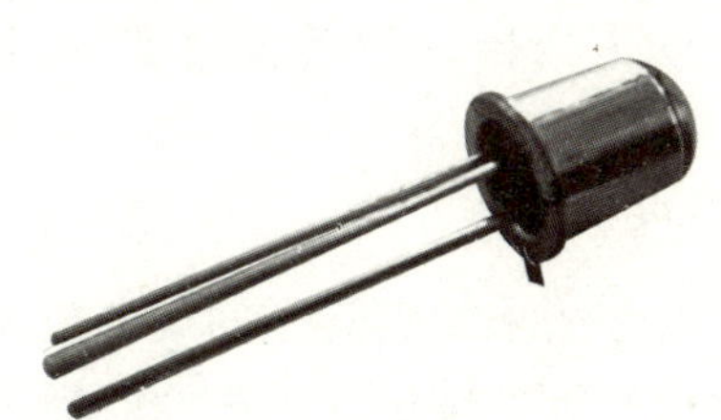

3DG112

F2 封装的大功率三极管

图 9-14　典型三极管引脚排列

(2) 三极管型号识读

不同类型的三极管，国内外均采用规定型号的方法来区分，我国国产半导体器件型号采用国家标准 GB 294-74 的规定，如 3AX31 为 PNP 型锗材料低频小功率晶体三极管；3DG6B 为 NPN 型硅材料高频小功率晶体三极管，详见表 9-5。

表 9-5　三极管型号的意义

第一部分	第二部分	第三部分	第四部分	第五部分
3	A：PNP 型锗材料	X：低频小功率管	序号	规格（可缺）
	B：NPN 型锗材料	G：高频小功率管		
	C：PNP 型硅材料	D：低频大功率管		
	D：NPN 型硅材料	A：高频大功率管		
	E：化合物材料	K：开关管		
		T：闸流管		
		J：结型场效应管		
		O：MOS 场效应管		
		U：光电管		

2. 三极管基极与管型判别

若不知道引脚的排列规律，可通过万用表的欧姆挡测试来判别。次序是：先判别出基极，同时得到管型；再判别集电极和发射极。

将万用表调至欧姆挡（测小功率管选“$R\times1$ k”挡；测大功率管选“$R\times1$”或“$R\times10$”挡），利用 PN 结的单向导电性（正向电阻远小于反向电阻）的原理来判别三极管的基极。

分别假设三极管三个引脚为基极，先用黑表笔搭接第一个假设基极，红表笔分别搭接另两极。若两次测试时的指针偏转角度均较大（正向电阻小），则黑表笔所接为基极且管型为 NPN 型；若指针偏转不大，则再试第二、第三个假设基极。三个假设基极全部试完后，指针偏转仍不符合要求，则说明该管为 PNP 型，基区为 N 区，再用红表笔搭接假设基极，黑表笔分别搭接另两极，当指针偏转符合要求时，红表笔所接为基极。

3. 三极管发射极和集电极判别

在确定了管型和基极之后，再用测放大倍数的方法来判别管子的集电极和发射极。图 9-15 所示的两个电路中，NPN 型管与 PNP 型管都工作于放大状态（发射结正偏、集电结反偏），集电极电流较大，万用表指针偏转角较大，若对调各图中的两只表笔，则指针偏转角度较小。这样，对于确定管型的三极管，将剩下的两个引脚先后假设为集电极，在基极与假设集电极之间介入人体电阻，用欧姆挡测试，然后根据两次测试下的指针偏转角大小，判别出实际的集电极和发射极。偏转角度较大时，若三极管为 NPN 型，则黑表笔接集电极，红表笔接发射极；若三极管为 PNP 型，则黑表笔接发射极，红表笔接集电极。

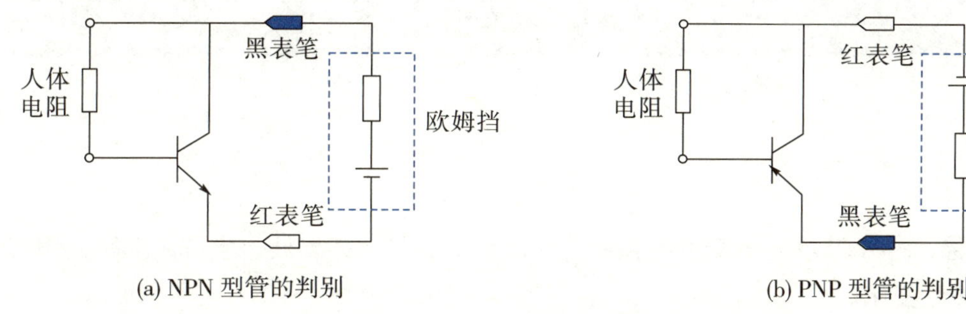

(a) NPN 型管的判别　　(b) PNP 型管的判别

图 9-15　三极管发射极和集电极的判别

4. 三极管材料判别

在判别出三极管的管型和各引脚名称之后，通过测量 PN 结的正向导通电压或 PN 结的正向电阻（锗管的正向直流电阻为几百欧以上，硅管的在几千欧以上），即可判别出管子的材料类别。

二、三极管的选用

选用三极管时，根据电路的需要，使三极管的特征频率比电路的工作频率高 3 ~ 10 倍，但不能太高，否则会引起高频振荡，影响电路稳定性。三极管的电流放大系数要适中，而不是越大越好，一般选 40 ~ 100 倍即可，过低电路增益不够，过高电路稳定性变差。对于整机电路，还应从各级电路的配合来选取 β 值，如前级 β 值高的，后级就可用 β 值较低的管子。对于对称电路，需选用 β 和 I_{CBO} 都尽可能相同的三极管。另外，三极管的反向击穿电压 $U_{(BR)CEO}$ 应大于电源电压。

在维修过程中若要更换三极管，应尽可能更换同型号的。如无相同型号的三极管，可用性能相似的代替，不过应注意几点：极限参数高的可以代替较低的；性能较好的可代替较差的；高频管与开关管可互换；硅管和锗管不能互换；复合管可以取代单管。

学后测评

1. 三极管由两个 PN 结构成，能否用两个二极管代替一个三极管？为什么？

2. 写出三极管内部电流的分配关系式。

3. 三极管安全工作状态有哪些？各有什么条件？

4. 如何判别三极管的引脚、类型？

5. 三极管具有电流放大作用的外部条件是：________结正向偏置，________结反向偏置。

6. 三极管符号中的箭头方向表示发射结加上正向电压时内部的________方向，PNP 型电流从________极流向________极，NPN 型电流从________极流向________极。

7. 三极管的输出特性曲线可分成三个区域，即________区、________区和________区。当管工作在________区时关系式 $I_C=\beta I_B$ 才成立；当三极管工作在________区时，$I_C\approx 0$；当三极管工作在________区时，$U_{CE}\approx 0$。三极管具有电流放大作用的实质：利用________流实现对电流的控制。

主题10 整流、滤波及稳压电路

情境创设

1. 视频展示：示波器显示交流电整流成直流电的波形，如半波、全波波形等，思考电流性质是否发生变化。

2. 视频展示：示波器显示整流信号通过滤波后的波形、观察信号的波形变化，思考波形的平滑程度。

3. 视频展示：电路仿真电网电压波动、负载变化对输出电压的影响。

课题1 整流电路

任务书

1. 了解单相半波整流电路、桥式（全波）整流电路的工作原理，掌握它们的优缺点。

2. 了解晶闸管的结构、符号和导通特性参数及晶闸管触发电路。

整流主要是利用二极管的单向导电性，将交流电变换成单方向的脉动直流电。根据整流后电压的波形，整流电路可分为半波整流电路和全波整流电路。单相半波整流电路是最简单的整流电路，单相桥式整流（全波）电路是最常用的整流电路。

单相半波整流电路

一、单相半波整流电路的工作原理

如图 10–1 所示为单相半波整流电路，它由变压器 T、整流二极管 VD 及负载电阻 R_L 组成。电路的工作原理如下：

当 u_2 在正半周时，a 点电位高于 b 点，二极管 VD 加正向电压而导通，产生的电流由 $a \to \mathrm{VD} \to R_L \to b$ 形成回路。若忽略二极管的正向电压降，则有 $u_L = u_2$。

当 u_2 在负半周时，a 点电位低于 b 点，二极管加反向电压而截止，则 $u_L = 0$。

如图 10–2 所示为变压器二次侧电压与负载电阻上的电流、电压波形图。可见，变压器的二次侧电压是正弦交流电压，由于二极管的单向导电性，在负载 R_L 上只通过了交流电的正半周，因此称为半波整流电路。

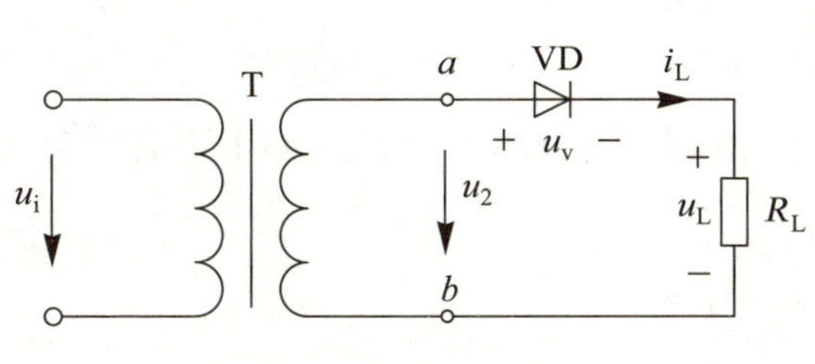

图 10-1 单相半波整流电路

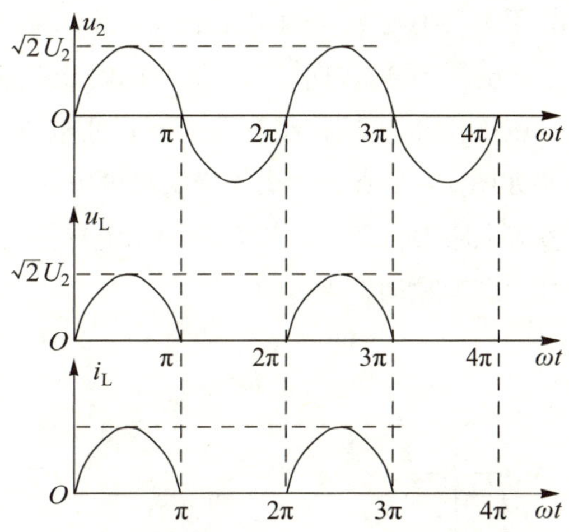

图 10-2 单相半波整流电路的工作波形

二、负载电压、电流及整流管参数

负载 R_L 上得到的单向脉动直流电压一般用一个周期的平均值来表示其大小。若变压器的次级侧电压 $u_2=\sqrt{2}\,U_2\sin\omega t$，那么电路输出电压的平均值为

$$U_L=0.45U_2$$

通过负载和二极管上的电流平均值为

$$I_L=I_V=\frac{U_L}{R_L}=0.45\frac{U_2}{R_L}$$

由以上分析可知，二极管截止时所承受的反向电压最高可达 $\sqrt{2}\,U_2$。

最大整流电流 I_{FM} 和最高反向工作电压 U_{RM} 是选择整流二极管的依据，具体要求如下：

$$U_{RM}\geqslant\sqrt{2}\,U_2,\ I_{FM}\geqslant 0.45\frac{U_2}{R_L}$$

单相半波整流电路结构简单，但波形脉动程度大，效率低。

单相桥式整流电路

一、单相桥式整流电路的工作原理

单相半波整流的缺点是只利用了电源的半个周期，整流电压的脉动程度大，输出电压的平均值小。为了克服这些缺点，通常采用全波整流电路，其中最常用的是单相桥式整流电路。

如图 10-3（a）所示为单相桥式整流电路，它是由四个二极管按桥式结构连接而成的。其中，两个二极管（VD_1、VD_2）接成共阴极，两个二极管（VD_3、VD_4）接成共阳极。单相桥式整流电路的简化画法如图 10-3（b）所示。电路的工作原理如下：

当 u_2 在正半周时，a 点电位高于 b 点，二极管 VD_1、VD_3 加正向电压导通，VD_2、VD_4 加反向电压截止，产生电流由 $a\rightarrow VD_1\rightarrow R_L\rightarrow VD_3\rightarrow b$ 形成回路。在负载 R_L 上得到上正下负

的电压（大小与 u_2 正半周相同）。当 u_2 在负半周时，a 点电位低于 b 点，二极管 VD_2、VD_4 加正向电压导通，VD_1、VD_3 加反向电压截止，产生电流由 $b \to VD_2 \to R_L \to VD_4 \to a$ 形成回路。在负载 R_L 上同样得到上正下负的电压（大小与 u_2 负半周相同）。

如图 10–4 所示为变压器次级侧电压与负载电阻上的电流、电压波形图。可见，单相桥式整流电路中，四个二极管两两轮流导通，在交流电的整个周期中负载电阻上都有同向电流流过，即为脉动直流电。

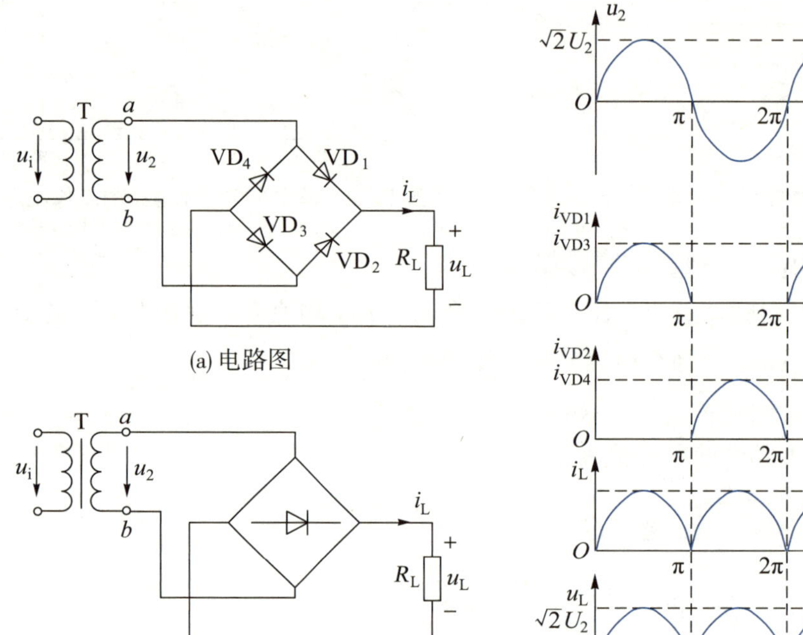

图 10–3 单相桥式整流电路

图 10–4 单相桥式整流电路的工作波形图

二、负载电流、电压及整流管参数

若变压器次级侧电压为 $u_2 = \sqrt{2}\,U_2 \sin\omega t$，则桥式整流电路输出电压的平均值为

$$U_L = 0.9U_2$$

负载电流的平均值为

$$I_L = 0.9\frac{U_2}{R_L}$$

在单相桥式整流电路中，每个二极管实际只导通半个周期，其正向电流应为负载电流的一半，即

$$I_V = 0.45\frac{U_2}{R_L}$$

二极管截止时所承受的最高反向电压为 u_2 的最大值，即

$$U_{RM} = \sqrt{2}\,U_2$$

单相桥式整流电路与单相半波整流电路相比，其主要优点是可得到高一倍的直流输出电压，且电压脉动程度减小，提高了变压器的利用率。在相同电流输出的情况下，单相桥式整流电路降低了整流管的平均电流值，而每一个二极管承受的最高反向电压与单相半波整流电路相同。

小提示 目前市场上已有各种规格的桥式整流电路成品——硅桥式整流器（又称整流桥或硅桥堆）。整流桥产品可分为半桥整流堆与全桥整流堆两种。国产硅桥堆电流为 5 ~ 10 mA，额定电压为 25 ~ 1 000 V 。

*晶闸管

晶闸管（又称可控硅）是在硅二极管基础上发展起来的大功率变流器件，它不仅具有硅二极管的特性，而且它的工作过程是可以控制的。因此，以晶闸管为主体的交流技术得到了广泛应用。晶闸管主要用于可控整流、交流调压、逆变与变频、直流斩波调压和无触点开关等方面。在此，主要介绍晶闸管和晶闸管触发电路。

一、普通晶闸管

1. 普通晶闸管的外形、结构及符号

如图 10–5 所示为普通晶闸管的外形，其内部结构及图形符号如图 10–6 所示。从图中可以看出，晶闸管具有四层半导体 P_1 、N_1 、P_2 、N_2 ，三个 PN 结 J_1、J_2、J_3 。从 P_1 层引出的电极为阳极（A），从 N_2 层引出的电极为阴极（K），从 P_2 层引出的电极为控制极（G）。

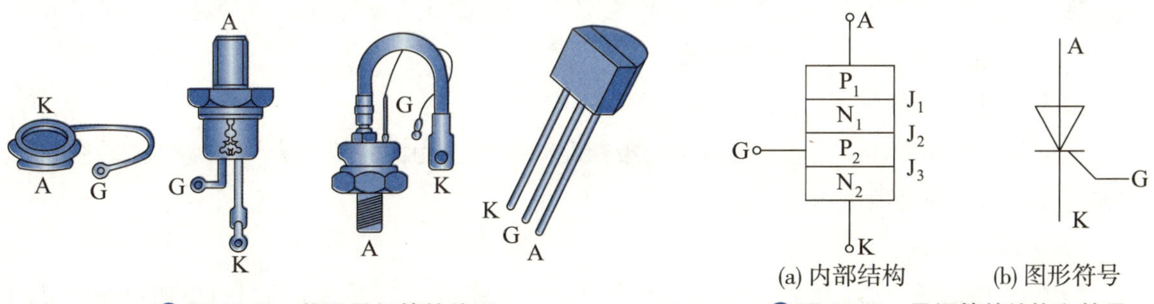

图 10–5 普通晶闸管的外形

图 10–6 晶闸管的结构和符号

2. 晶闸管的导通特性

如图 10–7 所示，当晶闸管阳极接直流电源的正极，阴极接灯泡然后再接电源的负极，此时晶闸管承受正向电压，控制极电路中开关 S 断开，如图 10–7（a）所示，此时灯不亮，说明晶闸管没有导通。

合上开关 S ，晶闸管的阳极和阴极间加正向电压，控制极相对于阴极也加正向电压，如图 10–7（b）所示，此时灯亮，说明晶闸管导通。晶闸管导通后，如果去掉控制极上的电压，即将图 10–7（b）中的开关 S 断开，灯仍然亮，这表明晶闸管继续导通，即晶闸管一旦导通后，控制极就失去了控制作用。在图 10–7（b）中，如果控制极加反向电压，晶闸管阳极回路无论加正向电压还是反向电压，晶闸管都不导通。

当晶闸管的阳极和阴极间加反向电压，如图 10-7（c）所示，无论控制极加不加电压，灯都不亮，晶闸管截止。

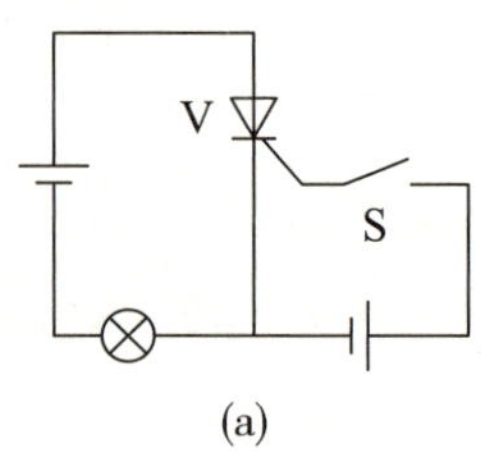

(a)

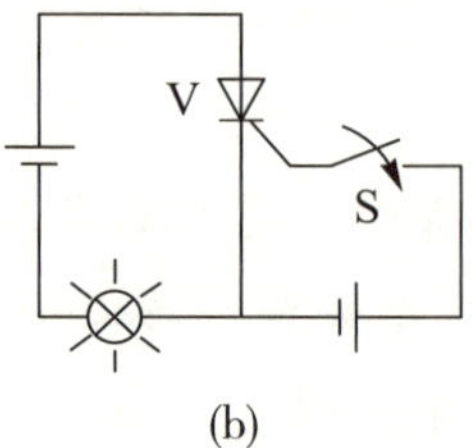

(b)

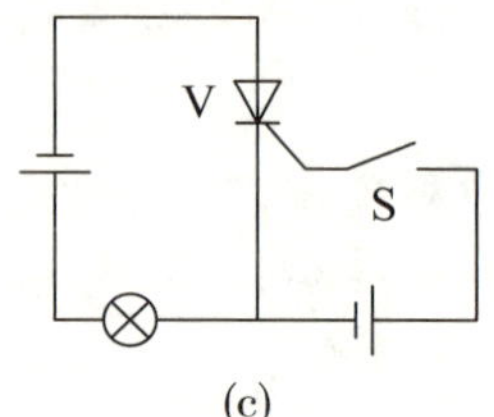

(c)

图 10-7　晶闸管导电特性实验电路

从上述实验可以看出，晶闸管具有以下特点：

第一，晶闸管导通的条件是阳极电路和控制极电路均加正向电压；

第二，晶闸管导通后控制极就失去了控制作用；

第三，要关断导通的晶闸管，可以撤去阳极至阴极间的正向电压，或者将阳极电流 I_A 减小至维持电流 I_H 以下。

3. 晶闸管的主要参数

(1) 断态重复峰值电压 U_{DRM}

断态重复峰值电压 U_{DRM} 是指当控制极电路断路，晶闸管的结温为额定值（100 A 以上为 115 ℃，50 A 以下为 100 ℃）时，允许重复加在晶闸管阳极和阴极间的正向峰值电压。

小提示 "重复"指重复率为每秒 50 次，能够经受一定限度操作过电压的持续时间不大于 10 ms。"断态"是指正向情况。

(2) 反向重复峰值电压 U_{RRM}

反向重复峰值电压 U_{RRM} 是指当控制极断路时，结温为额定值，允许重复加在晶闸管阳极和阴极间的反向峰值电压。

(3) 额定电压 U_D

通常把 U_{DRM} 和 U_{RRM} 中较小的一个作为晶闸管的额定电压。由于瞬时过电压也会使晶闸管遭到破坏，因而选用时，额定电压应为正常峰值电压的 2 ~ 3 倍。

(4) 通态平均电压 U_F

通态平均电压 U_F 是指在规定条件下，通正弦半波的额定电流时，晶闸管的阳极和阴极间电压在一个周期内的平均值（0.6 ~ 1.2 V）一般称为管压降。

(5) 额定通态平均电流 I_F

额定通态平均电流 I_F 是指在环境温度为 40 ℃，并在规定散热条件下，允许通过工频半波电流的平均值。它受散热条件、环境温度、导通角等诸多因素的影响，因此不是一个定值。由于晶闸管的过载能力小，在选用时，晶闸管的额定通态平均电流 I_F 应为其正常工作平均电流的 1.5 ~ 2 倍，留有一定余量。

(6) 维持电流 I_H

维持电流 I_H 是指在室温下，控制极电路断路，晶闸管被触发导通，维持导通状态所必需的最小电流。它是由通态到断态的临界电流，一般为十分之几到几毫安。

(7) 控制极触发电压 U_G 和控制极触发电流 I_G

触发电压和触发电流是指在规定的环境温度和阳极、阴极间加正向电压的条件下，使晶闸管从阻断状态转变为导通状态所需的最小控制极直流电压、最小控制极直流电流。一般 U_G 为 1 ~ 5 V，I_G 为几十到几百毫安，为保证可靠触发，实际值应大于额定值。

小提示 以上是普通晶闸管的主要参数，是选择和使用晶闸管时必须了解的，其他参数在必要时可参考有关资料。

4. 晶闸管的型号和简易检测

(1) 晶闸管的型号

晶闸管的型号意义如下：

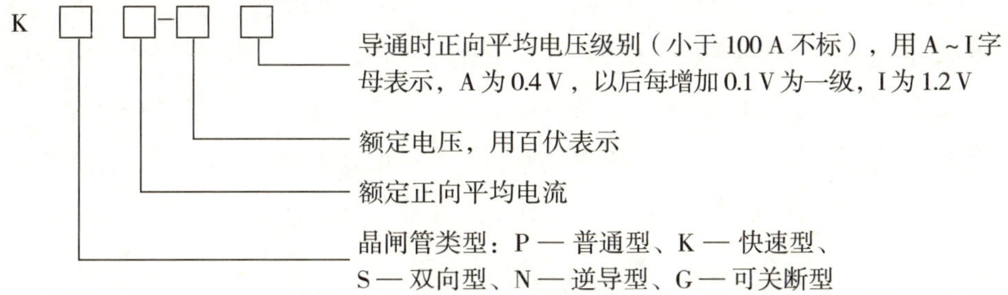

例如，KP200-10D 表示额定正向平均电流为 200 A，额定电压为 1 000 V，正向平均电压为 0.7 V 的普通晶闸管。

(2) 晶闸管的检测

① 引脚的识别：由于引脚间的静态电阻 R_{AK}、R_{KA}、R_{GA}、R_{AG}、R_{KG} 均很大，只有 R_{GK} 较小（为数十欧姆），因此用指针式万用表“$R\times1$”挡或“$R\times10$”挡（防止电压过高导致控制极反向击穿）测量，便可做出判断。先假设晶闸管的某一端为控制极，将其与黑表笔相接，然后用红表笔分别接其他两脚。当所测两引脚间电阻较小时，假设正确，即黑表笔所接的是控制极，红表笔所接的是阴极，剩下的一个是阳极。

② 质量的检测：在正常情况下，晶闸管的 G、K 之间是一个 PN 结，具有 PN 结特性，而 G、A 和 A、K 之间存在反向串联 PN 结，故其间电阻均无穷大。如果 G、K 之间的正反向电阻都很小，说明晶闸管内部击穿；如果 G、K 之间的正反向电阻均无穷大，说明控制极与阴极之间断路。

二、晶闸管触发电路

晶闸管导通时，晶闸管的控制极必须有一个触发脉冲信号，产生触发脉冲信号的电路种类很多，最常用的是单结晶体管触发电路。

单结晶体管又称双基极二极管，其结构如图 10–8 所示。它有三个电极，即发射极 E，第一基极 B_1、第二基极 B_2，但只有一个 PN 结，它的等效电路（虚线框内）和符号如图 10–9 所示。

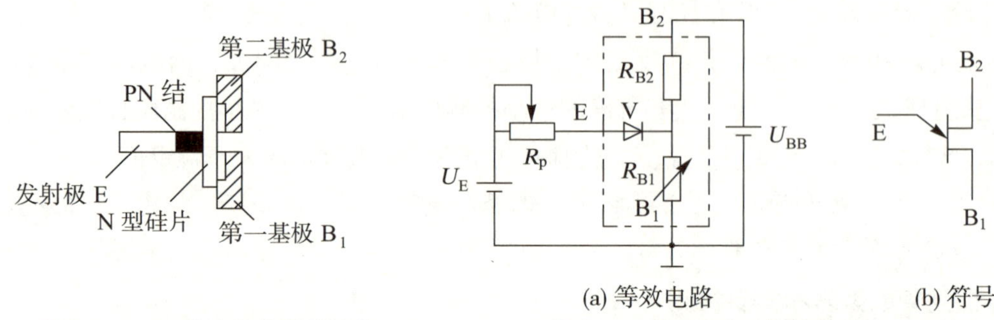

图 10–8 单结晶体管的结构　　图 10–9 单结晶体管等效电路和符号

在单结晶体管两个基极 B_1 和 B_2 之间加一个固定的直流电压 U_{BB}，在发射极 E 和第一基极 B_1 之间加电压 U_E，如图 10–9（a）所示，调节 R_P 会发现以下现象：当电压 U_E 较小时，单结晶体管的 PN 结处于反偏，E 与 B_1 之间不导通，呈现很大的电阻；当电压 U_E 增大到一定值时（此值称为峰点电压 U_P，U_P 与 U_{BB} 有关），单结晶体管的 PN 结导通，发射极电流 I_E 突然增大，E 和 B_1 间的电阻 R_{B1} 迅速减小，U_E 也随之下降，当 I_E 增大到某一值时，U_E 降到谷点电压 U_V，调节 R_P 使 U_E 小于谷点电压时，单结晶体管恢复截止。

由此可知，单结晶体管的导通和截止条件是：当发射极电压 U_E 等于峰点电压 U_P 时，单结晶体管导通；导通后，当发射极电压 U_E 低于谷点电压 U_V 时，单结晶体管截止。

如图 10–10 所示为单结晶体管组成的多谐振荡电路，它是组成触发电路的最基本单元。单结晶体管发射极电压 u_E（$u_E = u_C$）和输出电压 u_g 的波形如图 10–11 所示。

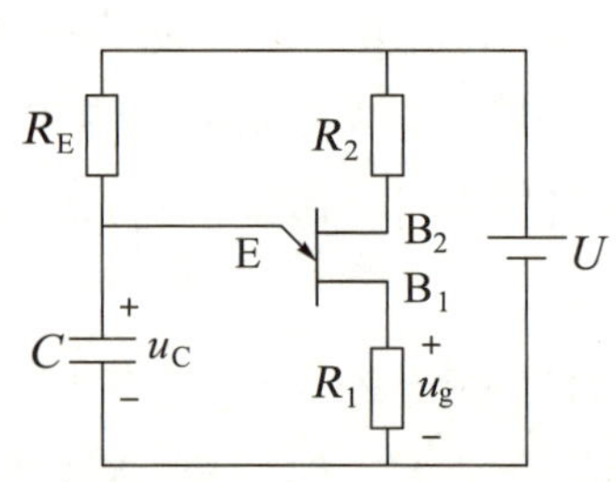

图 10–10 单结晶体管多谐振荡电路

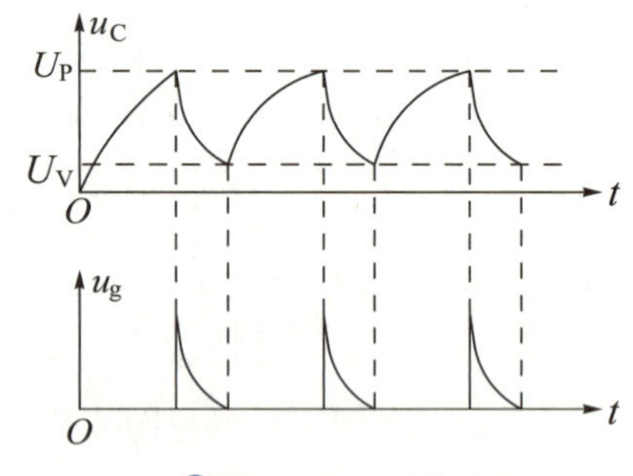

图 10–11 波形图

多谐振荡电路的工作原理分析如下：

当电路接通电源后，电源电压 U 通过 R_E 给电容器 C 充电，u_E 逐渐增大。当 u_E 低于峰点电压 U_P 时，单结晶体管截止，$u_g \approx 0$；当 U_E 等于峰点电压 U_P 时，单结晶体管导通，电容器 C 由充电变为放电，通过发射极 E、第一基极 B_1 向 R_1 放电。由于 R_1 比较小，放电很快，在 R_1 上形成脉冲电压 u_g 。当 u_E 小于谷点电压 U_V 时，单结晶体管截止，电源再次向电容充电。重复上面的过程，就可以得到一个脉冲电压 u_g 。改变 R_E 和 C 的参数，即改变电容充电的时间常数，就可以改变脉冲 u_g 的频率。

学后测评

1. 有一个 0.9 kΩ 、额定电流为 10 mA 的电阻性负载，若用桥式全波整流电路为其供电，如何选择整流二极管？

2. 在单相桥式整流电路中，若有一只二极管断路，或一只二极管短路，又或一只二极管接反，试分析三种情况下分别会出现什么现象？

3. 晶闸管的触发电路有哪些要求？单结晶体管有怎样的特性？

4. 用单相桥式整流电路为额定电压为 9 V 、额定电流为 1 A 的电阻性负载供电时，如何正确选择整流管？并求变压器的侧电压。

课题 2　滤波电路

任务书

1. 了解不同滤波电路的工作原理。
2. 会计算电容滤波电路的输出电压。
3. 会搭建滤波电路并用示波器观测输出波形。

整流电路的输出电压都含有较大的脉动成分。除了在一些特殊的场合整流电路可以直接用作放大器的电源外，通常都需要采取一定的措施，即一方面尽量降低输出电压的脉动成分，另一方面要尽量保留其中的直流成分，使输出电压接近于理想的平滑的直流电压。为达到这一要求，就必须在整流电路后接滤波电路。

下面介绍几种常用的滤波电路。

电容滤波电路

一、电路结构

如图 10–12（a）所示为单相桥式（全波）整流电容滤波电路，在整流输出端并联一个电容器（通常为电解电容）。

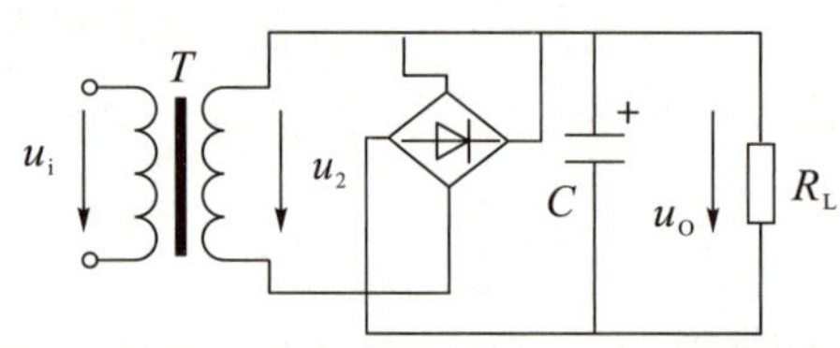

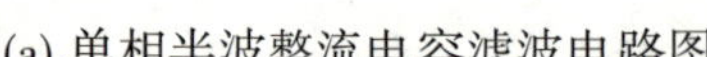
(a) 单相半波整流电容滤波电路图

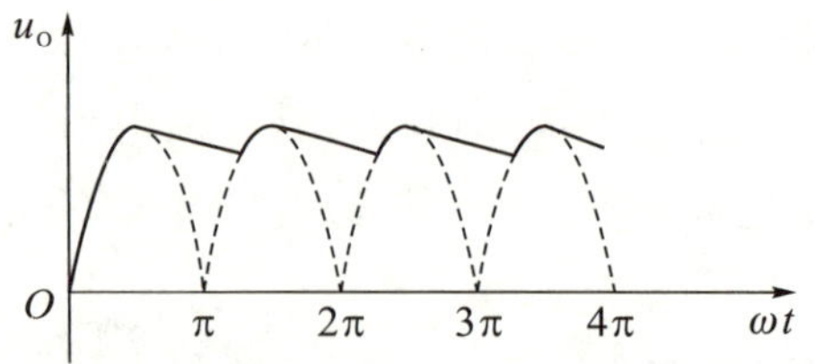

(b) 单相半波整流电容滤波电路波形图

图 10-12　单相桥式整流电容滤波电路图及波形图

二、工作原理

电容滤波电路利用电容的充放电原理（电容器端电压不能突变）得到较为平缓的输出电压波形。其工作原理是：当 u_o 增加时，电容器充电，储存能量；当 u_o 减小时，电容器放电，释放能量，并阻碍 u_o 的减小。其输出波形如图 10-12（b）实线所示。

从图中可以看出电容器两端电压 u_C 即为输出电压 u_o，可见输出电压的脉动成分大为减小，输出电压的平均值增大。在滤波电容足够大时，通常取 $U_o = 1.2U_2$。

三、特点

电容滤波电路输出电压的脉动程度与电容器的放电时间常数 R_LC 有关。R_LC 大一些，脉动就小一些，就可以得到比较平滑的输出电压，故要求滤波电容足够大。单相半波整流电容滤波电路的 $R_LC >$（3~5）T，单相全波（桥式）整流电容滤波电路的 $R_LC >$（3~5）$T/2$，式中 T 为电源电压的周期。电容滤波电路一般用于负载电流小且基本不变的场合。

电感滤波电路

一、电路结构

桥式整流电感滤波电路如图 10-13（a）所示。电感滤波电路中，电感 L 与负载 R_L 串联。

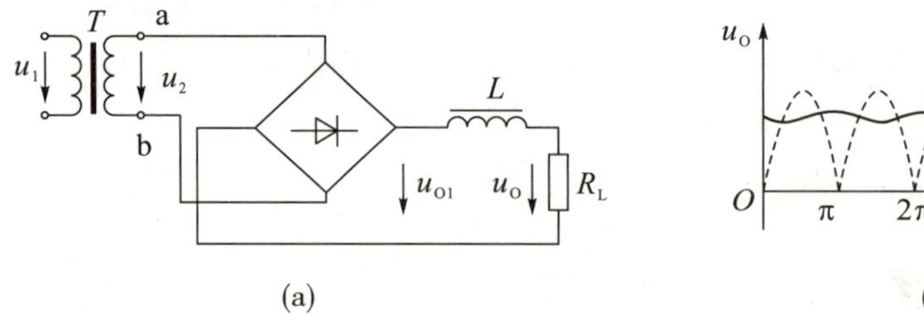

图 10-13　桥式整流电感滤波电路及波形图

二、工作原理

电感滤波器利用电感线圈产生的自感电动势阻碍电流突变的特性来实现滤波。其工作原理为：当负载电流 i_L 增大时，电感线圈中的自感电动势 e_L 与电流 i_L 反向，限制电流的增加，将一部分电能转换为磁场能量储存在磁场中。负载电流 i_L 减小时，电感线圈中的自感

电动势 e_L 与电流 i_L 同向，阻止电流的减小，即释放能量。因此流过负载 R_L 的电流的脉动成分受到抑制而变得平缓。其波形如图 10–13（b）实线所示。

三、特点

电感滤波电路输出电压的脉动程度与电感量有关。L 大一些，脉动就小一些，就可以得到比较平滑的输出电压。即电感量 L 愈大，滤波效果愈好。电感滤波电路主要适用于负载电流大或负载经常变化的场合。

复式滤波电路

1. L 型滤波电路

如图 10–14 所示，在电容滤波电路之前串接一个电感 L，即组成 L 型滤波电路。整流后的脉动直流中大部分交流分量降在电感 L 上，再经过电容 C 的进一步滤波后，负载 R_L 便得到更加平滑的电流、电压波形。

2. π 型滤波电路

如图 10–15 所示，在 L 型滤波电路前再并联一个电容器，组成 LC — π 型滤波电路，滤波效果得到进一步改善。如果是小电流负载，可将电感用一个小电阻 R 代替，组成 RC — π 型滤波电路，如图 10–16 所示。

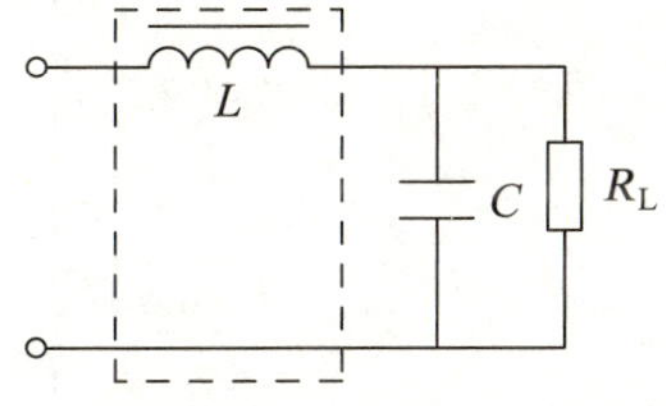

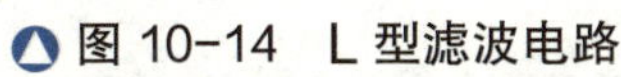
图 10–14　L 型滤波电路

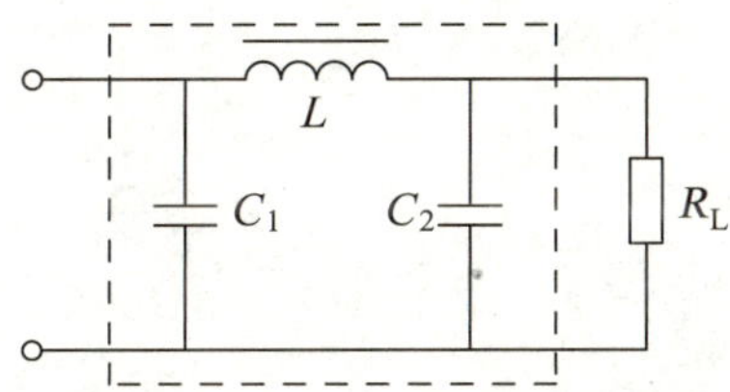

图 10–15　LC – π 型滤波电路

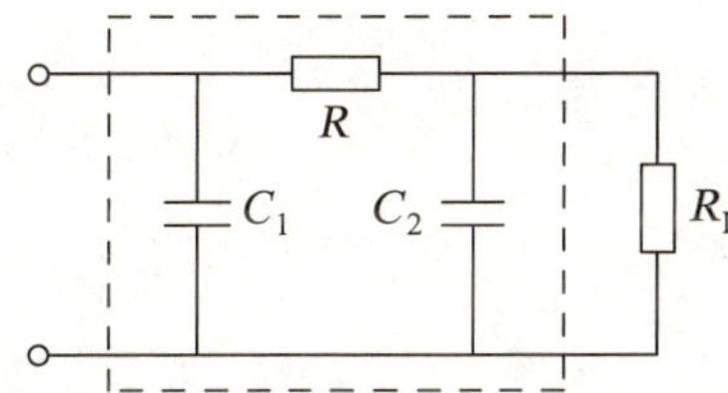

图 10–16　RC – π 型滤波电路

学后测评

1. 滤波的目的是什么？
2. 简述电容滤波电路的工作原理和特点。
3. 简述电感滤波电路的工作原理和特点。

实训 9 制作和测试电容滤波电路

实训目的

学会制作和测试电容滤波电路。

实训器材

函数信号发生器、示波器各 1 台，万用表 1 个，焊接工具 1 套，电路装接所用的元器件及器材见表 10–1 。

实训步骤

步骤 1 清点并检测元器件

根据元器件及材料清单，清点并检测元器件。将测试结果填入表 10–1 中，正常的打“√”，若元器件有问题，请及时提出并更换。

表 10–1 电容滤波电路元器件、器材清单

序 号	名 称	型号规格	数 量	配件图号	测试结果
1	金属膜电阻器	RJ–0.25–5.1 kΩ	1	R_L	
2	电解电容器	CD–16 V–220 μF	2	C_1、C_2	
3	二极管	1N4007	4	VD_1 ~ VD_4	
4	排针	—	4	S_1、S_2	
5	短路帽	—	2	—	
6	印制线路板（或万能板）	配套	1	—	
7	焊锡、松香	—	若干	—	
8	连接导线	—	若干	—	

步骤 2 装接电路

按照图 10–17 所示的单相桥式整流电容滤波电路原理图装接电路。

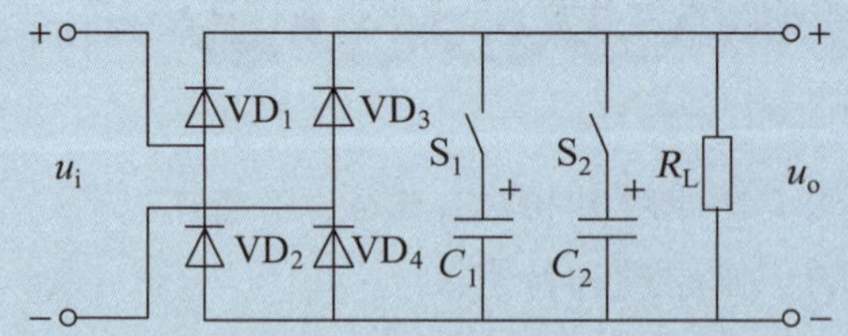

图 10–17 单相桥式整流电溶滤波电路原理图

装接电路时应注意以下几点：

(1) 按原理图进行装接，不漏装、错装，不损坏元器件。

(2) 焊接电解电容与二极管时，一定要注意极性。

(3) 无虚焊、漏焊和搭锡。

(4) 元器件排列整齐并符合工艺要求。

步骤3 电路测试

调节函数信号发生器，输出 1 kHz、20 V（峰—峰值）的正弦信号。检查各元器件装配无误后，进行以下测试。

(1) S_1 、S_2 均断开

用示波器观察 u_i 和 u_o 的波形，并在图 10–18 中定性画出。用万用表的交流电压挡测量 u_i 的有效值 U_i，用万用表的直流电压挡测量 u_o 的平均值 U_o，记录数据如下：U_i = ________，U_o = ________。

分析 U_o 与 U_i 的关系。

(2) S_1 闭合、S_2 断开

用示波器观察 u_i 和 u_o 的波形，并在图 10–19 中定性画出。用万用表的交流电压挡测量 u_i 的有效值 U_i，用万用表的直流电压挡测量 u_o 的平均值 U_o，记录数据如下：U_i = ________，U_o = ________。

分析 U_o 与 U_i 的关系。

(3) S_1 、S_2 均闭合

用示波器观察 u_i 和 u_o 的波形，并在图 10–20 中定性画出。用万用表的交流电压挡测量 u_i 的有效值 U_i，用万用表的直流电压挡测量 u_o 的平均值 U_o，记录数据如下：U_i = ________，U_o = ________。

分析 U_o 与 U_i 的关系。

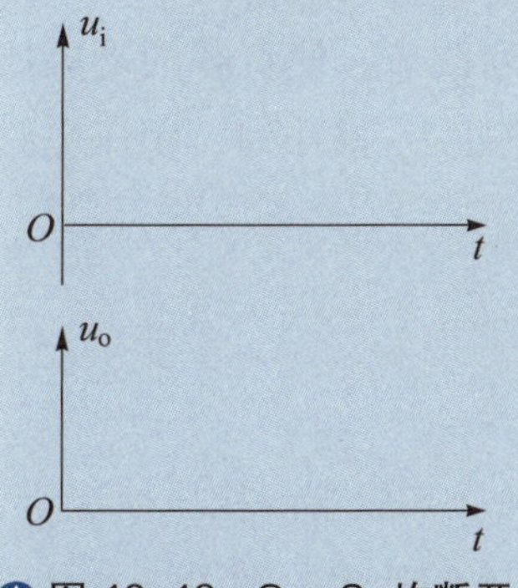

图 10–18　S_1、S_2 均断开

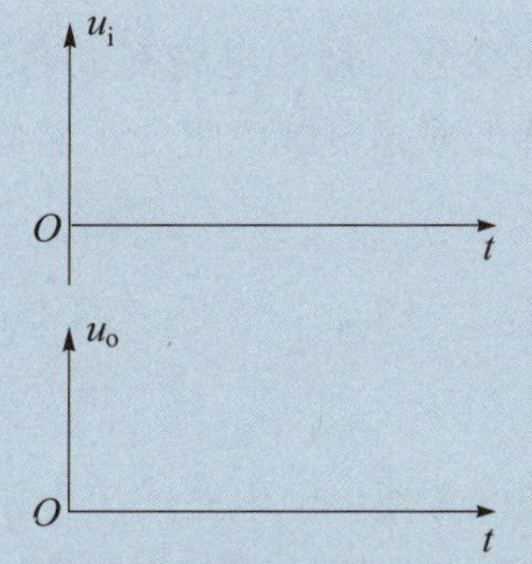

图 10–19　S_1 闭合、S_2 断开

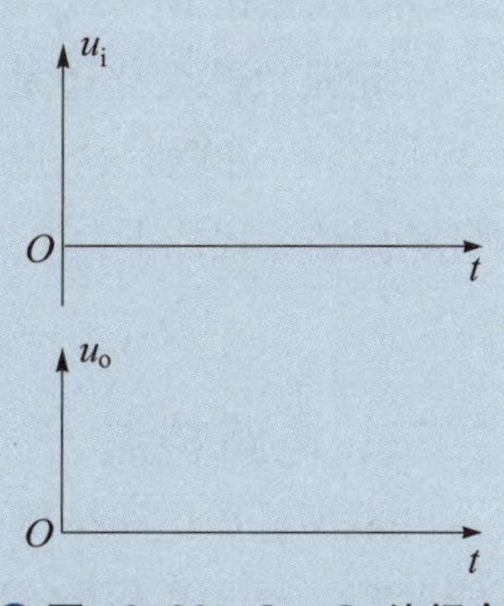

图 10–20　S_1、S_2 均闭合

步骤4 实训结束，整理好工位

注意事项

1. 二极管不能接反，否则将出现短路事故。
2. 滤波电容注意极性，否则可能损坏电容器。

*课题 3 稳压电路

任务书

1. 了解常见稳压电路的稳压原理。
2. 了解集成稳压器的型号、意义及引脚排列。
3. 能读懂典型的集成稳压电路。

并联型稳压电路

一、电路结构

如图 10–21 所示为并联型的稳压电路，它是利用二极管的反向击穿特性来实现稳压，即硅稳压二极管须工作在反向击穿区。稳压二极管 V_Z 与负载 R_L 并联，故称并联型稳压电路。

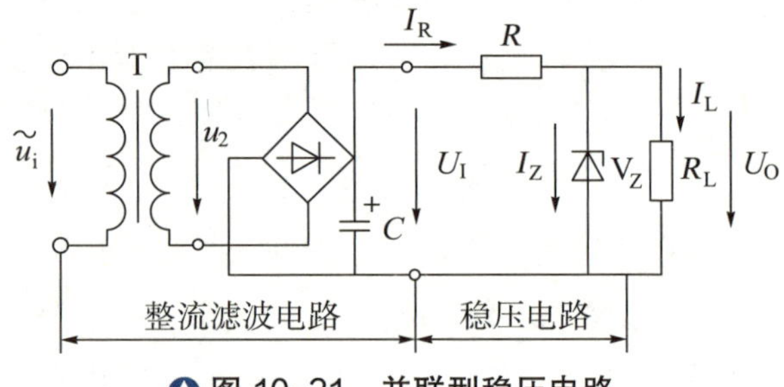

图 10–21 并联型稳压电路

二、工作原理

电阻 R 起限流和调压作用。稳压电路的输入电压 U_I 来自整流滤波电路的输出电压，且各部分电压存在 $U_I = RI_R + U_O$ 的关系。

无论是负载变化还是电源电压变化，稳压电路都能通过一系列调节，使负载两端电压 U_O 保持不变。例如，当电源电压降低或是负载电阻变小而使输出电压 U_O 减小时，稳压电路的自动调整过程如下：

$$U_O\downarrow \rightarrow I_Z\downarrow \rightarrow I_R\downarrow \rightarrow U_R\downarrow \rightarrow U_O\uparrow \ (U_O = U_I - U_R\downarrow)$$

三、电路特点

并联型稳压电路结构简单、调试方便，但电路输出电压由硅稳压二极管的稳压值决定，不能调节，输出电流受硅稳压二极管的稳定电流限制，因此输出电流的变化范围很小。只适用于电压固定的小功率负载且负载电流变化范围不大的场合。

集成稳压器

一、集成稳压器简介

将稳压电路及有关的保护电路集成在一块硅晶片上，便可构成集成稳压器。由于集成稳压器具有体积小、精度高、性能优、可靠性高及使用方便等一系列优点，因而得到了广泛的应用。

集成稳压器根据外形及输出特点可分为三端固定正稳压器、三端固定负稳压器、三端可调正稳压器、三端可调负稳压器和多端稳压器；根据功能特点可分为低压差稳压器、正负跟踪可调稳压器、开关式稳压器和 CMOS 稳压器等。

常见的集成稳压器的外形及引脚如图 10-22 所示。

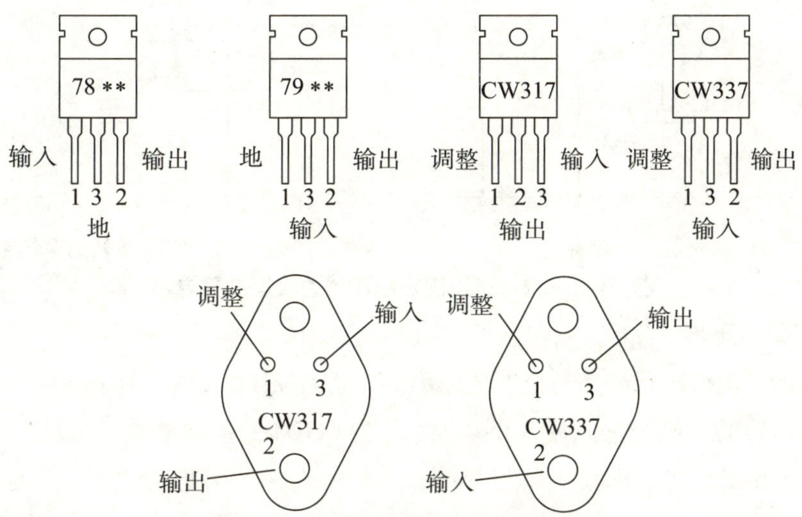

图 10-22　常见的集成稳压器的外形及引脚

二、三端集成稳压器的主要产品和典型应用电路

1. 主要的三端固定稳压器

主要的三端固定稳压器的产品有 7800 系列和 7900 系列。这种稳压器与外电路的连接端有输入端（IN）、输出端（OUT）以及公共端（GND）。7800 系列为正电压输出，7900 系列为负电压输出。其型号构成示例如下：

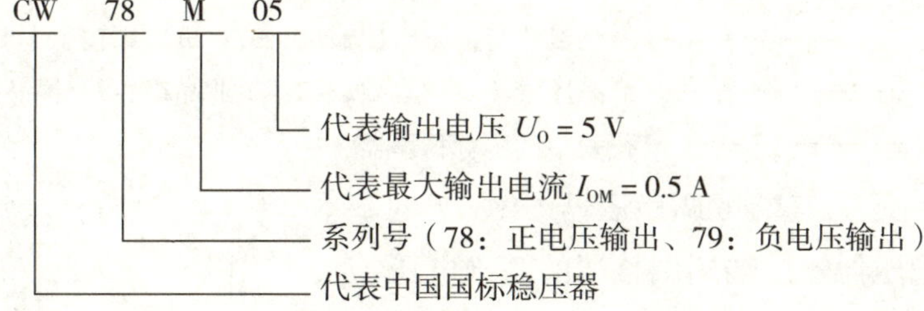

备注：

⑴ 最大输出电流有 6 个等级，对应的字母表示为 0.1 A — L，0.5A — M，1.5A —无字母，3A — T，5A — H，10A — P。

⑵ 输出电压有 9 个等级，分别为 5 V、6 V、8 V、9 V、10 V、12 V、15 V、18 V 和 24 V。

小提示 7800 系列的引脚功能为：1 脚 —— 输入端（正电压输入），2 脚 —— 输出端，3 脚——公共端；而 7900 系列则为：1 脚 —— 公共端，2 脚 —— 输出端，3 脚 —— 输入端（负电压输入）。

如图 10–23 所示为三端固定稳压器的典型应用电路。其中，C_1 主要用以抵消输入端接线较长时的电感效应，防止自激振荡，一般取 0.1~ 1μF；C_2 主要用以抵消旁路高频噪声，通常取 1μF 以下。

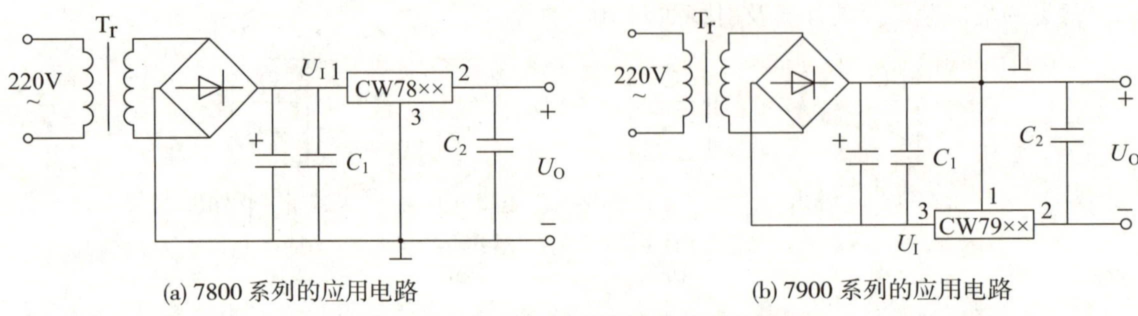

图 10–23　三端固定稳压器的典型应用电路

2. 三端可调稳压器

主要的三端可调稳压器产品是正电压输出的 117/217/317 系列和负电压输出的 137/237/337 系列。这种稳压器的三端为输入端（IN）、输出端（OUT）和调整端（ADJ）。不同型号、不同外形的三端可调稳压器，即使引脚号相同，它们所对应的引脚功能也不一定相同，必须查阅相关资料来确定。

三端可调稳压器的输出端与调整端之间的电压为基准电压，其典型值 U_{REF} = 1.2 V，调整端电流的典型值为 50 μA。至于输出电压的调节，则是通过调整外电路来实现的。

三端可调稳压器的型号构成示例如下：

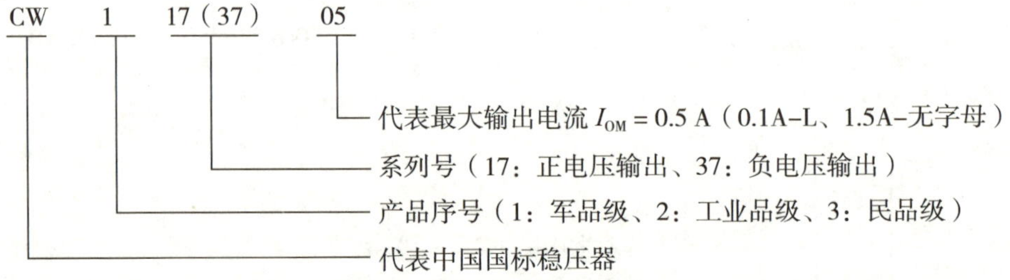

如图 10–24 所示为三端可调稳压器 CW317 的基本应用电路。集成稳压器输出端到调整端的基准电压 U_{REF} = +1.2 V，调整端电流 I_{ADJ} 为几十微安。只要合理选择电阻 R（通常取 120 ~ 240 Ω），并满足 $I_R \geqslant I_{ADJ}$，便得电路输出电压的近似计算公式如下：

$$U_O = 1.2\left(1 + \frac{R_P}{R}\right)$$

通过调节 R_P，便可改变电路的输出电压 U_O。

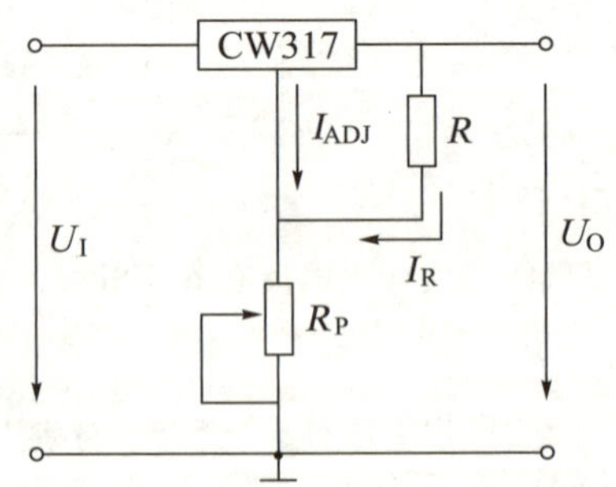

图 10–24　CW317 的基本应用电路

无论何种集成稳压器，要想确保其正常工作，输入端与输出端之间必须要有合适的电压差。如 CW317 所允许的输入、输出电压差范围是 3 ~ 40 V。电压差过小，稳压器内部的晶体管会出现非线性工作；电压差过大，又会造成内部的调整管因功耗过大而烧毁。

如图 10–25 所示为 CW317 的典型应用电路。C_1、C_2 的作用在前面已介绍；C_3 的作用是减小 R_P 上的纹波电压，其值通常在 10μF 以下，电路在接上某些特定负载时，可能产生振荡，通过附加大电容 C_4 可消除这种隐患（如果有 C_4，那么 C_2 可省掉）。为了防止 C_3、C_4 放电产生的反向电流流入稳压器，使输入端短路造成器件损坏，电路中分别设置了保护管 VD_1、VD_2，为电容器的放电电流提供外部路径。

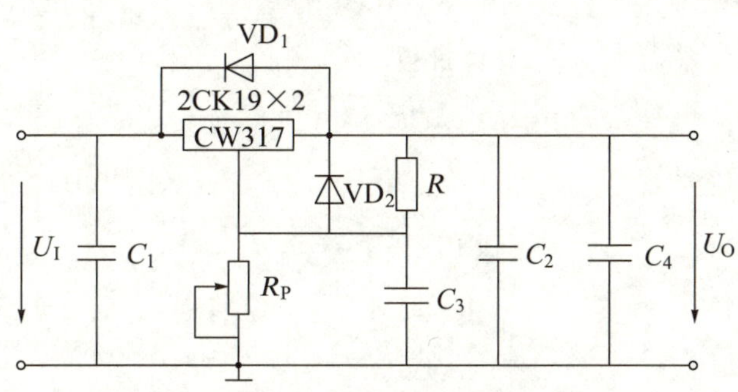

图 10–25　CW317的典型应用电路

学后测评

1. 并联型稳压电路中电阻有什么作用？简述稳压过程。

2. 相对于串联型稳压电路，并联型稳压电路有何缺点？

3. 7800 系列集成稳压器的输入端、输出端及公共端各自对应的引脚是什么？ 7900 系列又如何呢？

实训 10　家用调光灯的制作与调试

实训目的

学会家用调光灯的制作与调试。

实训器材

函数信号发生器、示波器各 1 台、万用表 1 个、焊接工具 1 套，电路装接所用的元器件及器材见表 10–2 。

实训步骤

步骤 1　清点并检测元器件

根据元器件及材料清单，清点并检测元器件。将测试结果填入表 10–2 中，正常的打“√”，如元器件有问题，请及时提出并更换。

表 10-2　家用调光灯电路元器件、器材清单

序号	名　称	型号规格	数　量	配件图号	测试结果
1	金属膜电阻器	RJ-0.25-51 kΩ	1	R_1	
2	金属膜电阻器	RJ-0.25-18 kΩ	1	R_2	
3	金属膜电阻器	RJ-0.25-300 Ω	1	R_3	
4	金属膜电阻器	RJ-0.25-100 Ω	1	R_4	
5	开关电位器	470 kΩ	1	R_P	
6	电容	CBB-63 V-0.022 μF	1	C	
7	二极管	1N4007	4	VD_1~VD_4	
8	晶闸管	KP1-3	1	V	
9	单结晶体管	BT33	1	—	
10	三孔插座	—	2	—	
11	连接插头	—	2	—	
12	螺口灯座	—	1	—	
13	灯泡	220 V/60 W	1	HL	
14	印制线路板（或万能板）	配套	1	—	
15	焊锡、松香	1 mm^2	若干	—	
16	连接导线	—	若干	—	
17	电源连接线	1 mm^2	若干	—	

步骤2 装接电路

按照图 10-26 所示的家用调光灯电路原理图装接电路。图中灯泡、电源引入处做成一个插座和一个插头，以便外接灯泡和电源。也可自行设计一个合理的装配图。

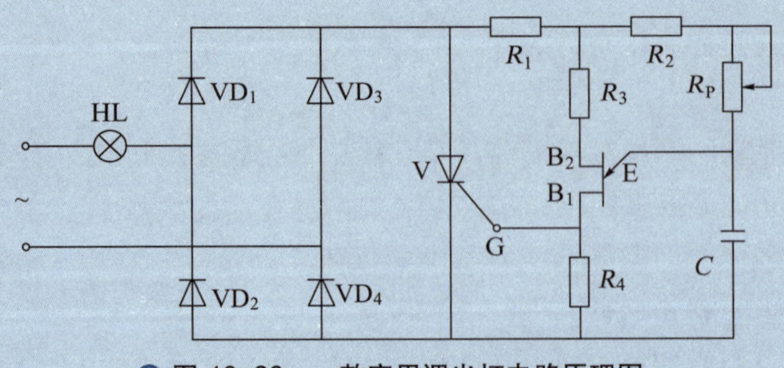

图 10-26　一款家用调光灯电路原理图

装接时应注意以下几点：

(1) 按原理图进行装接，不漏装、错装，不损坏元器件。

(2) 焊接二极管、晶闸管及单结晶体管时，一定要注意极性和引脚不能接错。

(3) 无虚焊、漏焊和搭锡现象。

(4) 元器件排列整齐并符合工艺要求。

步骤 3　电路测试

该电路通电测试时，加有 220 V 的交流电压，一定要注意安全、文明规范操作。

(1) 接通交流电源，开关电位器断开，测量 V 的正向电压为 ________ 。

(2) 闭合开关电位器，并将灯调到最亮。用万用表测量灯泡两端电压为 ________ 。

(3) 调节 R_{P}，观察灯泡端电压、波形及 R_4 端电压波形的变化。

步骤 4　实训结束，整理好工位

注意事项

二极管不能接反，否则会出现短路事故。

小提示　将负载灯泡换成电烙铁、电熨斗等，也可以实现调温。

主题11 放大电路与集成运算放大器

情境创设

1. 视频展示：通过仿真实验展示信号的放大过程。
2. 视频展示：展示实际生活中相关放大器的例子。

课题 1 基本放大电路

任务书

1. 了解放大电路的基本概念及主要性能指标。
2. 了解基本共射放大电路的组成及其静态、动态工作点的概念。
3. 了解小信号放大电路的静态分析和动态分析。
4. 了解射极输出器的结构和特点及应用场合。
5. 了解多级放大电路的级间耦合方式及特点。

放大电路

一、放大电路的基本概念

能够实现信号放大的电路称为放大电路。这里所说的“放大”，是指信号经电路作用后，其功率增大，而不是单纯的电压放大或电流放大。

放大电路是一种二端口网络，如图 11-1 所示，它有输入端口（左边的回路）与输出端口（右边的回路）。它的输入信号、输出信号是以电压及电流的形式来体现的。放大电路的实质是一种功率转换电路，它自身并不产生能量，只是将电源提供的一部分直流功率转换为交流功率，从而使信号功率提升。

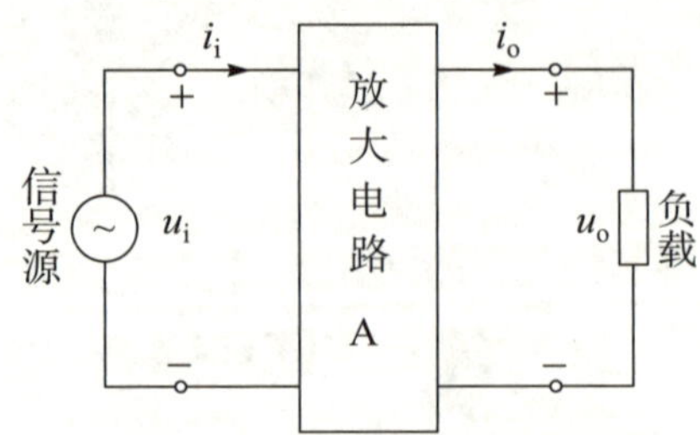

图 11-1　放大电路框图

放大器件是放大电路的核心部件。三极管是一种常用的放大器件，利用三极管构成的放大电路有共发射极、共基极和共集电极三种组态，其组态形式电路如图 11-2 所示。

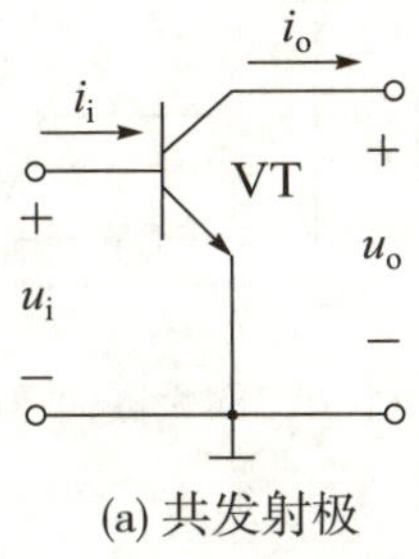

(a) 共发射极

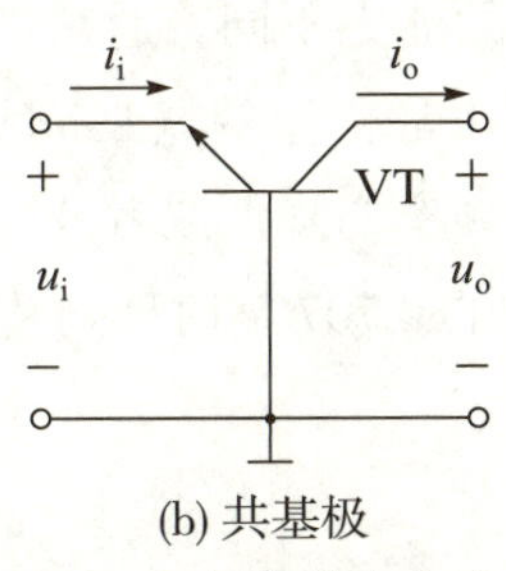

(b) 共基极

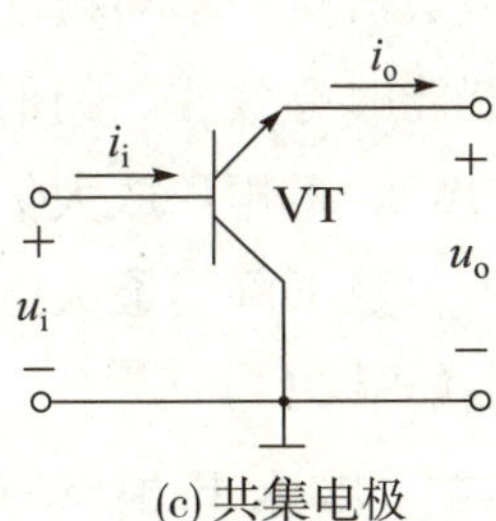

(c) 共集电极

图 11-2　三极管放大电路的三种组态

二、放大电路的主要性能指标

1. 电压放大倍数 A_u

放大电路的放大倍数分为电压放大倍数、电流放大倍数和功率放大倍数。一般用电压放大倍数 A_u 来表示放大电路的放大能力，即

$$A_u=\frac{\text{输出电压}}{\text{输入电压}}=\frac{u_o}{u_i}$$

电压放大倍数越大，放大电路的放大能力越强。

2. 输入电阻 r_i

从放大电路的输入端看，放大电路的输入部分可以等效为一个电阻，即

$$r_i=\frac{\text{输入电压}}{\text{输入电流}}=\frac{u_i}{i_i}$$

输入电阻的大小体现了放大电路对信号源的影响程度。因此，当放大电路以电压放大为主要目标时，它的输入电阻 r_i 总是越大越好。

3. 输出电阻 r_o

放大电路的输出可等效为一个有内阻的电压源，其内阻即放大电路的输出电阻 r_o，即

$$r_o=\frac{u_o}{i_o}$$

输出电阻的大小体现了放大电路的带负载能力。作为电压放大电路，输出电阻越小，则输出电压受负载的影响就越小，输出电压就越稳定，放大电路的带负载能力便越强。

放大器是整个电子设备的一个中间环节，图 11-3 也说明了这一点。相对于前接的信号源来说，放大器是负载，从输入端“看进来”可等效为一个电阻，这也就是放大器的输入电阻 r_i；相对于后接的负载，放大器是一个电压（或电流）信号源，从输出端“看进来”可等效为一个实际电压（或电流）源，其内阻也就是放大器的输出电阻 r_o。

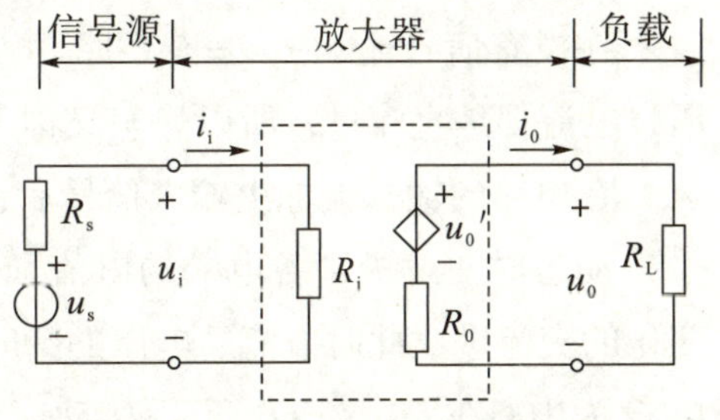

图 11-3　放大器的等效电路模型

4. 通频带 BW

放大器对于不同频率的信号放大的能力不同。通频带就是放大器能够有效放大的信号频率范围（常称作带宽 band width，简记 BW），即电压放大倍数随着信号频率的降低或者升高，电压放大倍数下降到最大电压放大倍数的 0.707 倍时所对应的频率范围如图 11–4 所示。

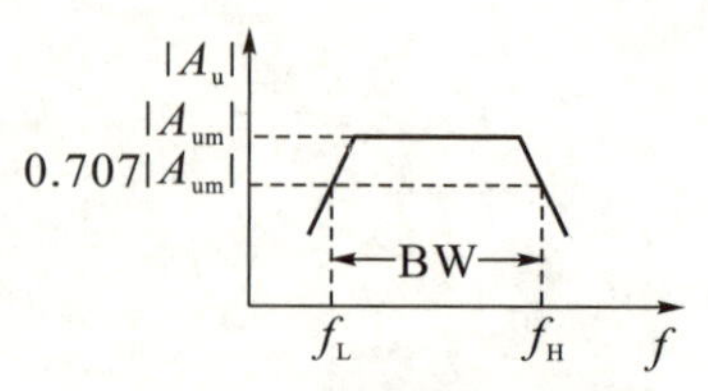

图 11–4　放大器的通频带

三、基本共射放大电路

1. 基本共射放大电路的基本结构

如图 11–5 所示为最简单的单管共射放大电路。三极管 V 是放大电路的核心部件，在电路中起电流放大作用；直流电源 V_{CC} 为放大电路提供能量；同时与基极电阻 R_B 配合提供适当的基极偏置电流（简称偏流），保证三极管发射结处于正偏、集电结处于反偏，让三极管工作在放大状态；集电极电阻 R_C 称为负载电阻，其作用是将集电极的电流变化变换成集电极、发射极之间的电压变化，以实现电压放大作用；耦合电容 C_1 和 C_2 是利用其“隔直流、通交流”的作用，既隔离了放大电路与信号源、负载之间的直流干扰，又保证了交流信号传递的畅通。

2. 基本共射放大电路的静态、动态工作点

共射放大电路中的三极管工作时，在电路的输入回路及输出回路中的电流（i_B、i_C）与电压（u_{BE}、u_{CE}）分别决定了输入特性曲线和输出特性曲线上的一个点，这个点就称为工作点。如图 11–6 所示的 Q、Q'、Q'' 均为工作点，u_{BE} 与 i_B 决定了输入特性曲线上的 Q 点，i_C 与 u_{CE} 决定了输出特性曲线上的 Q 点。

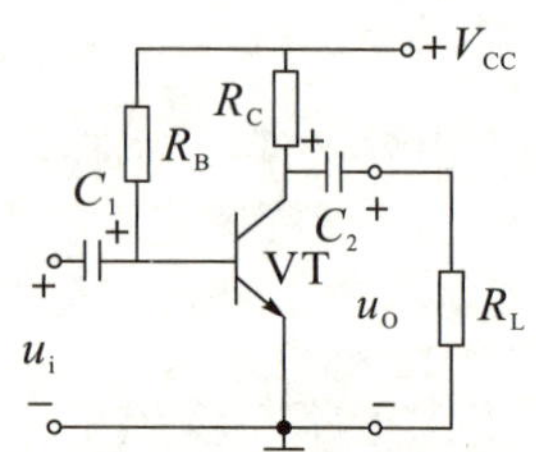

图 11–5　单管共射放大电路

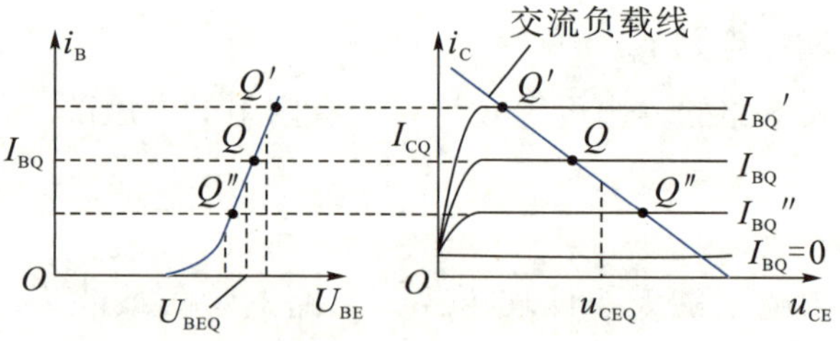

图 11–6　三极管工作点

在没有信号输入（$u_i = 0$）时，电路的工作状态称为静态。由于静态时电路中各处的电压、电流都是直流量，所以静态又称直流工作状态。此时工作点 Q 称为静态工作点。

在电路的输入端加上输入信号后，电路的工作状态称为动态（又称交流工作状态）。

动态时，三极管各电极的电流和各极间的电压都在静态值的基础上叠加了随输入信号变化的交流量，此时电流、电压的瞬时总量中既有直流量，又有交流量，三极管的工作点将以 Q 为中心在 Q' 与 Q'' 上下移动。

3. 静态、动态工作点的设置及工作原理

只有输入信号的整个周期内晶体管始终工作在放大状态，输出信号才不会产生失真。

因此，合理设置静态工作点 Q 的位置就显得非常重要。若 Q 设置过高，Q' 会进入饱和区，造成饱和失真；若 Q 设置过低，Q'' 会进入截止区，造成截止失真。

基本共射放大电路对输入的小信号的放大过程为：当输入正弦信号 u_i 时，经 C_1 耦合，发射结上的电压 u_{BE} 由 U_{BEQ} 变为 $U_{\mathrm{BEQ}}+u_{\mathrm{i}}$，$U_{\mathrm{BE}}$ 的变化会引起 i_{B}、i_{C}、u_{CE} 随之发生变化。C_2 隔离 u_{CE} 中的直流分量，输出 u_{o} 的振幅 U_{om} 远大于 u_{i} 的振幅 U_{im}，这样就实现了电压放大（同时，u_{o} 与 u_{i} 反相）。

在分析放大电路放大过程时应注意电压、电流符号的含义：大小、方向均随时间而变的交流量，用小写字母和小写下标来表示（如 u_{i}、u_{o} 等）；大小、方向均不随时间而变的稳恒直流量，用大写字母和大写下标来表示（如 U_{BEQ}、I_{BQ}、I_{CQ}、U_{CEQ} 等）；大小变化而方向不变的脉动直流量，用小写字母和大写下标来表示（如 u_{BE}、i_{B}、i_{C}、u_{CE} 等）。

四、放大电路的组成原则

组成放大电路时，必须遵循的原则是：

第一，设置直流电源为电路提供能源。

第二，电源的极性和大小应保证三极管发射结处于正向偏置，而集电结处于反向偏置，使三极管工作在放大区。

第三，放大电路有合适的静态工作点，避免产生非线性失真。

第四，输入信号要有效传输，且能作用于放大管的输入回路。

第五，接入负载时，必须保证负载获得比输入信号大得多的电流信号或电压信号。

小信号放大电路的静态分析和动态分析

一、小信号放大电路的静态分析

通常将工作在小信号状态的放大电路称为小信号放大电路。当放大电路中只有直流量，而没有交流量，此时电路中的电容视为断路、电感视为短路，这样画出的电路称为放大电路的直流通路。小信号放大电路的静态工作点可根据直流通路来确定。

1. 固定偏置放大电路静态工作点的估算

如图 11-7（a）所示为固定偏置放大电路，图 11-7（b）是它的直流通路。

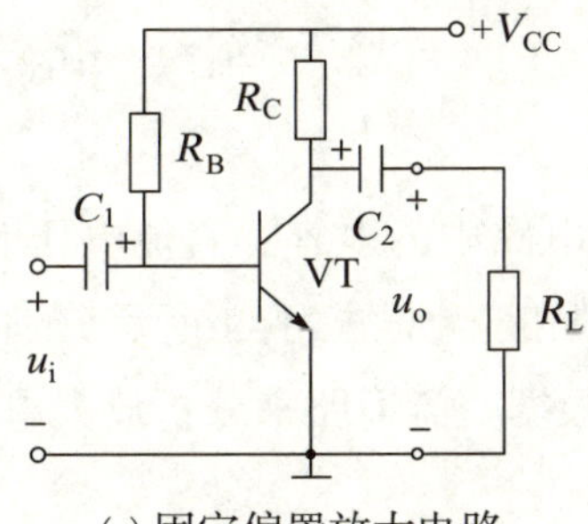

(a) 固定偏置放大电路

(b) 固定偏置放大电路的直流通路

图 11-7　固定偏置放大电路静态工作点分析

静态工作点估算如下：

$$I_{BQ}=\frac{V_{CC}-U_{BEQ}}{R_B}\text{，}I_{CQ}=\beta\cdot I_{BQ}\approx\beta\cdot I_{BQ}\text{，}U_{CEQ}=V_{CC}-R_C I_{CQ}$$

若无特别说明，硅管（通常为 NPN 型）发射结正偏导通时，取 $U_{BEQ}=0.7\ V$；锗管（通常为 PNP 型）发射结正偏导通时，取 $U_{BEQ}=-0.3\ V$。

在该电路中一般 $V_{CC}\gg U_{BEQ}$，近似计算时：

$$I_{BQ}\approx\frac{V_{CC}}{R_B}$$

也就是说，三极管的基极偏置电流与三极管的参数 β 几乎无关，所以称它为固定偏置放大电路。

2. 分压式偏置放大电路静态工作点的估算

如图 11–8（a）所示为分压式偏置放大电路，图 11–8（b）所示是它的直流通路。

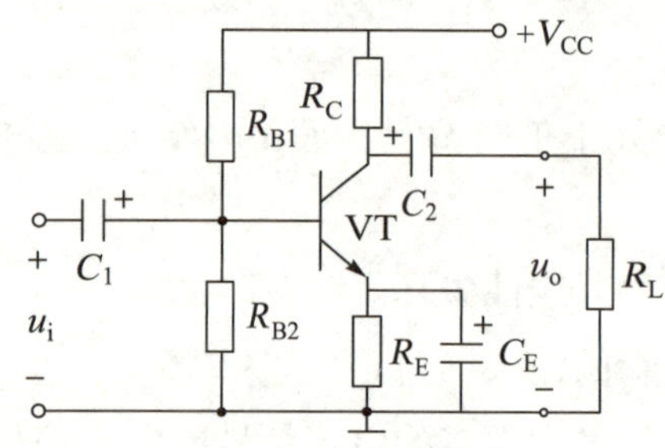

(a) 分压式偏置放大电路

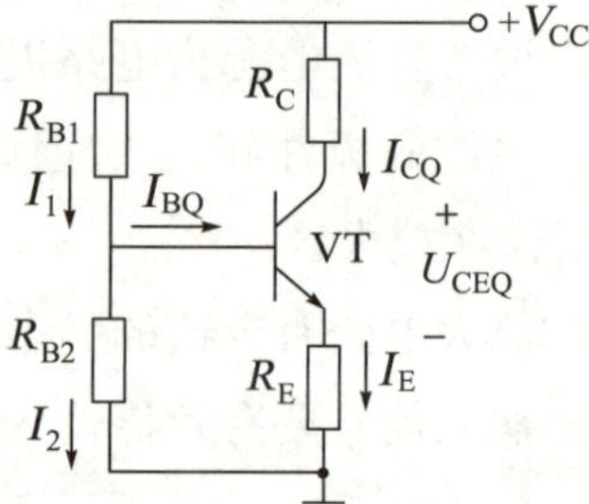

(b) 分压式偏置放大电路的直流通路

图 11–8 分压式偏置放大电路的静态工作点分析

分压式偏置放大电路中一般 $I_1\gg I_{BQ}$，这样在分析时就近似认为：上偏置电阻 R_{B1} 与下偏置电阻 R_{B2} 串联分压，来为三极管提供合适的基极电压 V_B。静态工作点的求解过程如下：

$$V_B=\frac{R_{B2}}{R_{B1}+R_{B2}}V_{CC}\text{，}I_E=\frac{V_B-U_{BEQ}}{R_E}\text{，}I_{BQ}=\frac{I_E}{1+\beta}$$

$$I_{CQ}\approx\beta I_{BQ}\approx I_E\text{，}U_{CEQ}=V_{CC}-R_C I_{CQ}-R_E I_E\approx V_{CC}-(R_C+R_E)I_{CQ}$$

分压式偏置电路由于具有稳定的静态工作点 I_{CQ} 和 U_{CEQ} 的功能，所以得到了广泛的应用。其稳定静态工作点的原理如下：

某种因素（温度变化或更换三极管）$\rightarrow I_{CQ}\uparrow\rightarrow I_E\uparrow\rightarrow V_E\uparrow\rightarrow U_{BE}\downarrow\rightarrow I_{BQ}\downarrow\rightarrow I_{CQ}\downarrow$

二、小信号放大电路的动态分析

当放大电路只有交流量所形成的电流通过，此时电路中的电容和直流电压源视为短路、电感视为断路。这样画出的电路称为放大电路的交流通路。如图 11–9 所示分别为固定偏置放大电路和分压式偏置放大电路的交流通路。我们可根据交流通路来分析放大电路的动态交流性能。

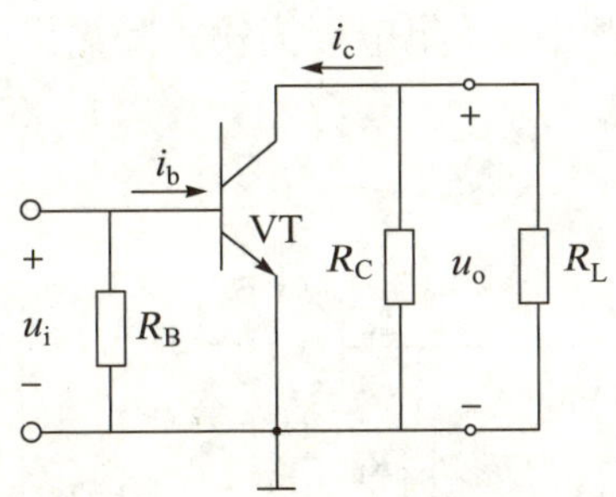

(a) 固定偏置放大电路的交流通路

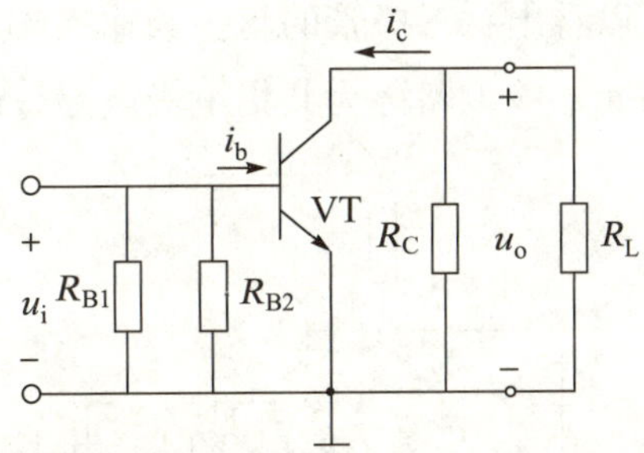

(b) 分压式偏置放大电路的交流通路

图 11-9　放大电路的交流通路

1. 输入电阻

(1) r_{be} 的估算

在计算输入电阻时要考虑三极管的输入电阻 r_{be}，一般情况下，对 r_{be} 的要求并不很精确，可以用下面的估算公式：

$$r_{be}=300\ \Omega+(1+\beta)\frac{26\ \mathrm{mV}}{I_E}=300\ \Omega+\frac{26\ \mathrm{mV}}{I_{BQ}}$$

(2) 固定偏置放大电路的输入电阻为 $r_i=R_B // r_{be}$，一般 $R_B \gg r_{be}$，因此 $R_i \approx r_{be}$。

(3) 分压式偏置放大电路的输入电阻为 $r_i=R_{B1} // R_{B2} // r_{be}$。

小提示　符号"//"表示并联。

2. 输出电阻

(1) 固定偏置放大电路的输出电阻为 $r_o=R_C$。

(2) 分压式偏置放大电路的输出电阻为 $r_o=R_C$。

3. 电压放大倍数

空载和有载时的电压放大倍数不同。

(1) 空载时电压放大倍数为 $A_u=-\beta\dfrac{R_C}{r_{be}}$。

(2) 有载时电压放大倍数为 $A_u=-\beta\dfrac{R_C//R_L}{r_{be}}$。

小提示　式中负号表示输出电压和输入电压相位相反，这也是共射放大器的特点之一。

固定偏置放大电路和分压式偏置放大电路的电压放大倍数计算公式相同。

*射极输出器

一、射极输出器的结构

射极输出器是一种共集电极放大电路，如图 11-10（a）所示，C_1、C_2 为耦合电容，V_{CC}、R_B、R_E 构成偏置电路，电路前接信号源 u_S，后接负载 R_L。由图 11-10（b）所示的交流通路可以看出：三极管的基极为输入端，发射极为输出端，集电极为输入和输出回路的公共端，因此，该电路称为共集电极电路，即射极输出器。

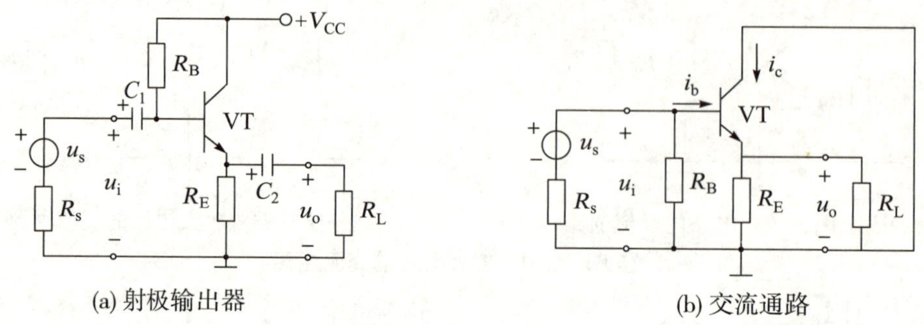

图 11-10 射极输出器

二、射极输出器的特点

一是，输出和输入电压同相且近似相等，$u_o = u_i - u_{be} \approx u_i$，电压放大倍数近似为 1，但小于 1，故射极输出器又称电压跟随器。

二是，电路无电压放大作用，却有电流和功率放大作用。

三是，电路的输入电阻高，可减少放大电路对信号源的影响。

四是，输出电阻小，带负载能力强。

三、射极输出器的应用场合

一是，作为输入级，利用其高输入阻抗将信号源的大部分电压传递到放大电路的输出端，来减轻信号源负担。

二是，作为输出级，利用其低输出阻抗且输出电压稳定，来增强电压放大电路的带负载能力。

三是，作为中间缓冲级，利用其输入电阻高的特点，提高前一级的电压放大倍数；利用其输出电阻低的特点，减小后一级的信号源内阻，从而提高前后两级的电压放大倍数。隔离前后级电路的相互影响。

*多级放大电路的级间耦合方式及特点

单级放大电路的电压放大倍数一般只有几十倍。然而，在许多场合，需要较高的电压放大倍数，这不是简单采用放大倍数较大的三极管或者通过改变电路参数的设计可以实现的，而是需将多个单级放大电路串接起来组成多级放大电路，把信号逐级放大，从而得到所需的电压放大倍数。

多级放大电路框图如图 11-11 所示。对 n 级放大电路，电压放大倍数为 $A_u = A_{u1} \cdot A_{u2} \cdot \cdots \cdot A_{un}$。多级放大电路的输入电阻就是第一级的输入电阻，输出电阻则是最后一级的输出电阻。

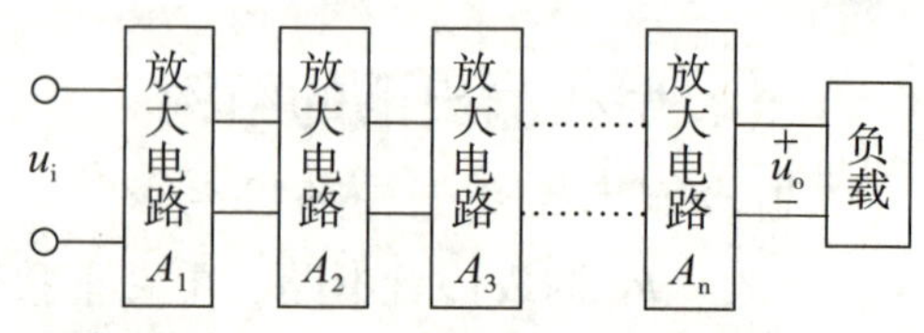

图 11-11 多级放大电路示意图

一、多级放大电路的耦合方式

多级放大电路中每一个单级放大电路称为“级”，级与级之间的连接称为耦合。多级放大电路的级间耦合方式通常有阻容耦合、变压器耦合和直接耦合三种 。

如图 11–12 所示的阻容耦合放大电路由两个单管放大电路通过电容 C_2 耦合而成。由于电容具有“隔直”的作用，所以各级的静态工作点相互独立；而电容量较大，容抗小，交流信号可以顺利地传输到下一级。

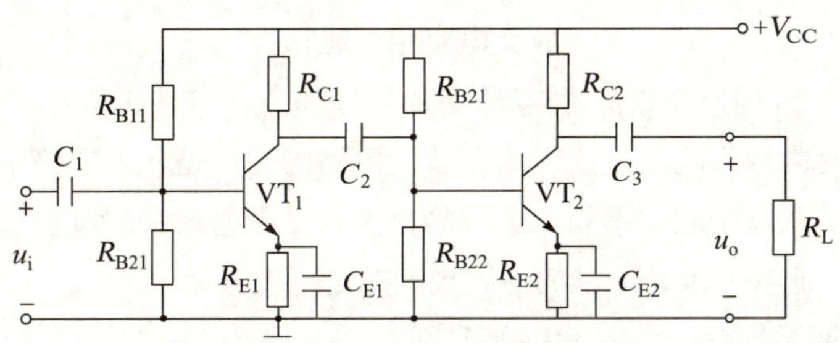

图 11–12　阻容耦合放大电路

如图 11–13 所示的变压器耦合放大电路是利用变压器具有的变换交流信号的特点，将交流信号传输到下一级。其各级的静态工作点也是相互独立的。

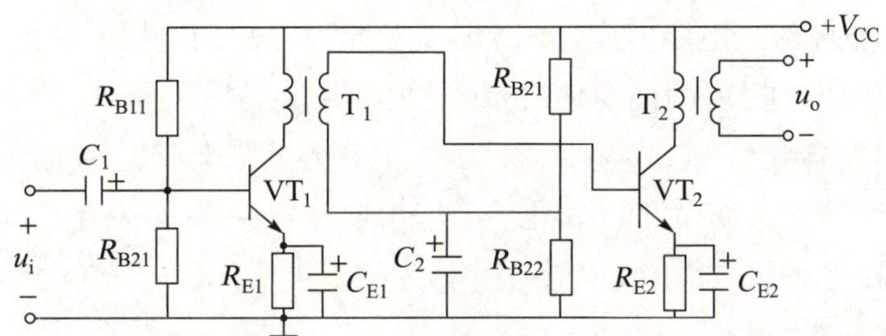

图 11–13　变压器耦合放大电路

如图 11–14 所示的直接耦合放大电路，级间无耦合元件，前级输出信号直接送到后一级，各级静态工作点相互影响，但它可以放大变换缓慢的交流信号或直流信号，而前面两种耦合电路则不可以。

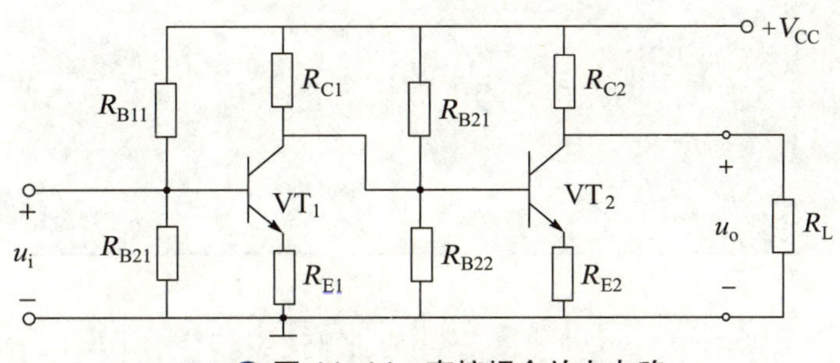

图 11–14　直接耦合放大电路

二、多级放大电路的特点

多级放大电路无论采用哪种耦合方式，都必须满足以下几个条件才能正常工作：

第一，保证信号能顺利输送到下一级；

第二，连接后各级仍能有合适的静态工作点；

第三，信号传输过程中失真要小，级间传输效率要高。

加油站

放大电路中的噪声

放大电路是一种弱电系统，很容易受到外界和内部一些无规则信号的影响。放大电路中的噪声就是内部影响的重要因素。放大电路的噪声是放大电路中各元件（包括电阻、三极管）内部载流子运动不规则造成的，主要是由电路中的电阻热噪声和三极管内部噪声所造成的，它实际上是杂乱的、无规则的电压或电流。

1. 电阻的热噪声

任何电阻即使不与电源接通，它的两端仍会有电压，这是由于导体中组成传导电流的自由电子无规则的热运动而引起的。某一瞬间向一个方向运动的电子有可能比向另一个方向运动的电子数目要多，也就是说，在任何瞬间，流过某一截面的电子数目的代数和不为零。这一电流流经电路就产生一个正比于电路电阻的电压。这是一个由于电子无规则的热运动而产生的随时间而变化的噪声电压，称为热噪声电压。

由于放大电路各处都存在电阻，因此放大电路到处都会产生热噪声。放大电路的输入电阻对输出端的噪声起着主要的作用，因为它的噪声将被逐级放大。因此，一个放大电路的频带较宽时，它的输入电阻必须小，这样才能使热噪声电压限制在一定的范围以内。

2. 三极管的噪声

当有电流流过三极管时，就会产生噪声。三极管的噪声有三个来源：

(1) 热噪声：由载流子不规则的热运动通过半导体内的电阻时而产生。

(2) 散粒噪声：通常说的三极管中的电流只是一个平均值，实际上通过发射结注入到基区的载流子数目在各个瞬间都不同，因而引起发射极电流或集电极电流无规则的波动，从而产生散粒噪声。

(3) 颤动噪声：三极管产生颤动噪声的原因还不十分清楚，但被假设为载流子在晶体管表面的产生与复合所引起，因此与半导体材料及工艺水平有关。这种噪声与频率成反比，在低频时三极管的噪声主要由它决定。

1. 升压变压器与电压放大电路都可以使交流电压增大，这两者有何区别？

2. 某放大电路的输入信号与输出信号有效值分别为 $U_i=2\text{ mV}$，$I_i=50\ \mu\text{A}$，$U_O=2\text{ V}$，$I_O=5\text{ mA}$，试求：(1) 放大电路的电压放大倍数 A_u；(2) 放大电路的输入电阻 r_i。

3. 常见的两种偏置电路分别是什么？画出各自的直流通路，并写出静态工作点的计算公式。

4. 图 11–8 所示的分压式偏置放大电路中：$V_{CC}=10\text{ V}$，$R_{B1}=70\text{ k}\Omega$，$R_{B2}=30\text{ k}\Omega$，$R_E=1.15\text{ k}\Omega$，$R_C=2\text{ k}\Omega$，$R_L=8\text{ k}\Omega$，三极管 $U_{BEQ}=0.7\text{ V}$，$\beta=50$。(1) 画出直流通路，求解静态工作点 Q；(2) 求 A_u、r_i 和 r_o。

实训 11　安装和调试分压式偏置放大电路

实训目的

学会安装和调试分压式偏置放大电路。

实训器材

函数信号发生器、示波器、直流稳压电源各 1 台，晶体管毫伏表、万用表各 1 个，焊接工具 1 套，电路装接所用的元器件及器材见表 11–1。

实训步骤

步骤 1　清点并检测元器件

根据元器件及材料清单，清点并检测元器件。将测试结果填入表 11–1 中，正常的打“√”，如元器件有问题，及时提出并更换。

表 11–1　分压式偏置放大电路元器件及器材清单

序号	名　称	型号规格	数量	配件图号	测试结果
1	金属膜电阻器	RJ–0.25–20 kΩ、RJ–0.25–2.4 kΩ	各 2 只	R_{B1}、R_{B2}、R_C、R_L	
2	金属膜电阻器	RJ–0.25–1 kΩ、RJ–0.25–5.1 kΩ	各 1 只	R_E、R	
3	电位器	500 kΩ	1	R_P	
4	电解电容器	CD–16 V–10 μF	2	C_1、C_2	
5	电解电容器	CD–16 V–50 μF	1	C_E	
6	三极管	9013	1	VT	
7	排针	—	8	—	
8	短路帽	—	2	—	
9	印制线路板（或万能板）	配套	1	—	
10	焊锡、松香	—	若干	—	
11	连接导线	—	若干	—	

步骤2 装接电路

按照如图 11-15 所示的分压式偏置放大电路原理图装接电路。图中开关 S 、电阻 R 的接入用排针和短路帽代替，各测试点要焊接排针。

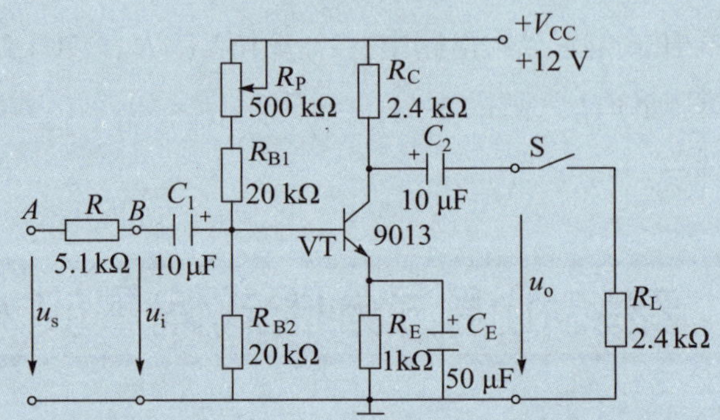

图 11-15　分压式偏置放大电路原理图

装接时应注意以下几点：

(1) 按原理图进行装接，不漏装、错装，不损坏元器件。

(2) 焊接电解电容与三极管时，一定要注意极性和引脚不能接错。

(3) 无虚焊、漏焊和搭锡现象。

(4) 元器件排列整齐并符合工艺要求。

步骤3 电路测试

(1) 静态工作点的调整与测试

① 静态工作点 Q 的调整

合上开关 S，接入负载，接通 +12 V 直流电源，在 B 点加入 $f = 1$ kHz 的正弦信号 u_i，用示波器监测 u_o 波形。反复调整 R_P 及信号源的输出幅度，使放大电路输出电压的不失真幅值最大。观测 u_o 波形，得 $U_{om(max)}$ = ________ 。

② 静态工作点 Q 的测试

取走信号源，用万用表直流电压挡测量三极管各极对地电压，填入表 11-2 。计算 U_{BEQ}、U_{CEQ} 及 I_E 值，填入表 11-2 。

表 11-2　分压式偏置放大电路静态工作点 Q 测试数据表

U_{EQ} / V	U_{BQ} / V	U_{CQ} / V	U_{BEQ} / V	U_{CEQ} / V	I_E / mA

(2) 性能指标的测试

保持 R_P 不变，以使电路有良好的动态范围。

① 电压放大倍数 $|A_u|$ 的测试

合上开关 S，接入负载，在 B 点加入 $f = 1$ kHz 的正弦信号 u_i，用示波器监测 u_o 波形。逐渐调大 U_i，在输出最大不失真信号的状态下，用毫伏表测 U_i 和 U_O 值，记入表 11–3。计算 $|A_u|$，填入表 11–3。

表 11–3　测 $|A_u|$ 的数据表（$f = 1$ kHz）

U_i / V	U_O / V	$\lvert A_u \rvert = \frac{U_O}{U_i}$

② 输出电阻 r_O 的测试

在 B 点加入 $f = 1$ kHz 的正弦信号 u_i，用示波器监测 u_o 波形。断开 S，电路空载。逐渐调大 U_i，在输出最大不失真信号的状态下，用毫伏表测量空载输出电压 U_O'，记入表 11–4。然后，闭合开关 S，接入负载，用毫伏表测量电路负载下的输出电压 U_O，记入表 11–4。最后计算 R_O，填入表 11–4。

表 11–4　测 r_o 的数据表（$f = 1$ kHz）

空载输出电压 U_O' / V	负载输出电压 U_O / V	$R_O = \left(\frac{U_O'}{U_O} - 1\right) R_L$ / Ω

(3) 输入电阻 r_i 的测试

合上开关 S，接入负载，在 A 点加入 $f = 1$ kHz 的正弦信号 u_S，用示波器监测 u_o 波形。逐渐调大 U_S，在输出最大不失真信号的状态下，用毫伏表测量 U_S 和 U_i 值，记入表 11–5。计算 r_i，填入表 11–5。

表 11–5　测 r_i 的数据表（$f = 1$ kHz）

U_S / V	U_i / V	$R_i = \frac{U_i}{U_S - U_i} R$ / kΩ

想一想　该电路中 C_E 若断开，对上面所测的哪些参数会有影响？有怎样的影响？

步骤 4　实训结束，整理好工位

小提示　自己可以用分压式偏置电路的计算公式，计算出电路中的静态工作点和各项性能指标的理论值，并与其实验值相比较，看看有什么样的误差，想一想产生误差的原因。

注意事项

1. 电解电容应注意极性，不能相反，否则有可能毁坏电容。

2. 交流变伏表的使用应注意量程的选择，避免破坏交流毫伏表。

课题 2 集成运算放大器

任务书

1. 了解反馈的概念、类型及负反馈对放大器性能的影响。
2. 了解集成运算放大器的型号、参数和理想特性。
3. 能分析简单的集成运算电路。

负反馈放大电路

一、反馈的概念

将放大电路输出电量（电压或电流）的一部分或全部经过一定的路径馈送到输入端的过程，称为反馈。含有反馈的放大电路称为反馈放大电路，如图 11–16 所示就是反馈放大电路的组成框图。

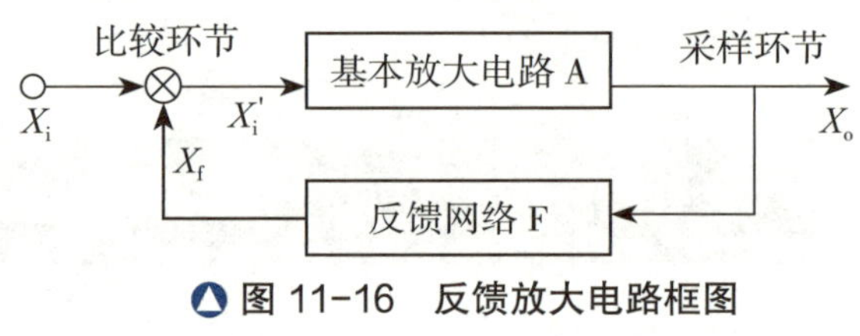

图 11–16 反馈放大电路框图

基本放大电路 A 的作用是完成对输入信号的放大，而反馈网络 F 则完成从输出到输入的回送。判断电路是否有反馈，只要看放大电路有没有从输出端回送到输入端的通路，如果有通路，则电路存在反馈；反之，电路无反馈。

二、反馈的类型

1. 直流与交流反馈

画出放大电路的直流通路和交流通路，若反馈信号的传送在直流通路中，就是直流反馈；若反馈信号的传送在交流通路中，就是交流反馈。

2. 正反馈与负反馈

当反馈信号回送到输入回路时，如果反馈信号使放大电路的净输入信号增大，则称为正反馈；如果反馈信号使放大电路的净输入信号减小，则称为负反馈。

3. 电压反馈与电流反馈

反馈信号取自输出电压并与输出电压成正比的是电压反馈；反馈信号取自输出电流并与输出电流成正比的是电流反馈。

4. 串联反馈与并联反馈

反馈信号和输入信号串联构成放大电路净输入信号的是串联反馈；反馈信号和输入信号并联构成放大电路净输入信号的是并联反馈。

三、负反馈对放大电路性能的影响

放大电路未加反馈时的放大倍数称为开环放大倍数，加了反馈后的放大倍数称为闭环放大倍数。放大电路引入负反馈后，放大倍数将下降。但与此同时，又能改善电路多方面的性能，如电路工作的稳定性得到提高、扩展了通频带、减小了放大器的非线性失真、抑制了环路噪声、改变了电路的输入电阻及输出电阻。

1. 提高电路工作的稳定性

放大电路引入直流负反馈，可稳定电路的静态工作点。如分压式偏置共射放大器中的射极电阻 R_E，引入了电流串联直流负反馈，电路的 I_{CQ} 可得到稳定，进而实现了静态工作点 Q 的稳定。

放大电路引入交流负反馈，可稳定电路的放大倍数，稳定对应的输出量。负反馈越深（反馈回来的量越大），放大倍数越稳定。在深度负反馈时，放大电路的放大倍数只取决于反馈网络，而与基本放大电路无关。

2. 扩展了电路的通频带

引入负反馈，电路对各种频率信号的放大能力均下降了，反馈信号随之变小，回送到输入端后，使净输入信号增大，输出信号自动提高。

3. 减小了放大器的非线性失真

放大电路引入负反馈后，输出端的失真信号回送到输入端，与输入信号相减，经过放大后，可使输出信号的失真得到一定程度的补偿，从而减小了波形失真。

4. 抑制了环内噪声

当负反馈放大器中的放大器件产生噪声时，可等效为基本放大器有一个噪声输入。那么，经过负反馈网络"回送"至输入端的反馈信号中也就包含有反相的噪声，实现了补偿作用，消弱和抑制了环内所产生的噪声。

5. 改变了电路的输入电阻和输出电阻

(1) 输入电阻 r_i 的改变

引入串联负反馈使电路的输入电阻增大，引入并联负反馈使电路的输入电阻减少。

(2) 输出电阻 r_o 的改变

引入电压负反馈使电路的输出电阻减小，引入电流负反馈使电路输出电阻增大。

集成运算放大器及主要参数

一、集成电路的概念及分类

前面介绍的放大器都是由一些分立元件组成的，而集成电路是把半导体器件、必要的元件以及相互之间的连接电路同时制造在一块半导体芯片上，形成具有一定电路功能的器件。集成电路与分立元件电路相比，具有体积小、质量轻、功耗低、工作可靠、安装方便且价格低等优点。

集成电路按其集成度不同，可分为小规模集成电路、中规模集成电路、大规模集成电路和超大规模集成电路；按电路功能的不同，模拟集成电路和数字集成电路；按制作工艺的不同，可分为半导体集成电路、膜集成电路和混合集成电路；按封装外形的不同，可分为金属圆壳式集成电路、扁平式集成电路、单列直插式集成电路以及双列直插式集成电路，如图 11–17 所示。

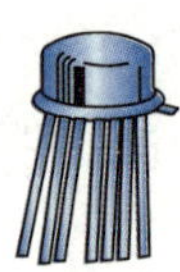

(a) 金属圆壳式集成电路

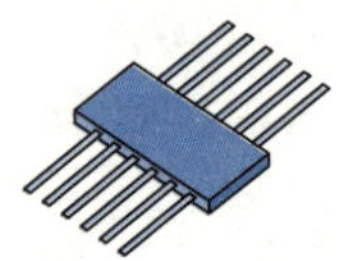

(b) 扁平式集成电路

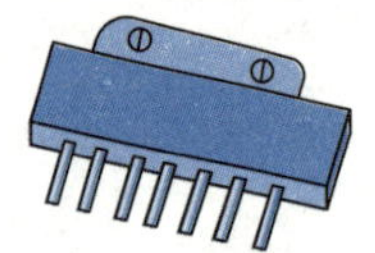

(c) 单列直插式集成电路

(d) 双列直插式集成电路

图 11–17　集成电路的几种外形

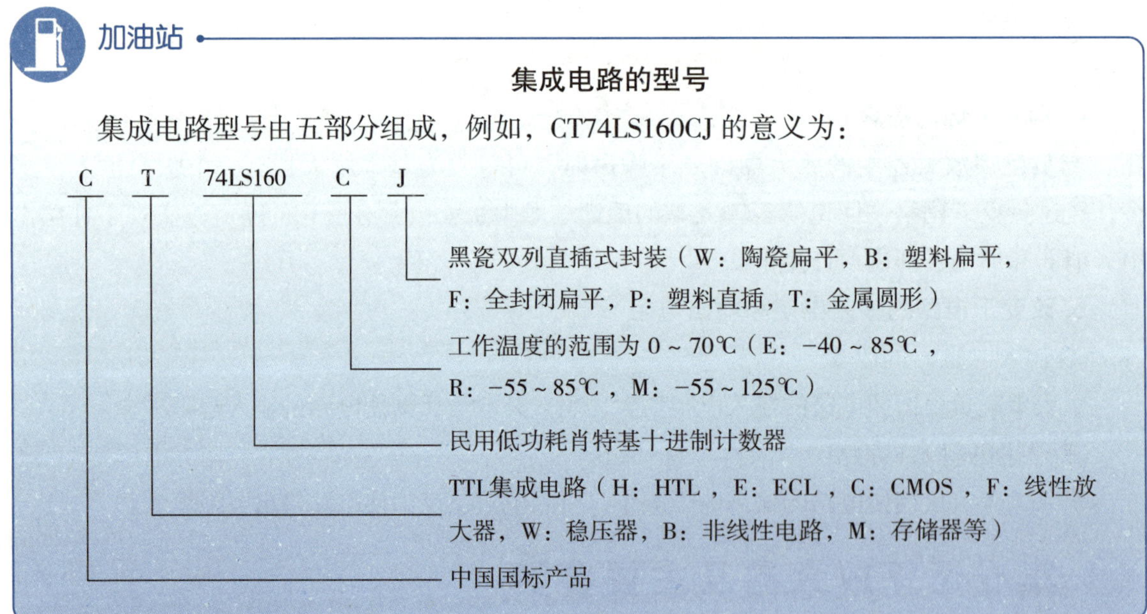

二、集成运算放大器的封装及引脚功能

集成运算放大器简称集成运放，集成运放的封装形式主要有金属圆壳式封装和双列直插式封装，如图 11–18 所示。金属圆壳式封装有 8 脚、10 脚和 12 脚三种；双列直插式封装有 8 脚、14 脚和 16 脚三种。

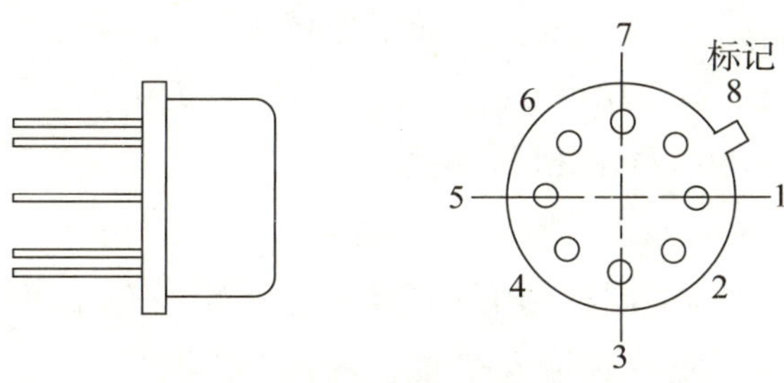

(a) 金属圆壳式封装

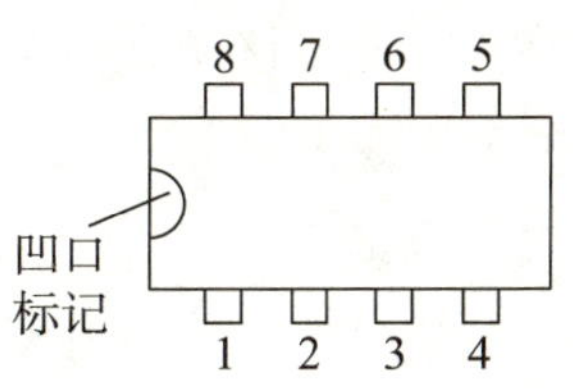

(b) 双列直插式封装

图 11-18　集成运放的封装形式与引脚排列

会识别集成运放的引脚排列序号是正确使用器件的前提。金属圆壳式的引脚排列次序为：引脚正对视线，从识别标记开始，沿顺时针方向往下依次为 1、2、3 …… 双列直插式的引脚排列次序为：从识别标记（通常为凹口）开始，沿逆时针方向往下依次为 1、2、3 ……

集成运放不同的引脚通常具有不同的功能，在实际使用时要查阅相关技术手册。表 11-6 给出了各种功能的符号表示，以便使用时查阅。

表 11-6　集成运放的引脚功能与对应的符号

符　号	功　能	符　号	功　能
IN_-	反相输入端	BI	偏置电流输入端
IN_+	同相输入端	C_X	外接电容端
OUT	输出端	C_R	外接电阻及电容的公共端
V_+	正电源输入端	OSC	振荡信号输出端
V_-	负电源输入端	NC	空脚
V_S	供电电压	GND	接地端
$COMP$	补偿端	$GNDS$	信号接地端
OA	调零端	$GNGD$	功率接地端

三、集成运放的电路符号及主要参数

1. 集成运放的电路符号

理想集成运放在电路图中的符号表示如图 11-19。“▷”代表信号的传输方向，“∞”代表理想情况下的开环差模电压增益 $A_{ud}\left(\frac{u_o}{u_{id}}\right)$ 无穷大，“A”代表它是一个放大电路。信号传输端有三个：反相输入端用“－”表示；同相输入端用“＋”表示；输出端用“＋”表示。这样也就清楚地说明了输出信号与各输入信号的相位关系。

反相输入端　同相输入端　▷ ∞　A　输出端

图 11-19　图形符号

2. 集成运放的主要参数

(1) 开环差模电压增益 A_{ud}

开环差模电压增益 A_{ud} 是指集成运放在无外加反馈的情况下，工作于线性区时对差模信号的电压增益，通常表示成对数形式 $20\lg A_{ud}$（dB）。集成运放很少开环使用，一般都要外加反馈网络。因此，该参数更多的是用来反映运算精度，A_{ud} 越大，运算精度就越高。该参数的理想值为无穷大，实际产品的典型值在 100 ~ 120 dB 范围内。

(2) 输入失调电压 U_{IO}

理想的集成运放，当差模输入电压 U_{ID} 为 0 时，输出电压 U_0 也为零。但实际的产品由于种种原因并非如此，此时要想使 $U_0 = 0$，必须在输入端加上一个补偿电压，这个电压就称为输入失调电压 U_{IO}。该参数越小越好，其典型值在 1 ~ 10 mV 范围内。

(3) 输入失调电流 I_{IO}

输入失调电流 I_{IO} 是指 $U_O = 0$ 时，集成运放两输入端的偏置电流之差。该参数的理想值为零，实际产品的典型值为几十至几百纳安。

(4) 输入偏置电流 I_{IB}

输入偏置电流 I_{IB} 是指 $U_O = 0$ 时，集成运放两输入端偏置电流的平均值。该参数的理想值为零，实际产品的典型值为几十至几百纳安。

(5) 差模输入电阻 r_{id} 和输出电阻 R_o

差模输入电阻 r_{id} 是指集成运放两输入端之间对差模输入信号所体现出的动态电阻。其理想值为无穷大，实际值为几十千欧至几兆欧。输出电阻 r_o 是指集成运放开环下的输出端对地的动态电阻，其理想值为零，实际产品的典型值为几十欧。

(6) 共模抑制比 K_{CMR}

集成运放两输入端输入一对共模信号（$u_+ = u_- = u_{ic}$）时，输出电压（u_o）与共模输入电压（u_{ic}）之比，称为共模电压增益（A_{uc}）。它体现了集成运放对共模信号的放大能力。K_{CMR} 是指开环下工作时，集成运放的差模电压增益（A_{ud}）与共模电压增益（A_{uc}）之比。它通常表示为对数形式，即

$$K_{CMR} = 20\tan\frac{A_{ud}}{A_{uc}}$$

K_{CMR} 的大小体现了集成运放抑制零点漂移的能力强弱。共模抑制比越高越好。它的理想值为无穷大，实际值通常可达 80 dB 以上。

(7) 最大共模输入电压 U_{ICM} 和最大差模输入电压 U_{IDM}

最大共模输入电压 U_{ICM} 是指集成运放所能承受的最大共模输入电压值。共模输入电压超出该参数时，集成运放的共模抑制比 K_{CMR} 将显著下降。最大差模输入电压 U_{IDM} 是指集成运放所能承受的最大差模输入电压值。差模输入电压超出该参数时，集成运放输入级中三极管的发射结会被反向击穿，造成性能显著恶化，甚至损坏。

(8) 开环带宽 BW

开环带宽 BW 是指开环下，集成运放的差模电压增益较直流工作时下降 3 dB 所对应的信号频率宽度。

集成运放常见应用电路

一、集成运放的理想特性

集成运放的输入阻抗可以做得很大，达到几百千欧到几百兆欧；输出阻抗很低，在几百欧以内；开环电压放大倍数则高达几万至几十万。为了便于分析，常常把集成运放理想化。理想运放具备如下特性：

第一，输入信号为零时，输出端应恒处于零电位。

第二，输入阻抗为无穷大。

第三，输出阻抗为零。

第四，通频带为零到无穷大。

第五，开环电压放大倍数无穷大。

对于理想运放，由于输入阻抗无穷大，所以输入电流为零，即 $I_{+}=I_{-}=0$ ，称为虚断。运放的增益是定值，由 $A_u=\dfrac{u_o}{v_{+}-v_{-}}$ 知，两输入端电位相等，即 $V_{+}=V_{-}$ ，称为虚短。这两个特性是分析集成运放电路的重要依据。

二、集成运放的简单应用

1. 反相比例运算电路

如图 11-20 所示为反相比例运算电路，该电路的放大电路为集成运放，R_f 、R_1 引入电压并联负反馈以使集成运放工作于线性区。

由虚断知：$i_{-}\approx 0$ ，这样 $i_1\approx i_f$；$i_{+}\approx 0$ ，这样 $v_{+}=-R_2 i_{+}\approx 0$ 。

由虚短知：$v_{-}\approx v_{+}\approx 0$ 。反相输入端并没有接地，却具有接地的特点，这一性质称为“虚地”。“虚地”是工作于线性区的理想集成运放仅采用反相输入时的一个重要特性。该电路中的集成运放输入端电位 $v_{+}\approx v_{-}\approx 0$ ，故没有共模输入信号。

利用“虚地”，由欧姆定律得

$$i_1=\frac{u_i}{R_1}\ ,\ i_f=-\frac{u_o}{R_f}$$

由 $i_1=i_f$ 可得输出电压与输入电压的关系为

$$\frac{u_i}{R_1}=-\frac{u_o}{R_f}$$

即

$$u_o=-\frac{R_f}{R_1}u_i$$

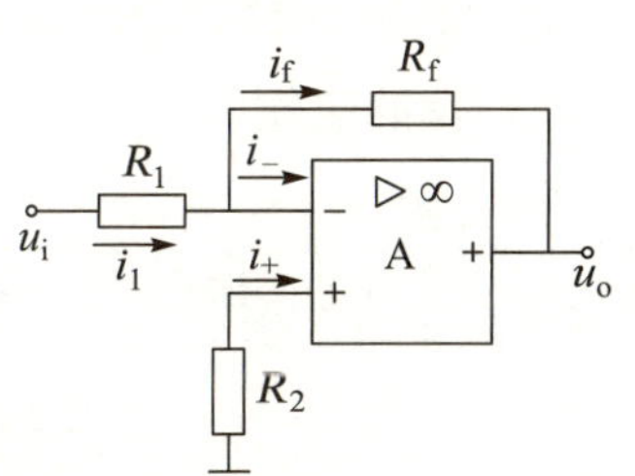

图 11-20　反相比例运算电路

放大电路的闭环电压放大倍数

$$A_{uf}=-\frac{R_f}{R_1}$$（“−”号说明 u_o 与 u_i 反相）

输入电阻 $r_i=\frac{u_i}{i_i}=R_1$，输出电阻 $r_o=0$ 。

为改善电路性能，集成运放两输入端电阻与外电路中的对地交流电阻要尽可能相等，即 $R_2=R_1 // R_f$。这也是 R_2 存在的原因。当满足条件 $R_1=R_f$，$R_2=R_1 // R_f=\frac{1}{2}R_f$ 时，$u_o=-u_i$，这种电路称为反相器。

2. 同相比例运算电路

如图 11–21 所示为同相比例运算电路，电路采用同相输入方式，R_1、R_f 引入电压串联负反馈以使集成运放工作于线性区，$R_2=R_1 // R_f$。

由虚断和虚短知 $i_1\approx i_f$，$v_-\approx v_+\approx u_i$（说明集成运放的两输入端有共模信号输入）。

由欧姆定律得

$$i_1=\frac{v_-}{R_1}=\frac{u_i}{R_1},\quad i_f=\frac{u_o-u_i}{R_f}$$

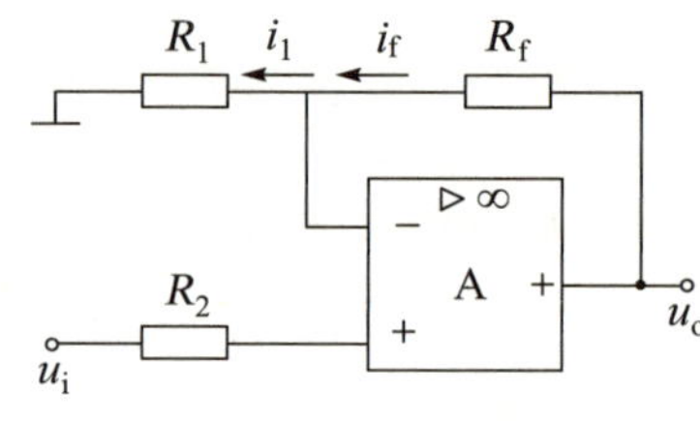

图 11–21　同相比例运算电路

所以输出电压与输入电压的关系为

$$u_o=\left(1+\frac{R_f}{R_1}\right)u_i$$

闭环增益　$A_{uf}=1+\frac{R_f}{R_1}\geqslant 1$（$u_o$ 与 u_i 同相）

输入电阻　$R_i=\frac{u_i}{i_i}=\frac{u_i}{i_+}=\infty$

输出电阻　$R_o=0$

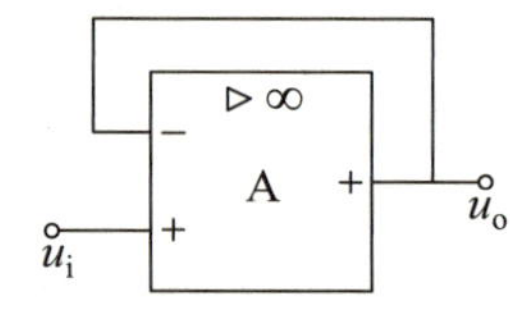

图 11–22　电压跟随器

当满足条件 $A_{uf}=1+\frac{R_f}{R_1}=1$ 时，$u_o=u_i$，即 $R_f=0$，对应地 R_1 取 ∞，R_2 取 0，这样电路称为电压跟随器，如图 11–22 所示。

电压跟随器具有电压跟随性好、输 hj 入阻抗极大、输出阻抗较小等优点，在电子线路中具有广泛的应用。

学后测评

1. 什么是反馈？放大电路中反馈有哪些类型？
2. 负反馈对放大电路有什么影响？
3. 简述集成电路的分类。
4. 理想运放有什么样的特性？

模块 4 数字电子技术

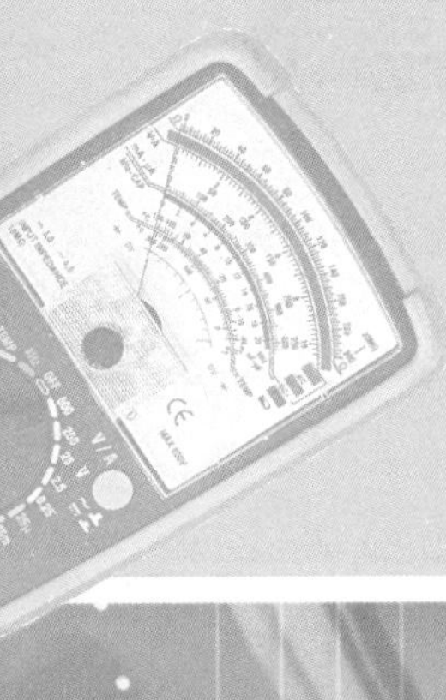

主题12 数字电子技术基础

情境创设

1. 视频展示模拟信号、数字信号。
2. 思考为什么是“半斤八两”，而不是“半斤五两”。
3. 讨论“1 + 1 =?”，思考会有几种答案。

课题1 数字电路基础知识

任务书

1. 了解模拟信号与数字信号的区别。
2. 了解二进制及十进制的表示方法，会进行数制间的转换。
3. 了解 8421BCD 码的表示形式。

模拟信号与数字信号

一、模拟信号和数字信号

人们在自然界中感知的许多物理量是模拟性质的，如速度、温度、声音、重量等。如果人们通过传感器将这些物理量转换为电压、电流等电量，这些电量在时间、数值上都是连续变化的。这种在时间上和数值上连续变化的信号就是模拟信号，其波形如图 12–1（a）所示。典型的模拟信号包括工频信号、射频信号、视频信号等。

在电子技术领域，为了便于存储、分析和传输，常把模拟信号转变为数字信号。在时间或数值上不连续（离散）的信号称为数字信号，它有低电平（用“0”表示）和高电平（用“1”表示）两种状态，其波形如图 12–1（b）所示。

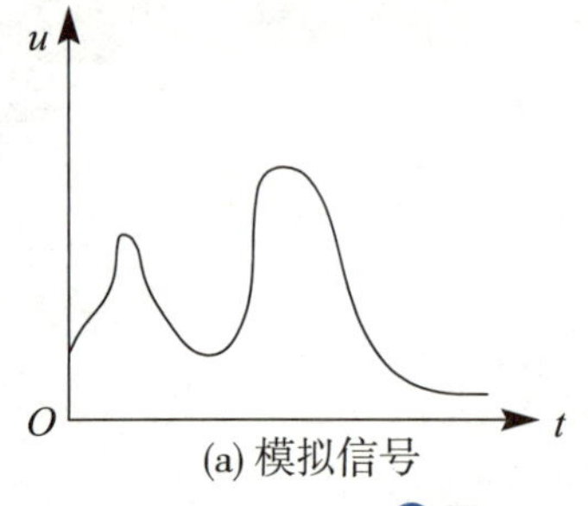

(a) 模拟信号

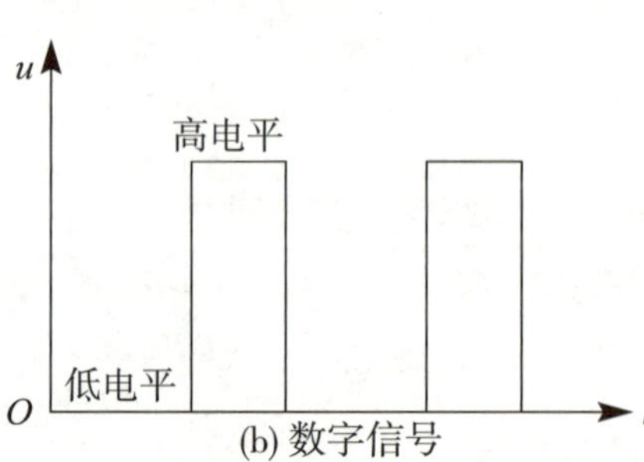

(b) 数字信号

图 12–1 典型模拟信号与数字信号波形图

模拟信号与数字信号最大的区别在于信号的连续性。常见模拟信号的正弦波、三角波、调幅波等，见表 12–1，它们的波形是连续变化的。数字信号的波形是离散的，即变化是不连续的，其典型的波形为矩形波。数字信号具有抗干扰能力强、容易识别处理、便于记录保存等优点。

表 12–1 常见的模拟信号及其波形

模拟信号	波 形
正弦波	
三角波	
调幅波	

模拟信号和数字信号之间可以相互转换。模拟信号一般通过模数转换器转换为数字信号，数字信号可通过数模转换器转换为模拟信号。

二、模拟电路和数字电路

一般电子系统中有两种电路，处理模拟信号的电路称为模拟电路；处理数字信号的电路称为数字电路。常见的模拟电路有整流电路、放大电路等。而编码器、译码器、寄存器、计数器等属于数字电路。有的电路中既有模拟电路又有数字电路，如 555 定时器是一种应用极为广泛的中规模模拟 — 数字混合集成电路。

二进制、十进制及相互之间的转换

选取一定的进位规则，用多位数码来表示某个数的值，这就是数制。数制是计数进位制的简称。十进制和二进制是日常生活中常用的两种计数体制。

一、十进制

十进制就是以 10 为基数的计数体制，共有 0 ~ 9 十个数码，按“逢十进一，借一当十”的计数规则，每一个十进制数都可展开为位权系数之和的形式。即

$$(N)_D=(N)_{10}=\sum_{-m}^{n-1} a_i\times 10^i$$

式中 a_i —— 十进制数中第 i 位的数值，为 0 ~ 9 中的任一个数码；

10^i —— 第 i 位的权，即位权；

$(N)_{10}$ —— 下标 10 表示十进制数，也可用 D（*Decimal*）表示；

n —— 表示整数部分的位数；

m —— 表示小数部分的位数。

例1 $(547)_{10}=5\times10^2+4\times10^1+7\times10^0$

$(547.76)_{10}=5\times10^2+4\times10^1+7\times10^0+7\times10^{-1}+6\times10^{-2}$

二、二进制

二进制数与十进制数的区别在于数码的个数和进位规则不同。二进制数只有 0 和 1 两个数码，并且按“逢二进一，借一当二”的原则进位。例如，二进制数 10（读作壹零）与十进制数 10（拾）是完全不同的，二进制数 10 右边的“0”表示 0×2^0，左边的“1”表示 1×2^1，也就是 $(10)_2=1\times2^1+0\times2^0$。所以二进制数就是以 2 为基数的计数体制，任一个二进制数也可展开为位权系数之和的形式。其公式为

$$(N)_B=(N)_2=\sum_{-m}^{n-1}a_i\times2^i$$

式中　a_i—— 二进制数中第 i 位的数值，为 0 或 1；

2^i—— 第 i 位的权，即位权；

$(N)_2$—— 下标 2 表示二进制数，也可用 B（*Binary*）表示；

n—— 表示整数部分的位数；

m—— 表示小数部分的位数。

例2 $(10101)_2=1\times2^4+0\times2^3+1\times2^2+0\times2^1+1\times2^0$

$(1101.01)_2=1\times2^3+1\times2^2+0\times2^1+1\times2^0+0\times2^{-1}+1\times2^{-2}$

三、十进制数与二进制数之间的相互转换

1. 十进制数转换成二进制数

十进制数转换成二进制数时，可将十进制数的整数部分采用除 2 取余倒记法，将小数部分采用乘 2 取整法。

例3 $(74)_{10}=(1001010)_2$

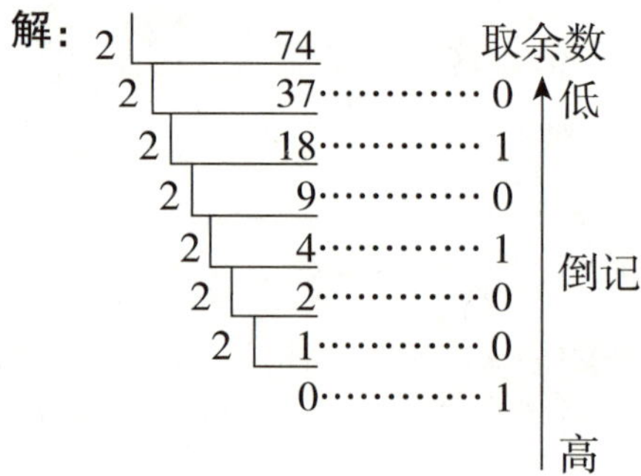

例4 $(0.375)_{10}=(0.011)_2$

解：　　　　　　　　　　取整数

$0.375\times2=0.750$ ⋯⋯⋯⋯ 0　高

$0.75\times2=1.5$ ⋯⋯⋯⋯ 1

$0.5\times2=1.0$ ⋯⋯⋯⋯ 1　低

例 5　$(10.375)_{10}=(1010.011)_2$

解：　　　整数部分　　　　　　　　　　　　小数部分

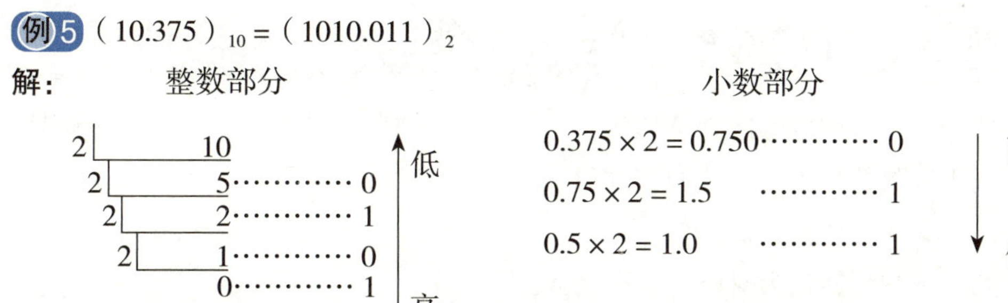

2. 二进制数转换成十进制数

二进制数转换成十进制数时，可将二进制数采用乘权系数之和的方法。

例 6　$(10101)_2=1\times2^4+0\times2^3+1\times2^2+0\times2^1+1\times2^0$

$=16+0+4+0+1=(21)_{10}$

$(10101.11)_2=1\times2^4+0\times2^3+1\times2^2+0\times2^1+1\times2^0+1\times2^{-1}+1\times2^{-2}$

$=16+0+4+0+1+0.5+0.25=(21.75)_{10}$

小提示　二进制数转换成十进制数时可以完全转换，但十进制数转换成二进制数时有时不能完全转换，只能达到一定的精度。

四、8421BCD 码的表示形式

所谓 8421BCD 码，即用二进制编码的十进制数，这种编码方法是用 4 位二进制码的组合代表十进制数的 0、1、2、3、4、5、6、7、8、9 十个数符，这个四位二进制代码自左向右各位的权分别为 8、4、2、1，每组代码加权系数之和就是它所代表的十进制数。对于习惯了十进制的人来讲 8421BCD 码比二进制更直观。

表 12–2 为十进制数与 8421BCD 码的对应关系表，即 8421BCD 编码表。十进制数转换为 8421BCD 码时只需把对应的十进制数码一一转换为四位二进制数码，如 $(26)_{10}=(00100110)_{8421BCD}$。

表 12–2　8421BCD 编码表

十进制数	8421BCD 码			
	D	C	B	A
0	0	0	0	0
1	0	0	0	1
2	0	0	1	0
3	0	0	1	1
4	0	1	0	0
5	0	1	0	1
6	0	1	1	0
7	0	1	1	1
8	1	0	0	0
9	1	0	0	1

学后测评

1.模拟信号与数字信号的区别是什么？你能举一些实际中的模拟信号、数字信号吗？

2.将下列十进制数转化为对应的二进制数。

(1) $(15)_{10}$　(2) $(34)_{10}$　(3) $(73)_{10}$　(4) $(91)_{10}$　(5) $(11.75)_{10}$

3.将下列二进制数转化为对应的十进制数。

(1) $(10101011)_2$　(2) $(10010.01)_2$　(3) $(110110)_2$　(4) $(10010.1)_2$

4.将下列数转换为对应数制的数。

(1) $(24)_{10}=(\quad)_2=(\quad)_{8421BCD}$　(2) $(56)_{10}=(\quad)_2=(\quad)_{8421BCD}$

(3) $(10010111)_2=(\quad)_{10}=(\quad)_{8421BCD}$　(4) $(1010001)_2=(\quad)_{10}=(\quad)_{8421BCD}$

(5) $(10000101)_{8421BCD}=(\quad)_{10}=(\quad)_2$　(6) $(01010111)_{8421BCD}=(\quad)_{10}=(\quad)_2$

课题 2 逻辑门电路

任务书

1. 了解与门、或门、非门等基本逻辑门电路的逻辑功能，了解与非门、或非门、异或门等简单复合逻辑门的逻辑功能，能识别其电路图符号，会列真值表。
2. 了解 TTL 门电路的型号及其使用常识，能识别引脚。
3. 了解 CMOS 门电路的型号及其使用常识，能识别引脚。

逻辑门基本知识

一、基本逻辑门电路

1. 与门电路

当一件事情的条件全部具备时，这件事情才会发生，这种条件与结果之间的关系称为与逻辑关系。如图 12-2（a）所示，当开关 S_1、S_2 均闭合时（条件具备），灯 L 就亮（结果发生）。这种满足与逻辑关系的电路称为与门电路。

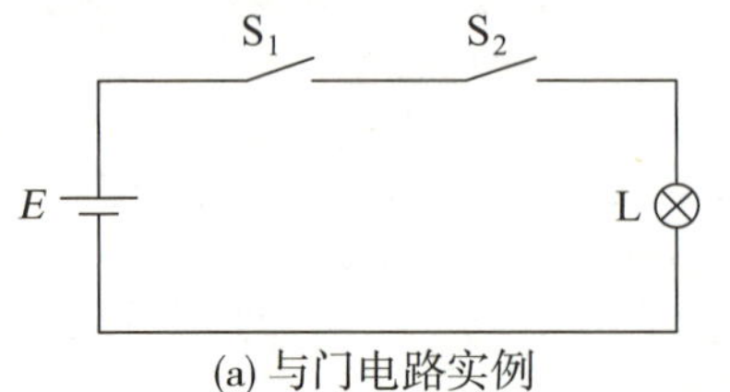

(a) 与门电路实例

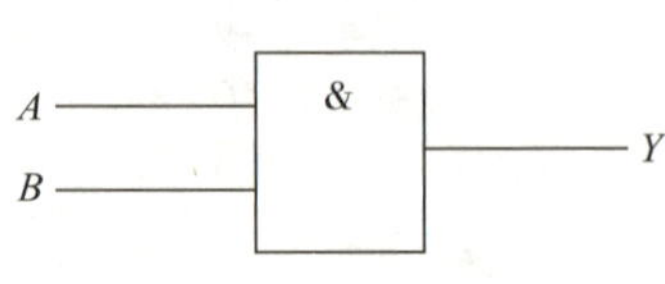

(b) 与门逻辑符号

图 12-2　与门

如图 12–2（b）所示为与门逻辑符号，A、B 为输入端，Y 为输出端，输入取值为 1（表示开关闭合）或 0（表示开关断开），根据输入信号的不同可有下列两种情况：

⑴ 若输入端 A、B 中任意一个为 0 时，输出端 Y 为 0 。

⑵ 若输入端 A、B 都为 1 时，输出端 Y 为 1 。

可见电路满足与逻辑关系的要求为：只有所有输入为高电平时，输出才是高电平；否则为低电平。归纳上述分析结果可得输入与输出的真值表（表 12–3）。

表 12–3 与门电路的真值表

输入		输出
A	B	Y
0	0	0
0	1	0
1	0	0
1	1	1

由与门电路的真值表可知，Y 与 A、B 之间的关系为：只有 A、B 都为 1 时，Y 才为 1 ；否则 Y 为 0 。即其逻辑功能为“全 1 出 1 ，有 0 出 0 ”。其逻辑表达式为 $Y = A \cdot B = AB$。与门电路的输入变量可以是两个或两个以上，其逻辑功能仍为“全 1 出 1 ，有 0 出 0 ”。

2. 或门电路

当一件事情的条件至少有一个具备时，这件事情就会发生，这种条件与结果之间的关系称为或逻辑关系。如图 12–3（a）所示，当开关 S_1 或 S_2 闭合时（至少一个条件具备），灯 L 就亮（结果发生）。这种满足或逻辑关系的电路称为或门电路。

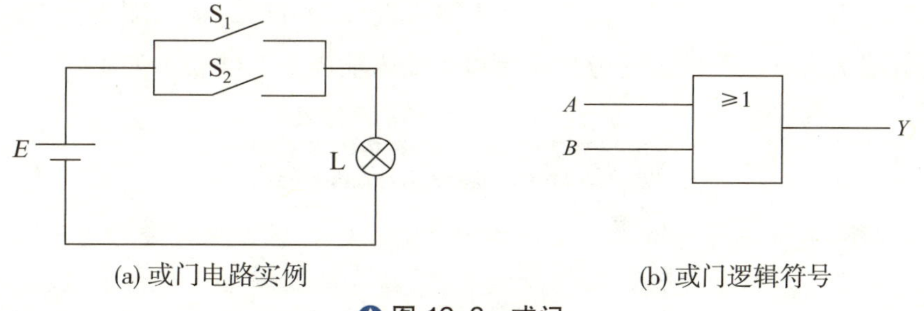

(a) 或门电路实例　　(b) 或门逻辑符号

图 12–3 或门

如图 12–3（b）所示为或门逻辑符号，A、B 为输入端，Y 为输出端，输入信号为 1（表示开关闭合）或 0（表示开关断开），根据输入情况可分为下列两种情况：

⑴ 若输入端 A、B 都为 0 时，输出端 Y 为 0 。

⑵ 若输入端 A、B 中至少有一个为 1 时，输出端 Y 为 1 。

可见电路满足或逻辑关系的要求为：输入只要有高电平，输出就为高电平；输入全为低电平，输出为低电平。归纳上述分析结果可得输入与输出的真值表（表 12–4）。

表 12-4　或门电路的真值表

输　入		输　出
A	B	Y
0	0	0
0	1	1
1	0	1
1	1	1

由或门电路的真值表可知，Y 与 A、B 之间的关系为：只有 A、B 全为 0，Y 才为 0；否则 Y 为 1。即其逻辑功能为“全 0 出 0，有 1 出 1”，其逻辑表达式为 $Y=A+B$。或门电路的输入变量可以是两个或两个以上，其逻辑功能仍为“全 0 出 0，有 1 出 1”。

3. 非门电路

当一件事情的唯一条件不具备时，这件事情反而会发生，这种条件与结果之间的关系称为非逻辑关系。如图 12-4（a）所示，当开关 S 闭合时，灯 L 不亮；当开关 S 断开时，灯 L 反而亮。这种满足非逻辑关系的电路称为非门电路。

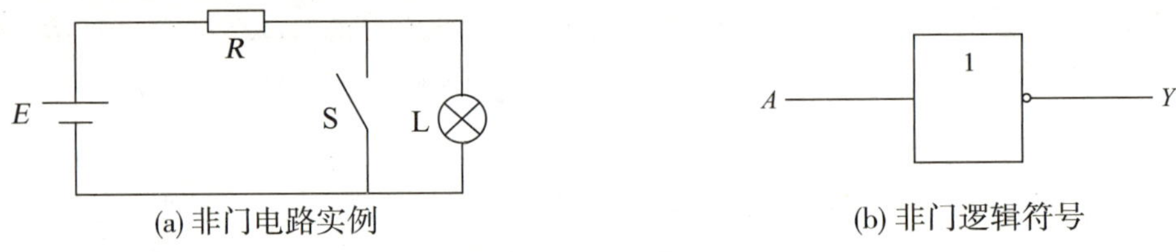

(a) 非门电路实例　　(b) 非门逻辑符号

图 12-4　非门

小提示　常见的非门电路有 BJT 反相器、MOS 反相器、CMOS 反相器。

如图 12-4（b）所示为非门逻辑符号，当输入端 A 为 0 时，输出端 Y 为 1；当输入端 A 为 1 时，输出端 Y 为 0。归纳上述分析结果可得输入输出的真值表（表 12-5）。

表 12-5　非门电路的真值表

输　入	输　出
A	Y
0	1
1	0

由非门电路的真值表可知，Y 与 A 之间的关系为：A 为 1 时，输出 Y 为 0；A 为 0 时，输出 Y 为 1。即逻辑功能为“1 出 0，0 出 1”，其逻辑表达式为 $Y=\overline{A}$。非门电路的输入变量只有一个。

想一想　基本逻辑门的符号之间的区别是什么？它们的功能分别是什么？

二、组合逻辑门电路

把与门、或门和非门等基本门电路组合起来，构成与非门电路、或非门电路及异或门电路等，称为组合逻辑门电路。它们的逻辑符号、逻辑表达式、真值表及逻辑功能见表 12-6 。

表 12-6　几种常见的组合逻辑门

逻辑门电路	与非门电路			或非门电路			异或门电路		
逻辑符号	A、B 输入，& 框，输出 Y（带非圈）			A、B 输入，≥1 框，输出 Y（带非圈）			A、B 输入，=1 框，输出 Y		
逻辑表达式	$Y=\overline{A\cdot B}$			$Y=\overline{A+B}$			$Y=\overline{A}B+A\overline{B}=A\oplus B$		
真值表	A	B	Y	A	B	Y	A	B	Y
	0	0	1	0	0	1	0	0	0
	0	1	1	0	1	0	0	1	1
	1	0	1	1	0	0	1	0	1
	1	1	0	1	1	0	1	1	0
逻辑功能	有 0 出 1，全 1 出 0			有 1 出 0，全 0 出 1			异出 1，同出 0		

逻辑代数基本知识

一、逻辑代数的概念

逻辑代数又称布尔代数或二值代数，它是分析和设计逻辑电路的数学基础，其变量只有 0 和 1 。这里的 0 和 1 并不表示数量的大小，只表示两种对立的状态，即两种逻辑关系，如开关的通与断、灯的亮与灭、电位的高与低等。

二、逻辑体制

在逻辑电路中，输入与输出一般都用电平来表示。若把高电平用“1”表示，低电平用“0”表示，则为正逻辑；反之，若把低电平用“1”表示，高电平用“0”表示，则为负逻辑。对于同一电路，可以采用正逻辑，也可采用负逻辑，但是功能不一样。若无特别说明，一般采用正逻辑体制。

三、基本逻辑运算

基本的逻辑运算有与运算、或运算、非运算三种。它们对应的逻辑符号、表达式及运算规则见表 12-7 。

表 12-7　基本的逻辑运算

逻辑运算	与运算	或运算	非运算
逻辑表达式	$Y=A\cdot B$	$Y=A+B$	$Y=\overline{A}$
运算规则	有 0 出 0，全 1 出 1	有 1 出 1，全 0 出 0	0 出 1，1 出 0

四、逻辑代数的基本定律

逻辑代数与普通代数不同，逻辑函数化简时经常用到逻辑代数的基本定律，其常见的定律见表 12-8 。

表 12-8　逻辑代数的定律

常量与常量的关系	$0\cdot0=0$；$0\cdot1=0$；$1\cdot1=1$；$0+0=0$；$0+1=1$；$1+1=1$
变量与常量的关系	$A\cdot1=A$；　$A+1=1$；　$A\cdot0=0$；　$A+0=A$ $A\cdot A=A$；　$A\cdot\overline{A}=0$；　$A+A=A$；　$A+\overline{A}=1$
结合律	$(A+B)+C=A+(B+C)$；$(A\cdot B)\cdot C=A\cdot(B\cdot C)$
交换律	$A+B=B+A$；$A\cdot B=B\cdot A$
分配律	$A(B+C)=AB+AC$；$A+BC=(A+B)\cdot(A+C)$
反演律（摩根定律）	$\overline{ABC\cdots}=\overline{A}+\overline{B}+\overline{C}+\cdots$；$\overline{A+B+C+\cdots}=\overline{A}\,\overline{B}\,\overline{C}\cdots$
吸收律	$A+AB=A$；$A(A+B)=A$；$A+\overline{A}B=A+B$；$(A+B)\cdot(A+C)=A+BC$
常见恒等式	$AB+\overline{A}C+BC=AB+\overline{A}C$；$AB+\overline{A}C+BCD=AB+\overline{A}C$

想一想 表 12-8 中的逻辑代数的定律与普通代数的定律有哪些是一样的？

表 12-8 中的等式均可用真值表验证。所谓真值表就是所有输入变量取值的组合与对应输出变量取值的组合的表。

用真值表（表 12-9）验明公式 $(A+B)(A+C)=A+BC$。

表 12-9　真值表

输入变量			左　边			右　边	
A	B	C	$(A+B)$	$(A+C)$	$(A+B)(A+C)$	BC	$A+BC$
0	0	0	0	0	0	0	0
0	0	1	0	1	0	0	0
0	1	0	1	0	0	0	0
0	1	1	1	1	1	1	1
1	0	0	1	1	1	0	1
1	0	1	1	1	1	0	1
1	1	0	1	1	1	0	1
1	1	1	1	1	1	1	1

由真值表可见，不论变量如何取值，左边恒等于右边，所以公式成立。

五、逻辑函数的化简方法

对于一个逻辑函数来说，如果表达式简单，则在实际运用中实现该逻辑表达式所需的元器件就比较少，所以简化表达式既可节约器材、降低成本，又可提高电路的可靠性。常用的逻辑函数化简方法有公式化简法和卡诺图法两种。最简表达式的标准是：一是乘积项最少；二是在保证乘积项最少的前提下，乘积项中的因子要尽可能少。常用的最简表达式是与或表达式。公式化简法有吸收法、并项法、消去法、配项法四种，具体描述如下：

(1) 吸收法

吸收法是利用 $A+AB=A$ 的公式，消去多余的项，如：

$$Y=AB+ABC=AB(1+C)=AB \qquad Y=\overline{A}+\overline{A}BC=\overline{A}(1+BC)=\overline{A}$$

(2) 并项法

利用 $A+\overline{A}=1$ 的公式，将两项并为一项，消去一个变量，如：

$$Y=AB+A\overline{B}=A(B+\overline{B})=A \qquad Y=\overline{A}\,\overline{B}C+\overline{A}\,\overline{B}\,\overline{C}=\overline{A}\,\overline{B}(C+\overline{C})=\overline{A}\,\overline{B}$$

(3) 消去法

利用 $A+\overline{A}B=A+B$，消去多余的因子，如：

$$Y=\overline{A}+AB=\overline{A}+B$$

$$Y=AB+\overline{A}C+\overline{B}C=AB+(\overline{A}+\overline{B})C=AB+\overline{AB}C=AB+C$$

(4) 配项法

利用公式 $A+\overline{A}=1$，$A+A=A$ 等，增加必要的乘积项，再用并项或吸收的办法化简，如：

$$Y=AB+\overline{A}C+BCD=AB+\overline{A}C+(A+\overline{A})BCD=AB+ABCD+\overline{A}C+\overline{A}BCD$$

$$=AB(1+CD)+\overline{A}C(1+BD)=AB+\overline{A}C$$

例 化简：$ABC+\overline{A}B+\overline{B}C+\overline{A}\,\overline{B}$

解： $ABC+\overline{A}B+\overline{B}C+\overline{A}\,\overline{B}$

$$=ABC+\overline{A}(B+\overline{B})+\overline{B}C=ABC+\overline{A}+\overline{B}C=BC+\overline{A}+\overline{B}C=C(B+\overline{B})+\overline{A}=\overline{A}+C$$

公式法化简逻辑函数的基本方法主要有上述四种，在实际化简时，有时要综合使用上述方法，需要多加练习，掌握一定的技巧，才能得到最简表达式。

认识 TTL 门电路

集成电路中常见门电路的类型主要有双极型和单极型两种。其中应用较多的是双极型的 TTL 门电路和单极型的 CMOS 门电路。TTL 门电路主要由 NPN 或 PNP 型三极管、二极管、电阻、电容等元器件组成，经过光刻、氧化、扩散等工艺制成，工艺较为复杂。这种门电路于 20 世纪 60 年代问世，至今仍广泛应用于各种数字电路或系统中。如图 12–5 所示为常见的双列直插式集成门电路。

图 12–5　双列直插式集成门电路

一、TTL 门电路的使用常识

1. 电源电压

TTL 门电路的电源电压范围较小（4.9 ~ 5.1 V），在使用时通常要根据类型的不同选择一定的电源电压，TTL 门电路的电源电压可取 $V_{CC}=5$ V，且需注意电源极性不能接反。

2. TTL 门电路多余端（不用端）的处理方法

在实际应用中，有些门电路的输入端可能会不用，这种不用的输入端称为多余端（不用端），其处理方法一般可根据门电路的逻辑功能分别接高电平或低电平。

TTL 与非门的多余端可以接高电平 1，也可以悬空，但悬空的电路的抗干扰能力较差。TTL 或非门的多余端可以接低电平 0（接地）。

四输入与非门有两个多余端时，将它们接高电平 1，其输出端 $Y=\overline{A\cdot B\cdot 1\cdot 1}=\overline{AB}$，实现了两输入与非运算。四输入或非门有两个多余端时，将它们接低电平 0，其输出端 $Y=\overline{A+B+0+0}=\overline{A+B}$，实现了两输入或非运算。

另外也可将 TTL 门电路的多余端与使用端并联使用，如四输入或非门输出端 $Y=\overline{A+B+A+A}=\overline{A+B}$。

想一想 TTL 或门的多余端如何处理？TTL 与门的多余端如何处理？

二、TTL 门电路引脚的识别

1. 外观识别引脚

TTL 门电路的封装多为双列直插式，双列直插式的集成电路引脚排列次序为：从识别标记（通常为凹口）开始，沿逆时针方向往下依次为 1、2、3 …… 图例可参看图 11–18（b）。在实际使用时要查阅相关技术手册。

2. 检测识别引脚

(1) TTL 门电路的电源引脚的判别

一般有型号的门电路可以较为方便地判断其正反面，若有文字、型号或标志的为正面。若有型号且有相关资料时，可以根据资料判别电源引脚。若无任何标志的门电路，则可以用万用表进行检测判别电源引脚。选择万用表的“$R\times 1$ k”欧姆挡，将红表笔、黑表笔分别接于对边角的两个引脚测量阻值，然后更换表笔再测量一次。一般来说，一次测量阻值为十几千欧，另一次为几千欧，则测量阻值较大那次，黑表笔接电源正极，红表笔接接地端。

(2) 输入端的判别

将 5 V 电源接入 TTL 门电路，将万用表拨到“5 mA”挡，将黑表笔接地，红表笔依次与各引脚连接，在电流表上有 0.1 ~ 0.2 mA 电流指示的引脚为输入端。

(3) 输出端的判别

将 5 V 电源接入 TTL 门电路，将万用表拨至直流电压“10 V”挡，将黑表笔接地，红表笔依次与各引脚连接，在电压表上有 0.2 ~ 0.4 V 电压指示的引脚为输出端。

(4) 同一个与非门的输入、输出端的判别

根据与非门的逻辑功能，将 5 V 电源接入 TTL 门电路后，输入端接地，万用表拨到直流电压“10 V”挡，将黑表笔接地，红表笔接输出端，同时令输入端接地，若输出为高电平，指数大于 2.7 V，那么这一对输入、输出端属于同一与非门。每个输出端可能有多个输入端，要将它们一一判别出来。当有些引脚在上述测量中无反应，则该引脚可能为空脚或门电路内部断路。

想一想 同一个或非门的输入、输出端如何判别？

认识CMOS 门电路

CMOS 门电路虽问世较晚，但从发展趋势来看，大有赶超 TTL 门电路之势。它是由 N 沟道 MOS 管和 P 沟道 MOS 管组合成的互补型 MOS 电路，即 CMOS 门电路。CMOS 门电路与 TTL 电路相比，其制造工艺简单、工序少、成本低、集成度高、功耗低、抗干扰能力强，但速度较慢。

一、CMOS 门电路的使用常识

1. 电源电压

CMOS 门电路的电源电压范围比 TTL 门电路的范围宽，如 CC4000 系列的集成电路可在 3 V ~ 18 V 电压下正常工作。CMOS 门电路使用的标准电压一般为 5 V 、10 V、15 V 三种，使用时需注意电源极性不能接反。

2. CMOS 门电路多余端（不用端）的处理方法

CMOS 门电路的多余端不能悬空，应根据实际情况接上适当的电平值。一般可以根据门电路的逻辑功能将多余端接高电平 1 或接低电平 0 。与门、与非门的多余端可以接到高电平或电源 V_{DD} 上；或门、或非门的多余端则应接地或接低电平。

3. CMOS 门电路的安全问题

除了 CMOS 门电路的输入端不能悬空外，其在存放和运送过程中，应用铝锡纸包好并放入屏蔽盒中。焊接时应使用小功率（小于 20 W）并有良好接地保护的电烙铁。

二、CMOS 门电路引脚的识别

1. CMOS 门电路电源引脚的识别

CMOS 门电路的引脚排列与 TTL 门电路一致。例如，CMOS 与非门较常见的为双列 14 脚，一般 7 脚接 V_{SS}（电源负极），14 脚接 V_{DD}（电源正极）。

2. 输入、输出端的识别

将万用表拨至“$R\times1$ k”挡，黑表笔接 7 脚，红表笔依次接 1 ~ 6 及 8 ~13 脚，比较各次的阻值大小，阻值较大的为输入端，阻值较小的为输出端。有些引脚在测量时可能阻值为 ∞ 或 0 ，若为 ∞ ，则引脚内部可能断路或空脚；若为 0 ，则说明内部短路（被击穿）。

学后测评

1. 基本的逻辑门电路有哪些？写出它们的符号、真值表、逻辑功能。

2. 化简下列表达式。

(1) $\overline{A}B\overline{C}+\overline{BC}+AC$　　(2) $A\overline{BC}+\overline{A}C+A\overline{B}C$　　(3) $A\overline{B}C+A\overline{BC}+BC$

(4) $BC+A\overline{C}+ABC+AB\overline{C}$　　(5) $A\overline{C}+AB+\overline{A}C+A\overline{B}$

3. TTL 门电路与 CMOS 门电路各有何特点？

4. 如何识读集成门电路的引脚？如何判别集成门电路的引脚？

主题13 组合逻辑电路和时序逻辑电路

情境创设

1. 视频展示举重比赛，思考电路如何实现举重运动员成绩的判断。

2. 视频展示数码显示器显示十进制数码。

3. 视频展示一个楼道内触摸延时照明电路场景，联系生活实际，思考在生活中的应用原理。

课题1 组合逻辑电路和时序逻辑电路的简介

任务书

1. 了解组合逻辑电路和时序逻辑电路的概念。
2. 掌握组合逻辑电路的分析方法和设计步骤。

组合逻辑电路和时序逻辑电路的概念和结构

数字逻辑电路按逻辑功能的不同，可分为组合逻辑电路（简称组合电路）和时序逻辑电路（简称时序电路）两大类。

组合逻辑电路的输出仅与该时刻的输入有关，与电路原来的状态无关。组合逻辑电路由若干个门电路组成，基本门电路是最简单的组合逻辑电路。随着微电子技术的不断发展，组合逻辑电路具有的逻辑功能越来越复杂，种类也越来越多。常见的组合逻辑电路有编码器、译码器、数据分配器、数据选择器、算术/逻辑运算单元等。

时序逻辑电路的输出不仅与该时刻的输入有关，还与电路原来的状态有关。因此，时序逻辑电路必须有记住电路过去状态的功能，必须有存储电路，时序逻辑电路由组合逻辑电路和存储电路两部分组成。存储电路一般由各类触发器组成。时序逻辑电路分为同步时序逻辑电路和异步时序逻辑电路。典型的时序逻辑电路有寄存器、计数器等。

组合逻辑电路的分析和设计

分析数字逻辑电路之前必须掌握组合逻辑电路的分析方法和设计步骤。

一、组合逻辑电路的分析

组合逻辑电路的分析就是由已知逻辑电路求解电路逻辑功能的过程，通常的分析步骤如图 13-1 所示。

图 13-1　组合逻辑电路的分析步骤

例 1 已知电路如图 13-2 所示，试分析电路的逻辑功能。

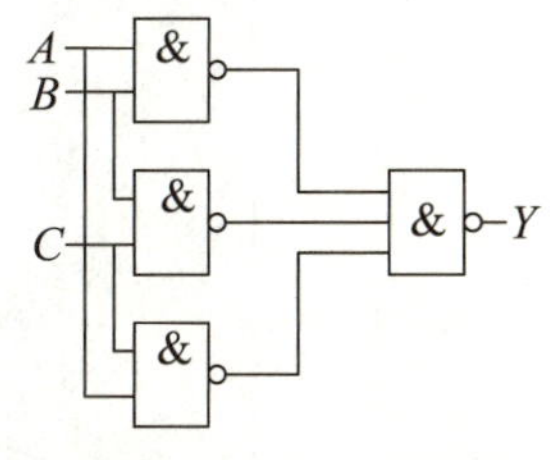

图 13-2　组合逻辑电路

解： 第一步，由图推导出输出端 Y 的表达式：

$$Y=\overline{\overline{AB}\cdot\overline{BC}\cdot\overline{AC}}$$

第二步，对表达式进行化简：

$$Y=\overline{\overline{AB}\cdot\overline{BC}\cdot\overline{AC}}=AB+BC+AC$$

第三步，由最简式列出真值表（表 13-1）。

表 13-1　真值表

A	B	C	Y
0	0	0	0
0	0	1	0
0	1	0	0
0	1	1	1
1	0	0	0
1	0	1	1
1	1	0	1
1	1	1	1

第四步，由真值表分析可知其逻辑功能为：输入变量 A、B、C 中至少有两个为 1 时，输出为 1，其余输出为 0。由逻辑功能可知该电路为三输入多数表决电路。

二、组合逻辑电路的设计

所谓组合逻辑电路的设计就是已知要实现的实际逻辑功能，设计实现该功能的逻辑电路的过程。组合逻辑电路的设计步骤如图 13-3 所示。

实际逻辑功能	—列表→	真值表	—推导→	逻辑表达式	—化简→	最简表达式	—画图→	逻辑电路图

图 13-3　组合逻辑电路的设计步骤

例 2 设计一个组合逻辑电路，要求用异或门来实现三个开关控制同一盏灯。当开关仅有一个闭合或全部闭合时灯亮，其余情况灯都不亮。

解： (1) 假设三个开关的输入变量分别为 A、B、C，输出变量为 Y，开关打开时为 0，闭合为 1，灯不亮时为 0，亮为 1，列出真值表（表 13-2）。

表 13-2 真值表

A	B	C	Y
0	0	0	0
0	0	1	1
0	1	0	1
0	1	1	0
1	0	0	1
1	0	1	0
1	1	0	0
1	1	1	1

小提示 3 个输入变量中有奇数个 1 时灯亮。

(2) 将真值表中输出 Y 为 1 所对应 A、B、C 的组合的最小项相加即可得到 Y 的逻辑函数表达式（将输入变量取值为 1 的写成原变量，取值为 0 的写成反变量）。

$$Y=\overline{A}\,\overline{B}\,C+\overline{A}\,B\,\overline{C}+A\,\overline{B}\,\overline{C}+ABC$$

小提示 最小项就是所有变量都以它的原变量或反变量的形式出现，且仅出现一次的乘积项。

(3) 公式法化简

$Y=\overline{A}\,\overline{B}\,C+\overline{A}\,B\,\overline{C}+A\,\overline{B}\,\overline{C}+ABC$ 已经为最简与或式，根据题目要求对表达式进行变换。

$$Y=(\overline{A}\,\overline{B}+AB)C+(\overline{A}\,B+A\,\overline{B})\overline{C}$$

$$=(\overline{A\oplus B})\,C+(A\oplus B)\overline{C}$$

$$=A\oplus B\oplus C$$

小提示 用代数法对逻辑函数式进行化简，输出逻辑函数式一般为与或表达式，如要求用指定的门电路实现，则需将其变换为相应的形式。

(4) 由表达式画出用异或门实现的逻辑电路图，如图 13-4 所示。

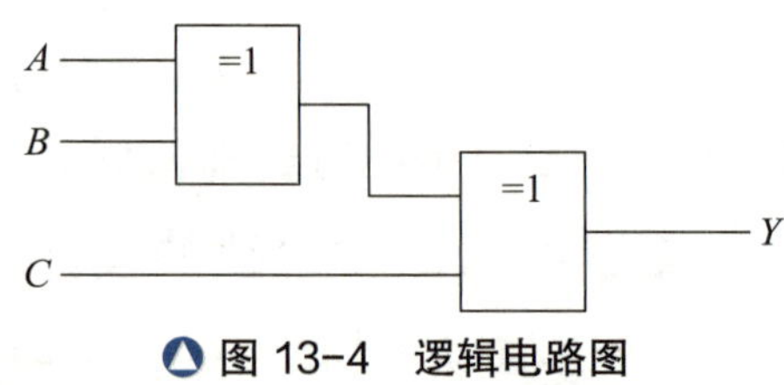

图 13-4 逻辑电路图

1. 简述组合逻辑电路的分析和设计步骤。

2. 分析如图 13-5 所示电路的功能。

3. 某厂要设计一个能监控 3 个车间的用电情况的电路，已知当任一车间用电超负荷或有故障时，该车间断电且报警通知电工维修；当有两个或两个以上车间用电超负荷或有故障时，3 个车间必须断电且报警通知电工维修。试设计满足此功能的逻辑电路（设输入变量为 A、B、C，输出变量为 Y_1、Y_2、Y_3）。

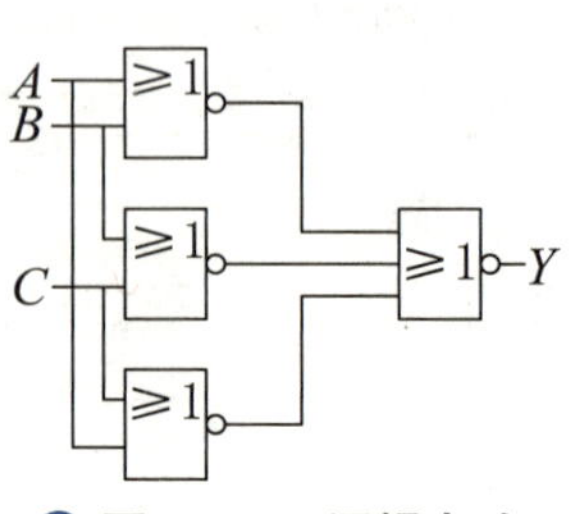

图 13-5 逻辑电路

实训12　制作与调试三人表决器

实训目的

学会制作和调试三人表决器。

实训器材

数字实验箱、万用表（MF47 型 1 块）、通用万能板 1 块、集成电路 74LS00 2 个。

实训步骤

步骤1　设计三人表决器的逻辑电路

(1) 输入A、B、C取值为“1”表示同意，取值为“0”表示反对；输出 Y 取值为“1”表示通过表决，取值为“0”表示表决未被通过。完成真值表13-3。

表 13-3　真值表

A	B	C	Y
0	0	0	
0	0	1	
0	1	0	
0	1	1	
1	0	0	
1	0	1	
1	1	0	
1	1	1	

(2) 由真值表写出表达式并化简成与非式。

Y =

(3) 由表达式作出电路图。

步骤2　安装三人表决器

(1) 根据三人表决器的逻辑电路图画出安装图。

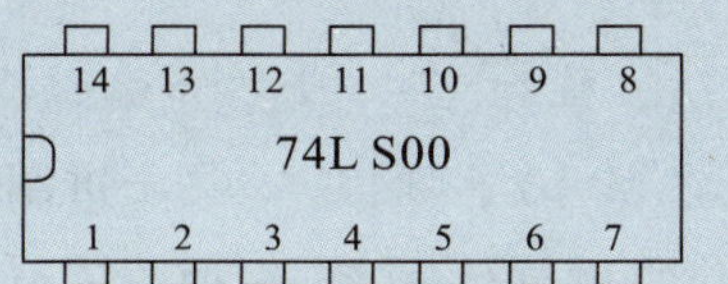

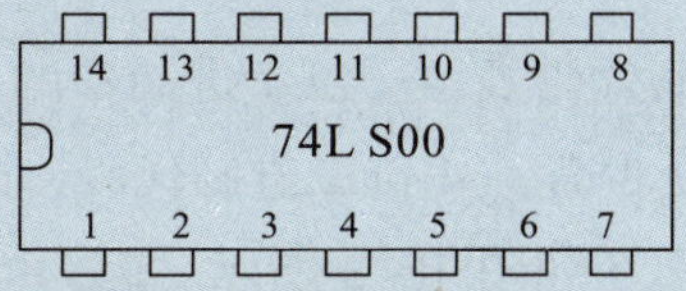

图13-6　三人表决器的安装图

(2) 根据安装图完成电路的安装。

注意事项

1. 集成块的引脚及引脚功能要明确，集成块不能插反。
2. 电源采用 5V 直流电。
3. 需进行三人表决器的调试（与表 13-3 比较）。
4. 整理工位。

*课题 2 编码器

任务书

1. 了解编码器的基本知识。
2. 了解典型集成编码电路的引脚功能，会根据功能表正确使用。

编码器的基本知识

在数字系统中，经常需要将一些具有特定意义的输入信号（如信息或数字）编成一组二进制代码进行处理，这个过程称为编码。具有编码功能的逻辑电路称为编码器。

编码器的框图如图 13-7 所示，它有 n 个输入端，m 个输出端，输入端数 n 与输出端数 m 满足 $n \leqslant 2^m$ 的关系。在 n 个输入端中，每次只能有一个输入信号有效，其余无效；每次输入有效时，只能有唯一的一组输出与之对应，即一个输入对应一组 m 位二进制代码的输出。

常见的编码器有二进制编码器、二 — 十进制编码器（ BCD 编码器）、优先编码器等。

n 位二进制代码可以表示 2^n 种不同的输入信号的编码电路为二进制编码器，如 1 位二进制代码可以表示 1、0 两种不同的输入信号，2 位二进制代码可表示 00、01、10、11 四种不同的输入信号。

用四位二进制代码表示一位十进制数的方法，称为二 — 十进制编码器。若要对 10 个输入信号编码，至少需要 4 位二进制代码，即 $2^i \geqslant 10$ ，所以二 — 十进制编码器的输出信号为 4 位，其示意图如图 13-8 所示。因为 4 位二进制代码有 16 种取值组合，可任选其中 10 种组合表示 0 ~ 9 这 10 个数字，因此有多种二 — 十进制编码方式，其中最常用的编码方式是 8421BCD 码。

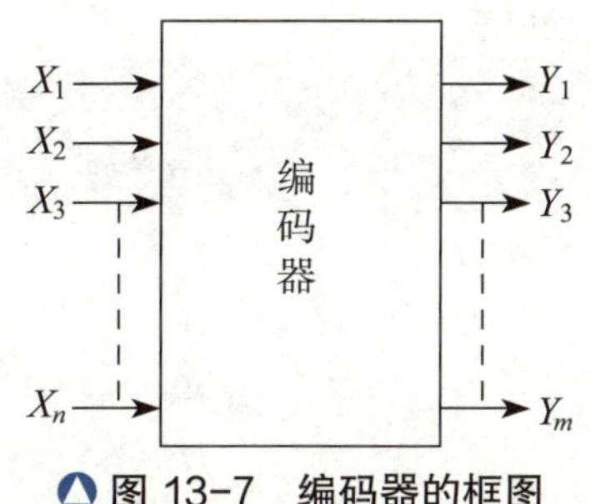

图 13-7　编码器的框图

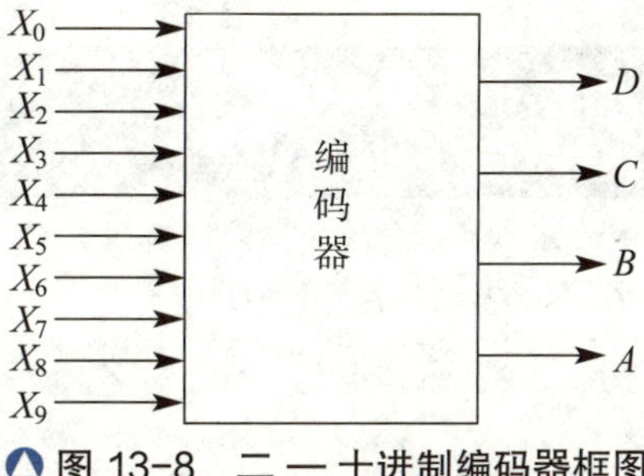

图 13-8　二一十进制编码器框图

当有多个输入端同时有信号时，优先编码器能自动地对优先权高的输入进行编码，而对优先权小的输入不予理睬。

集成编码电路中较常见的、运用较广的是优先编码器。如 8 线 - 3 线优先编码器、10 线 - 4 线优先编码器等。

一、8 线 - 3 线优先编码器

常见的 8 线 - 3 线优先编码器有 74LS148 优先编码器和 CC40148 优先编码器等。74LS148 为 TTL 集成电路，CC40148 为 CMOS 集成电路。它们在逻辑功能上没有区别，只是电性能参数不同，下面以 74LS148 为例介绍 8 线 - 3 线优先编码器。

1. 封装形式及引脚排列

74LS148 的封装形式及引脚排列如图 13-9 所示。*EI* 为输入控制端，*EO* 为输出控制端，*GS* 为组选信号输出端，$I_0 \sim I_7$ 为输入端，A_2、A_1、A_0 为输出端，V_{CC} 为电源端，*GND* 为接地端。

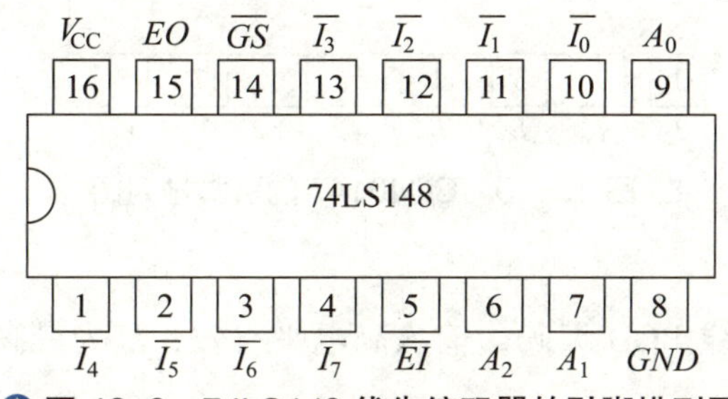

图 13-9　74LS148 优先编码器的引脚排列图

2. 功能表

74LS148 优先编码器的功能表见表 13-4 。表中 *H* 表示高电平，*L* 表示低电平，× 表示任意电平。当 *EI* 为低电平时，编码器工作；当 *EI* 为高电平时，编码器不工作，无论 8 个输入端为何种电平，3 个输出端均为高电平，*GS* 及 *EO* 为高电平。

表 13-4　优先编码器 74LS148 功能表

输入									输出				
$\overline{EI}$	$\overline{I_0}$	$\overline{I_1}$	$\overline{I_2}$	$\overline{I_3}$	$\overline{I_4}$	$\overline{I_5}$	$\overline{I_6}$	$\overline{I_7}$	A_2	A_1	A_0	$\overline{GS}$	EO
H	×	×	×	×	×	×	×	×	*H*	*H*	*H*	*H*	*H*
L	*H*	*H*	*H*	*H*	*H*	*H*	*H*	*H*	*H*	*H*	*H*	*H*	*L*
L	×	×	×	×	×	×	×	*L*	*L*	*L*	*L*	*L*	*H*
L	×	×	×	×	×	×	*L*	*H*	*L*	*L*	*H*	*L*	*H*
L	×	×	×	×	×	*L*	*H*	*H*	*L*	*H*	*L*	*L*	*H*
L	×	×	×	×	*L*	*H*	*H*	*H*	*L*	*H*	*H*	*L*	*H*
L	×	×	×	*L*	*H*	*H*	*H*	*H*	*H*	*L*	*L*	*L*	*H*
L	×	×	*L*	*H*	*H*	*H*	*H*	*H*	*H*	*L*	*H*	*L*	*H*
L	×	*L*	*H*	*H*	*H*	*H*	*H*	*H*	*H*	*H*	*L*	*L*	*H*
L	*L*	*H*	*H*	*H*	*H*	*H*	*H*	*H*	*H*	*H*	*H*	*L*	*H*

二、10 线－4 线优先编码器

常见的 10 线－4 线优先编码器有 74LS147、CC40147 等，下面以 CC40147 为例介绍 10 线－4 线优先编码器。

1. 封装形式及引脚排列

CC40147 的封装形式及引脚排列如图 13-10 所示，其中 I_0 ~ I_9 为输入端，Y_3、Y_2、Y_1、Y_0 为输出端，V_{DD} 为电源正端，V_{SS} 为电源负端。

图 13-10　CC40147 的引脚排列图

2. 功能表

CC40147 为 10 线－4 线 BCD 编码，输入高电平有效，I_9 为最高优先级，I_0 为最低优先级，其功能表见表 13-5 。

表 13-5　CC40147 的功能表

输入										输出			
I_0	I_1	I_2	I_3	I_4	I_5	I_6	I_7	I_8	I_9	Y_3	Y_2	Y_1	Y_0
H	*L*	*L*	*L*	*L*	*L*	*L*	*L*	*L*	*L*	*L*	*L*	*L*	*L*
×	*H*	*L*	*L*	*L*	*L*	*L*	*L*	*L*	*L*	*L*	*L*	*L*	*H*
×	×	*H*	*L*	*L*	*L*	*L*	*L*	*L*	*L*	*L*	*L*	*H*	*L*
×	×	×	*H*	*L*	*L*	*L*	*L*	*L*	*L*	*L*	*L*	*H*	*H*

(续表)

输入										输出			
I_0	I_1	I_2	I_3	I_4	I_5	I_6	I_7	I_8	I_9	Y_3	Y_2	Y_1	Y_0
×	×	×	×	*H*	*L*	*L*	*L*	*L*	*L*	*L*	*H*	*L*	*L*
×	×	×	×	×	*H*	*L*	*L*	*L*	*L*	*L*	*H*	*L*	*H*
×	×	×	×	×	×	*H*	*L*	*L*	*L*	*L*	*H*	*H*	*L*
×	×	×	×	×	×	×	*H*	*L*	*L*	*L*	*H*	*H*	*H*
×	×	×	×	×	×	×	×	*H*	*L*	*L*	*L*	*L*	*L*
×	×	×	×	×	×	×	×	×	*H*	*H*	*L*	*L*	*H*
L	*L*	*L*	*L*	*L*	*L*	*L*	*L*	*L*	*L*	*H*	*H*	*H*	*H*

想一想 日常生活中使用的电视遥控器、电脑键盘属于编码器吗？

学后测评

1. 什么是编码器？有哪些类别？
2. 什么是二进制编码器？与二—十进制编码器的区别主要是什么？
3. 74LS148 工作时，如果 I_1、I_5 同时为低电平时，则输出是什么？

*课题 3 译码器

任务书

1. 了解译码器的基本知识。
2. 了解典型集成译码器的引脚功能。
3. 了解数码显示器件的基本结构和工作原理。

译码器的基本知识

将二进制数码按其原意翻译成相应的输出信号的过程称为译码。译码是编码的逆过程。具有译码功能的逻辑电路称为译码器。译码器大多由门电路构成，是具有多个输入端和输出端的组合逻辑电路，如图 13-11 所示，输入端数 n 和输出端数 m 的关系为 $2^n \geqslant m$，当 $2^n = m$ 时称为全译码，当 $2^n > m$ 时称为部分译码。

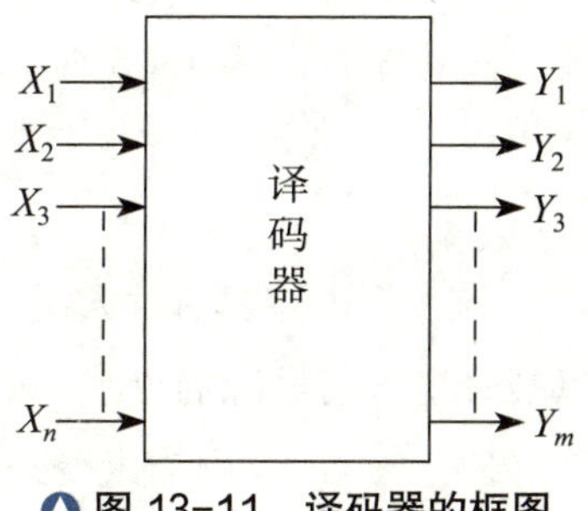

图 13-11 译码器的框图

译码器按用途不同，可分为二进制译码器、二—十进制译码器及显示译码器。二进制译码器和二—十进制译码器主要用来完成各种码制之间的转换，显示译码器主要用来译码并直接驱动显示器显示。

二进制译码器是将 n 位二进制数翻译成 m（$m=2^n$）个输出信号的电路，又称 n 线 - 2^n 线译码器。二位二进制译码器的示意图如图 13-12 所示，A、B 为输入变量，Y_0、Y_1、Y_2、Y_3 为输出变量，故为 2 线 - 4 线输出译码器，设输出高电平有效，其真值表见表 13-6 。

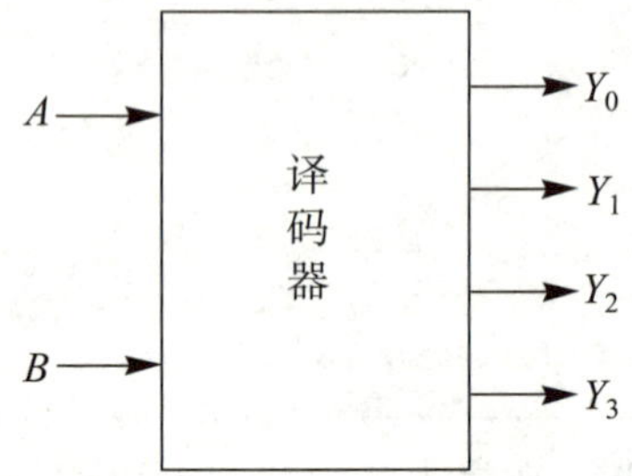

图 13-12　二位二进制译码器的示意图

通用译码器可分为 2 线 - 4 线译码器（如 74LS139）、3 线 - 8 线译码器（如 74LS138）和 4 线 - 16 线译码器（如 74LS154）等。

表 13-6　2 线 - 4 线译码器真值表

输入		输出			
B	A	Y_3	Y_2	Y_1	Y_0
0	0	0	0	0	1
0	1	0	0	1	0
1	0	0	1	0	0
1	1	1	0	0	0

74LS138 集成电路，其引脚排列如图 13-13 所示，它有 3 个输入端 A_0、A_1、A_2，8 个输出端 $\overline{Y_0}$ ~ $\overline{Y_7}$，输出低电平有效。

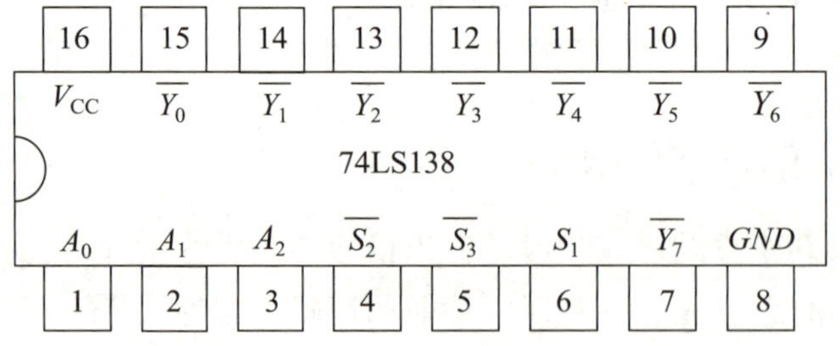

图 13-13　74LS138 引脚排列图

该逻辑电路具有输入缓冲级，6 个非门组成缓冲级以产生 A_0、A_1、A_2 及 $\overline{A_0}$、$\overline{A_1}$、$\overline{A_2}$，可以减轻输入信号源的负载。$EN=S_1\overline{S_2}\,\overline{S_3}$，其中 S_1、$\overline{S_2}$、$\overline{S_3}$ 为控制输入端。当 $EN=1$ 时，允许译码，$\overline{Y_0}$ ~ $\overline{Y_7}$ 由输入变量 A_2、A_1、A_0 所决定；当 $EN=0$ 时，禁止译码，$\overline{Y_0}$ ~ $\overline{Y_7}$ 均为 1，译码器被封锁。74LS138 译码器的真值表见表 13-7 。

表 13-7　74LS138 译码器的真值表

输　入						输　出							
S_1	$\overline{S}_2$	$\overline{S}_3$	A_2	A_1	A_0	$\overline{Y}_0$	$\overline{Y}_1$	$\overline{Y}_2$	$\overline{Y}_3$	$\overline{Y}_4$	$\overline{Y}_5$	$\overline{Y}_6$	$\overline{Y}_7$
1	0	0	0	0	0	0	1	1	1	1	1	1	1
1	0	0	0	0	1	1	0	1	1	1	1	1	1
1	0	0	0	1	0	1	1	0	1	1	1	1	1
1	0	0	0	1	1	1	1	1	0	1	1	1	1
1	0	0	1	0	0	1	1	1	1	0	1	1	1
1	0	0	1	0	1	1	1	1	1	1	0	1	1
1	0	0	1	1	0	1	1	1	1	1	1	0	1
1	0	0	1	1	1	1	1	1	1	1	1	1	0
×	1	×	×	×	×	1	1	1	1	1	1	1	1
×	×	1	×	×	×	1	1	1	1	1	1	1	1
0	×	×	×	×	×	1	1	1	1	1	1	1	1

集成 8421BCD 译码器有输入低电平有效也有输入高电平有效，具体情况可查阅相关资料。如 74LS42 为输出低电平有效，其引脚排列如图 13-14 所示。

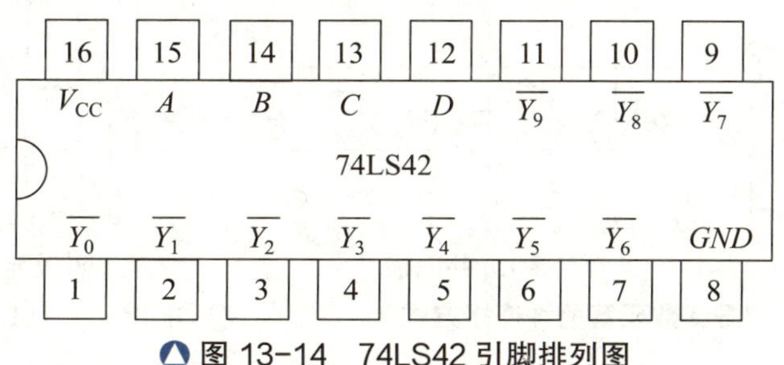

图 13-14　74LS42 引脚排列图

数码显示器件

数码显示器件是用来显示数字和符号的，常用于十进制数的显示，目前使用较多的是分段式数码显示器。如图 13-15 所示为七段数码显示器的显示字段布局和数字图形。它由七段能够独自放光的线段按一定的方式组合而成。一定的发光段组合能显示出相应的十进制数码，例如，当 a、b、c、d、e、f、g 段均发光时，就能显示数字“8”；当 a、b、c、d、e、f 发光时，就能显示数字“0”。

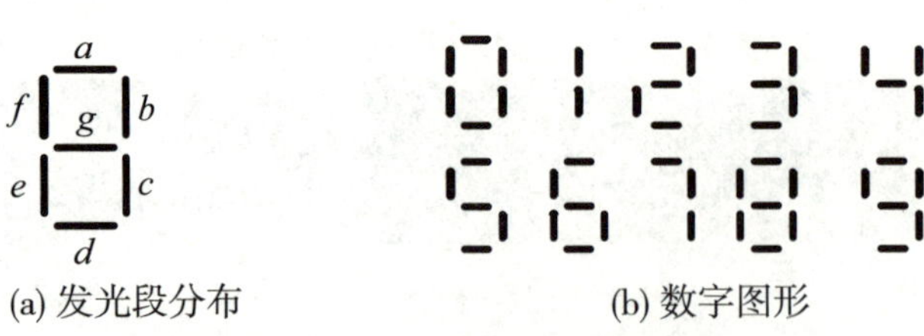

(a) 发光段分布　　(b) 数字图形

图 13-15　七段数码显示的字形

七段数码显示器主要有半导体（发光二极管）数码管、液晶数码显示器及荧光数码管三种，半导体数码管简称 LED，它是数字电路中比较常用的数码显示器件，具有显示亮度高、字迹清晰、工作电压低、体积小、寿命长等优点。

半导体数码管有共阴极与共阳极两种连接方式，如图 13–16 所示。共阴极连接时，译码器输出高电平时才能驱动相应的发光二极管导通发光，如 *abcdefg* = 1011011 时，显示数字“ 5 ”。共阳极连接时，译码器输出低电平时才能驱动相应的发光二极管导通发光，如 *abcdefg* = 0100100 时，显示数字“ 5 ”。

常用的共阴极显示器型号有 BS201、BS202、BS207 及 LC5011–11 等，共阳极显示器型号有 BS204、BS206 及 LA5011–11 等，它们的引脚排列如图 13–17 所示。在使用前应先查阅明确 LED 的连接方式。

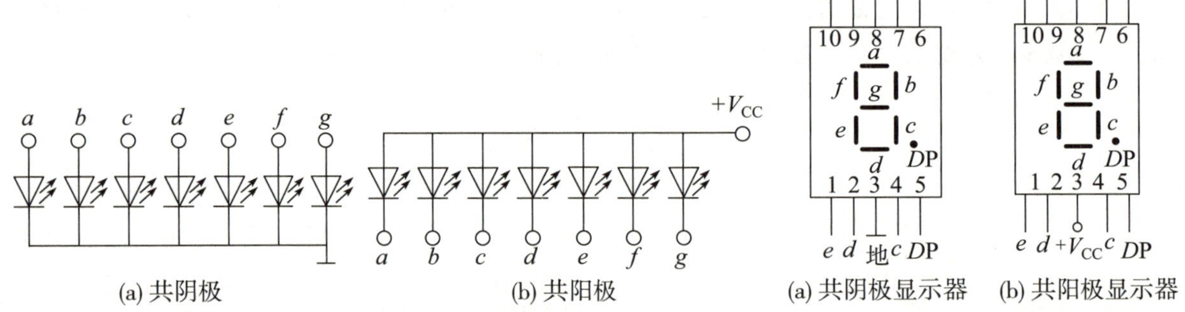

(a) 共阴极　　(b) 共阳极

图 13–16　LED 数码管两种连接方式

(a) 共阴极显示器　　(b) 共阳极显示器

图 13–17　LED 七段数码管引脚排列图

加油站

七段显示器的应用

1. 液晶显示器

在电子手表、微型计算器等小型电子器件的数字显示部分，多采用液晶分段式数码显示器。它是利用液晶在电场作用下光学性能变化的特性而制成的，如图 13–18 所示，在涂有导电层的基片上，按分段图形灌注液晶后封装好，然后用译码器输出端与各脚相连，在控制电压作用下的液晶段由于光学性能的变化而出现反差，从而显示相应数字。液晶显示器的优点是工艺简单、体积小、功耗极低，缺点是清晰度较低。

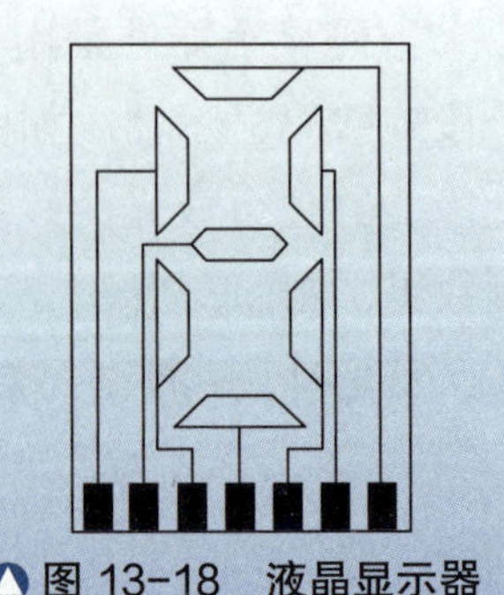

图 13–18　液晶显示器

2. 荧光数码管

荧光数码管是一种分段式的电真空显示器件，其内部的阴极加热后发射出电子，经栅极电场加速，然后再撞击到加有正电压的阳极上，于是涂在阳极上的氧化锌（荧光粉）便发出荧光。荧光数码管的优点是工作电压低、电流小、清晰悦目、稳定可靠、视距较大、寿命较长，缺点是需要灯丝电源、强度差、安装不方便。

学后测评

1. 译码器有哪些类别？

2. 查阅资料，识别集成译码器 74LS154 的引脚及其功能。

3. 当 BS202 显示器的 *abcdefg* =1101101 时，显示数字为多少？当 BS204 显示器的 *abcdefg* = 1001100 时，显示数字为多少？

课题 4 触发器

任务书

1. 了解基本 RS 触发器的电路组成和逻辑功能。
2. 了解同步 RS 触发器的特点、时钟脉冲的作用，了解其逻辑功能。
3. 熟悉 JK 触发器、D 触发器和 T 触发器的电路符号和逻辑功能。

数字电路中的基本工作信号是二进制数字信号，触发器就是存放这种信号的基本单元，也是组成时序逻辑电路的基本单元，在信号产生、变换和控制电路中有着广泛的应用。

触发器的类型较多，根据电路结构形式的不同，可分为基本触发器、同步触发器、主从触发器、边沿触发器等；根据逻辑功能的不同，可分为 RS 触发器、JK 触发器、D 触发器、T 触发器等。

RS 触发器

一、基本 RS 触发器

1. 电路组成和符号

基本 RS 触发器是由两个逻辑门首尾通过反馈线交叉耦合构成的。两个与非门交叉连接的基本 RS 触发器的电路组成及符号如图 13–19 所示，$\overline{R}$ 、$\overline{S}$ 为基本 RS 触发器的输入端，字母上面的非号“—”及符号图上面的小圆圈表示低电平有效。Q、$\overline{Q}$ 为基本 RS 触发器的输出端，其状态总是互补的，通常规定触发器 Q 端的状态为触发器的状态。电路无输入信号时，有两个稳定状态，即 $Q=0$、$\overline{Q}=1$ 时触发器处于 0 态，$Q=1$、$\overline{Q}=0$ 时触发器处于 1 态。

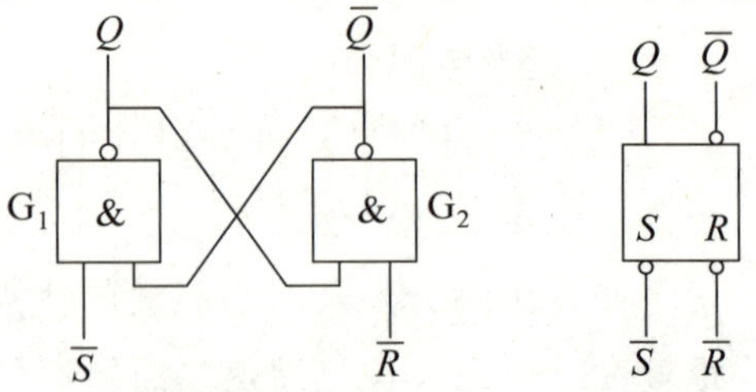

图 13-19 基本 RS 触发器

2. 逻辑功能

(1) $\overline{R}=\overline{S}=1$ 时，触发器保持原来状态不变

若触发器原来状态为 $Q_n=0$、$\overline{Q}_n=1$（Q_n 表示触发器原来的状态，Q_{n+1} 表示触发器现在的状态），根据与非门的逻辑功能可得 $Q_{n+1}=0$、$\overline{Q}_{n+1}=1$；若触发器原来状态为 $Q_n=1$、$\overline{Q}_n=0$，根据与非门的逻辑功能得 $Q_{n+1}=1$、$\overline{Q}_{n+1}=0$。所以，不论触发器原来是什么状态，只要 $\overline{R}=\overline{S}=1$，基本 RS 触发器就会保持原来的状态不变，这就是触发器的记忆功能。

(2) $\overline{R}=0$、$\overline{S}=1$ 时，触发器为 0 态

若触发器原来处于 0 态（$Q_n=0$、$\overline{Q}_n=1$），与非门 G_2 的输入 $\overline{R}=0$，则输出 $\overline{Q}_{n+1}=1$；与非门 G_1 的输入 $\overline{S}$ 全为 1，则输出 $Q_{n+1}=0$。若触发器原来处于 1 态（$Q_n=1$、$\overline{Q}_n=0$），与非门 G_2 的输出 $\overline{Q}_{n+1}=1$，与非门 G_1 的输入全为 1，则输出 $Q_{n+1}=0$。综上所述，不论触发器是什么状态，只要 $\overline{R}=0$、$\overline{S}=1$，则触发器状态一定为 0 态。

(3) $\overline{R}=1$、$\overline{S}=0$ 时，触发器为 1 态

因为与非门 G_1 的输入 $\overline{S}=0$，所以与非门 G_1 的输出 $Q_{n+1}=1$，同时 $\overline{R}=1$，所以与非门 G_2 的输入全为 1，则输出 $\overline{Q}_{n+1}=0$。因此，不论触发器原来状态怎样，只要 $\overline{R}=1$、$\overline{S}=0$，触发器必为 1 态。

(4) $\overline{R}=\overline{S}=0$，触发器状态不定

此时与非门 G_1、G_2 的输出 $Q_{n+1}=1$、$\overline{Q}_{n+1}=1$ 破坏了 Q 与 $\overline{Q}$ 互补的约定，这种情况是禁止的，而且当 $\overline{R}$、$\overline{S}$ 的低电平信号消失后，Q 与 $\overline{Q}$ 的状态是不确定的。

归纳上述分析即可得到基本 RS 触发器的真值表（表 13-8）。

表 13-8 基本 RS 触发器的真值表

$\overline{R}$	$\overline{S}$	Q_{n+1}	逻辑功能
0	0	×	不定
0	1	0	置 0
1	0	1	置 1
1	1	Q_n	保持

二、同步 RS 触发器

在数字系统中，为协调各部分的工作状态，需要由时钟脉冲 *CP* 来控制触发器按一定的节拍同步动作，由时钟脉冲控制的触发器称为同步触发器，又称钟控触发器、时钟触发器。

1. 电路组成和符号

同步 RS 触发器是在基本 RS 触发器的基础上增加了两个控制门 G_3、G_4 及一个控制信号 *CP*，输入信号经过控制门传送，其电路组成及符号如图 13-20 所示。*CP* 为钟控端，控制门 G_3、G_4 的开通和关闭，*R*、*S* 为信号输入端，Q、$\overline{Q}$ 为输出端，$\overline{S}_D$ 为异步置 1 端，$\overline{R}_D$ 为异步置 0 端。

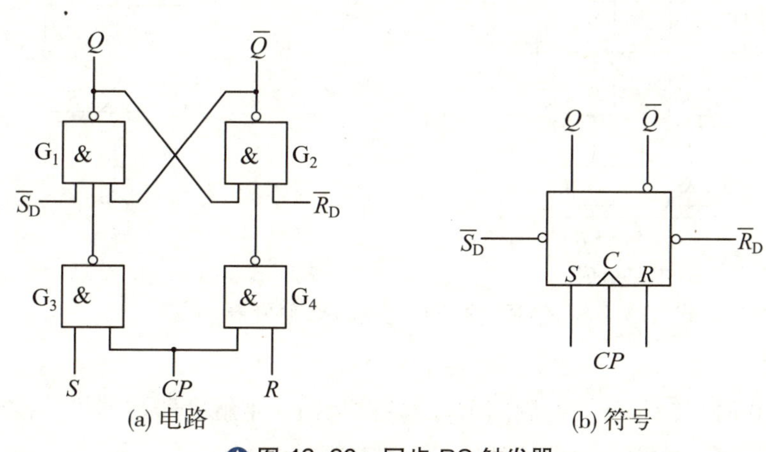

图 13-20 同步 RS 触发器

2. 逻辑功能

(1) 当 $CP = 0$ 时，控制门 G_3、G_4 被封锁，无论输入信号 *R*、*S* 如何变化，触发器的状态不变。

(2) 当 $CP = 1$ 时，控制门 G_3、G_4 被打开，输出由 *R*、*S* 决定，触发器的状态随输入信号 *R*、*S* 的改变而改变。

根据与非门基本 RS 触发器的逻辑功能，可列出同步 RS 触发器的真值表（表 13-9）。

表 13-9 同步 RS 触发器的真值表

R	*S*	Q_{n+1}	逻辑功能
0	0	Q_n	保持
0	1	1	置 1
1	0	0	置 0
1	1	×	不定

由逻辑符号可知，*R*、*S*、*CP* 处均无小圆圈，表示高电平有效。

$\overline{R}_D$、$\overline{S}_D$ 为异步控制端，可直接使触发器置 0 或置 1，输入低电平有效，即当 $\overline{R}_D$（或 $\overline{S}_D$）

出现低电平时，触发器的状态与 R、S、CP 均无关，直接由 $\overline{R}_D$（或 $\overline{S}_D$）决定置 0（或置 1）。

三、主从 RS 触发器

1. 电路组成和符号

主从 RS 触发器由两个同步 RS 触发器（主触发器和从触发器）组成，如图 13–21 所示，从触发器的时钟脉冲是主触发器时钟脉冲取反的结果。

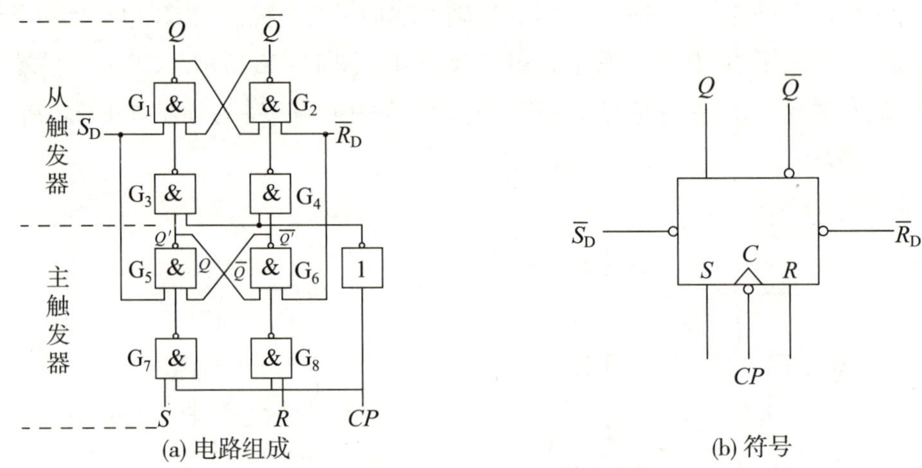

图 13–21　主从 RS 触发器

2. 逻辑功能

(1) 当 $CP = 0$ 时，$\overline{CP} = 1$，控制门 G_7、G_8 被封锁，主触发器被禁止，控制门 G_3、G_4 被打开，从触发器使能，接收主触发器的信号，从而使 $Q = Q'$，$\overline{Q} = \overline{Q}'$。

(2) 当 $CP = 1$ 时，$\overline{CP} = 0$，门 G_3、G_4 被封锁，从触发器被禁止，即 Q、$\overline{Q}'$ 状态不变，控制门 G_7、G_8 被打开，Q'、$\overline{Q}'$ 由 R、S 决定。

(3) 当 CP 由 1 变为 0 时，$\overline{CP}$ 由 0 变为 1，主触发器被禁止，从触发器接收在 $CP = 1$ 期间存入主触发器的信号。

综上所述，主从 RS 触发器的逻辑功能与同步 RS 触发器的逻辑功能完全相同，只是分成两拍进行。第一拍，CP 由 0 变 1 后，主触发器接收输入信号，但整个触发器的状态不变；第二拍，CP 由 1 变 0，即 CP 下降沿到来时，从触发器接收主触发器的信号，而主触发器不接收外来信号。

主从 RS 触发器的真值表，与同步 RS 触发器的真值表一样，只不过触发方式为下降沿触发有效，“○”表示 CP 下降沿触发有效，如图 13–21（b）所示符号，即状态变化发生在 CP 的下降沿时刻。

JK 触发器、D 触发器、T 触发器

一、JK 触发器

JK 触发器是功能最完备的触发器，应用较广。根据结构的不同，JK 触发器可分为维持

阻塞型、边沿型、主从型等，它们结构虽然有所不同，但其逻辑功能是相同的。

1. 电路组成和符号

如图 13–22 所示，JK 触发器是在主从 RS 触发器的基础上发展而来，主从 RS 触发器在 $CP=1$ 时输入信号之间有约束，即 $S=R=1$ 时，控制门 G_7、G_8 输入全为高电平，因此输出全为低电平，从而导致 Q'、$\overline{Q}'$ 全为 1，这是不允许的。而 JK 触发器在 $CP=1$ 时，Q'、$\overline{Q}'$ 的状态不变而且互补，所以把它们引回到门 G_7、G_8 的输入端，就可以避免输入的约束问题。

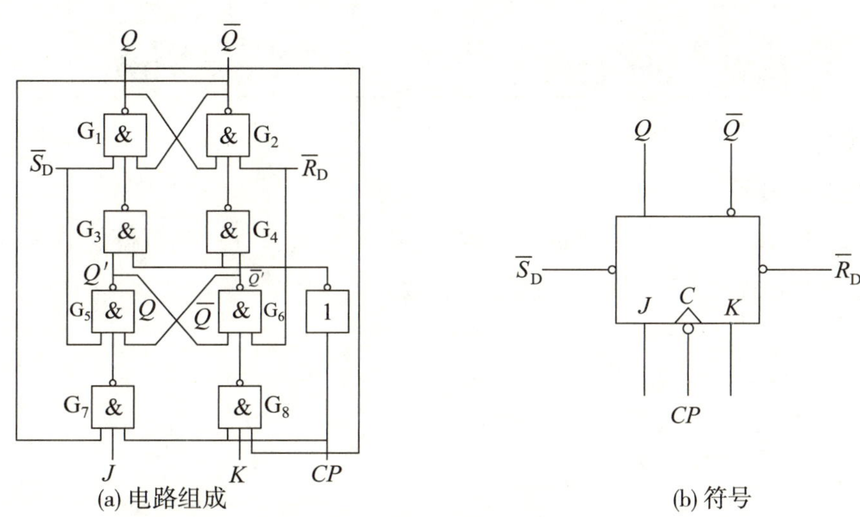

(a) 电路组成　　(b) 符号

图 13–22　主从 JK 触发器及符号

2. 逻辑功能

(1) $J=K=0$，$Q_{n+1}=Q_n$

当 $J=K=0$ 时，控制门 G_7、G_8 被封锁，CP 脉冲到来后，触发器的状态并不翻转，即 $Q_{n+1}=Q_n$，输出保持原态不变。

(2) $J=K=1$，$Q_{n+1}=\overline{Q}_n$

当 $J=K=1$ 时，相当于 J、K 不加输入信号，把 $J\overline{Q}_n$、KQ_n 分别视为主从 RS 触发器的输入端 S、R 来对待，因为 $S=\overline{Q}_n$，$R=Q_n$，根据主从 RS 触发器的逻辑功能，CP 脉冲到来后，触发器的状态 $Q_{n+1}=S=\overline{Q}_n$。

(3) $J=1$，$K=0$，$Q_{n+1}=1$（触发器为 1 态）

把 $J\overline{Q}_n$、KQ_n 分别视为主从 RS 触发器的输入端 S、R，由 $J=1$，$K=0$ 可知，主从 RS 触发器 $S=\overline{Q}_n$，$R=0$。当 $Q_n=0$ 时（即 $S=1$，$R=0$），根据主从 RS 触发器的逻辑功能，CP 下降沿到来后，$Q_{n+1}=1$；当 $Q_n=1$ 时（即 $S=0$，$R=0$ 时），$Q_{n+1}=Q_n=1$。

(4) $J=0$，$K=1$，$Q_{n+1}=0$（触发器为 0 态）

同样把 $J\overline{Q}_n$、KQ_n 分别视为主从 RS 触发器的输入端 S、R，由 $J=0$，$K=1$ 可知，$S=0$，$R=Q_n$。当 $Q_n=1$ 时（即 $S=0$，$R=1$），根据主从 RS 触发器的逻辑电路，CP 下降

沿到来后，$Q_{n+1}=0$；当 $Q_n=0$ 时（即 $S=0$，$R=0$），$Q_{n+1}=Q_n=0$。

根据以上分析可得主从 JK 触发器的真值表（表 13-10）。

表 13-10　主从 JK 触发器的真值表

J	K	Q_{n+1}	逻辑功能
0	0	Q_n	保持
0	1	0	置0
1	0	1	置1
1	1	$\overline{Q_n}$	翻转（计数）

二、D 触发器

1. 电路组成和符号

如图 13-23 所示，将 JK 触发器的两个输入端用非门连接在一起可得到 D 触发器。由符号图可知，其触发方式为 CP 下降沿（触发）有效。

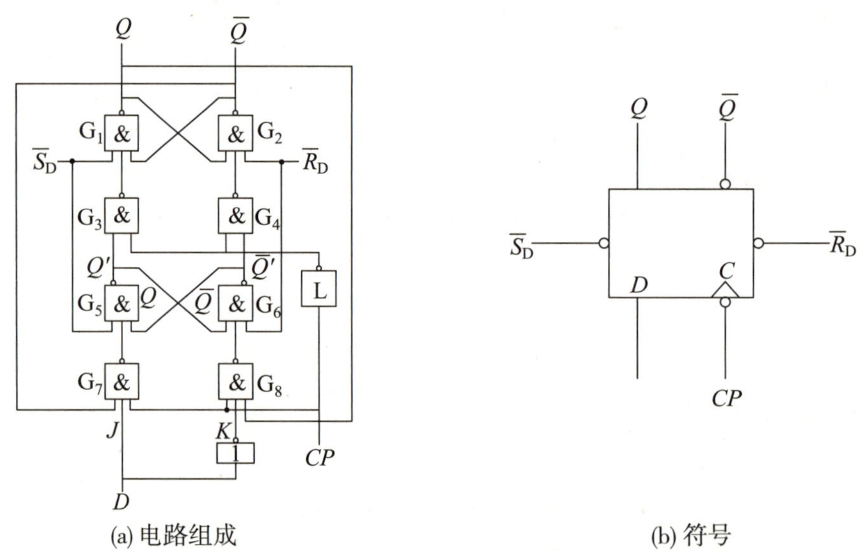

(a) 电路组成　　(b) 符号

图 13-23　D 触发器

2. 逻辑功能

(1) 当 $CP=1$ 时，不论输入信号 D 为多少，触发器的状态不变。

(2) 当 $CP=0$ 时，若 $D=0$，输出为 0；若 $D=1$，输出为 1。

D 触发器的真值表见表 13-11。

表 13-11　D 触发器的真值表

D	Q_{n+1}	逻辑功能
0	0	置 0
1	1	置 1

三、T 触发器

1. 电路组成和符号

如图 13-24 所示，只需将 JK 触发器的两个输入端 J、K 连在一起，作为输入端 T，即可得到 T 触发器。

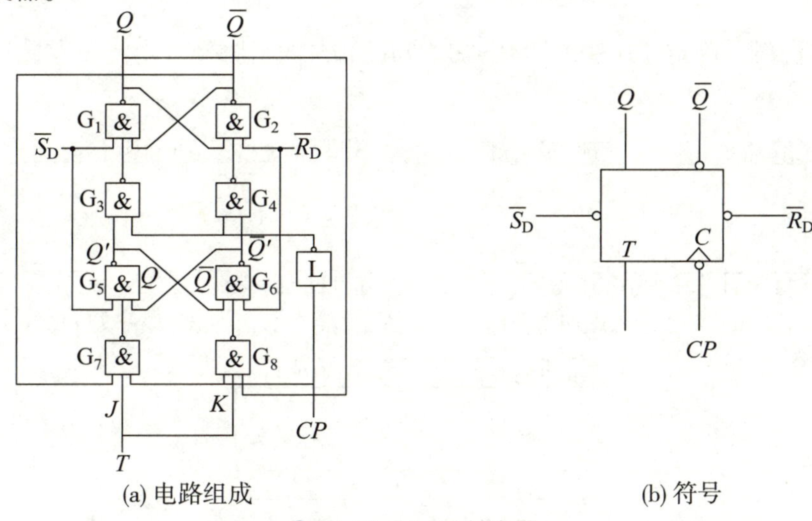

(a) 电路组成　　(b) 符号

图 13-24　T 触发器

2. 逻辑功能

T 触发器的逻辑功能为 JK 触发器 $J=K$ 时的逻辑功能，T 触发器的真值表见表 13-12。

表 13-12　T 触发器的真值表

T	Q_{n+1}	逻辑功能
0	Q_n	保持
1	$\overline{Q_n}$	翻转（计数）

想一想 触发器按逻辑功能可分为哪些种类？功能最完善的是哪一种？

学后测评

1. RS、JK、D、T 触发器的逻辑功能各是什么？
2. JK 触发器能否用作 D、T 触发器？若可以，请说明应怎样使用。
3. 查阅资料说明 CC4027、CT74LS112、CC4013、CT74LS175 触发器的引脚功能。

实训 13　制作四人抢答器

实训目的

1. 熟悉集成电路的使用，熟悉 74LS00 、74LS20 、74LS175 的引脚排列及其功能。
2. 会根据原理图绘制安装图，掌握 74LS175 构成四人抢答器的制作。

实训器材

数字逻辑电路实验箱 1 台，74LS00 、74LS20 、74LS175 各 1 个，270 Ω 电阻 5 个，发光二极管 5 个，按钮 4 个，导线若干。

实训步骤

1. 查阅资料，确定 74LS00、74LS20、74LS175 的引脚及其功能，在图 13-25 中标出引脚功能。

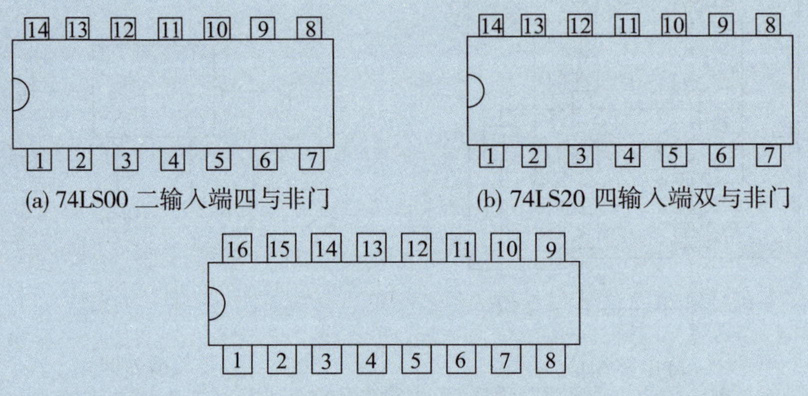

图 13-25　74LS00、74LS20、74LS175的引脚功能

2. 根据四人抢答器的原理图（图 13-26 ）绘制安装图。

3. 按安装图连接四人抢答器。

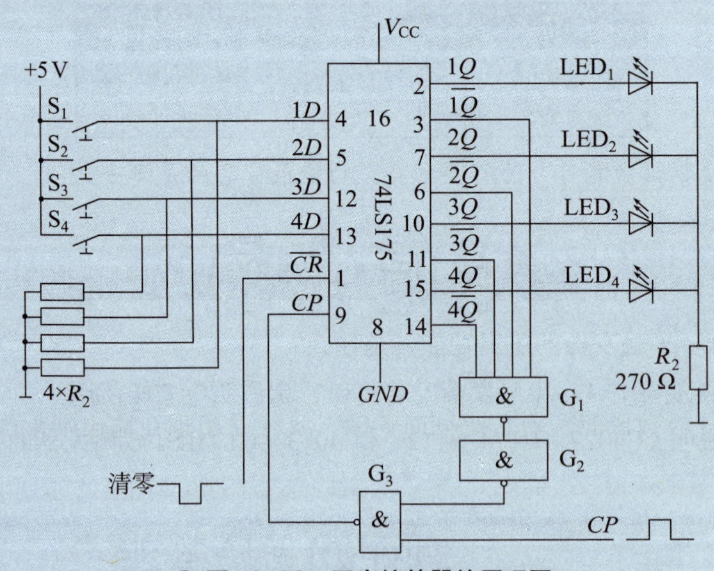

图 13-26　四人抢答器的原理图

注意事项

1. 3 个集成电路都要接 +5 V 直流电源。

2. 要注意对应的集成门电路、触发器的输入、输出关系，避免接错。

课题 5 寄存器

任务书

1. 了解寄存器的功能、基本构成和常见类型。
2. 结合集成移位寄存器典型产品的应用，了解其功能及工作过程。

寄存器的基本知识

一、寄存器的概念

把二进制数据或代码暂时存储起来的操作称为寄存，具有寄存功能的电路称为寄存器。一个触发器能寄存 1 位二进制代码，所以 n 位寄存器是由 n 个触发器组成的。寄存器由触发器和门电路组成，在一定条件下，它可以用来输入、存储及输出数据。

二、寄存器的种类

寄存器按功能可以分为数码寄存器和移位寄存器。

1. 数码寄存器

如图 13–27 所示为四位数码寄存器逻辑电路图，数码寄存器具有寄存数据的功能。当接收脉冲 CP 的上升沿到达时，寄存器接收新的数据，并存入各触发器中，同时由 Q_0 ~ Q_3 输出更新后的数据。寄存器的数据可以保存到下一个 CP 脉冲的上升沿到来之前。

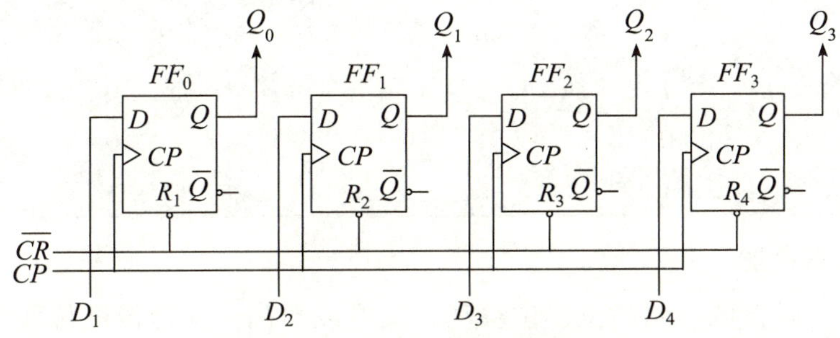

图 13–27 四位数码寄存器

数码寄存器接收数码时所有代码同时读入，且同时出现在输出端，这种方式称为并行输入、并行输出方式。

2. 移位寄存器

有时为了处理数据，需要将寄存器中的各项数据在移位控制信号作用下，依此向高位或低位移动，具有移位功能的寄存器称为移位寄存器。移位寄存器有单向移位寄存器和双向移位寄存器。

(1) 单向移位寄存器

把若干个边沿 D 触发器串接起来，就可以构成一个单向移位寄存器。如图 13-28 所示为四位单向移位寄存器。

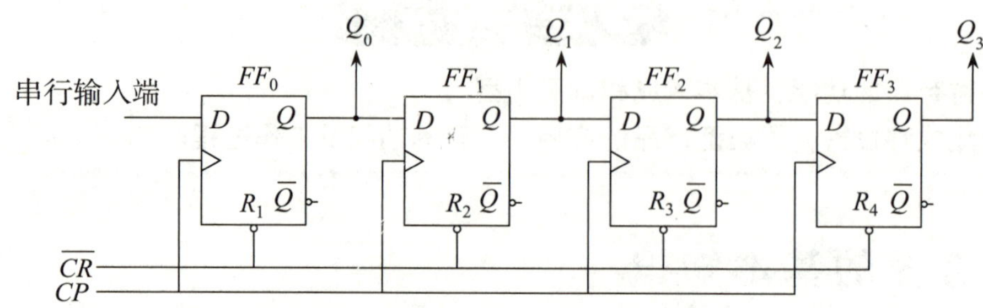

图 13-28　四位单向移位寄存器

首先将寄存器清零，只要在 $\overline{CR}$ 端输入一负脉冲，触发器各输出均为零，然后在 D 输入端加入数据信号，设 D = 1101，从 D 端自高向低逐位输入 1101，D 信号应与 CP 脉冲相互对应，D 信号先于 CP 脉冲上升沿到来之前置入 D 输入端，其工作过程见表 13-13 。由表 13-13 可以看出，经过四个 CP 脉冲后，数据信号 1101 置入了寄存器。这种工作方式为串行输入、并行输出方式。如果再输入四个 CP ，Q_3 将输出一组寄存的数据，这种方式为并行输入、串行输出方式。

表 13-13　状态表

CP	输　入	输　出				移位过程
	D	Q_0	Q_1	Q_2	Q_3	
0		0	0	0	0	清零
1	1	1	0	0	0	向高位移一位
2	1	1	1	0	0	向高位移二位
3	0	0	1	1	0	向高位移三位
4	1	1	0	1	1	向高位移四位

(2) 双向移位寄存器

所存数码既可以自低位向高位逐位移动，又可以自高位向低位逐位移动的寄存器称为双向移位寄存器。

想一想 用 D 触发器可以组成数码寄存器，用 JK 触发器能实现数码寄存吗?

典型集成移位寄存器

典型集成移位寄存器的种类繁多，如 74LS173、74LS194、74LS198、CC4021 等都是常见的集成移位寄存器。其中 74LS173 为四位单向移位寄存器，其引脚排列如图 13-29 所示；74LS194、74LS198、CC402 为双向移位寄存器。这里以 74LS194 为例介绍集成移位寄存器的逻辑功能，其引脚排列图如图 13-30 所示，功能表见表 13-14 。

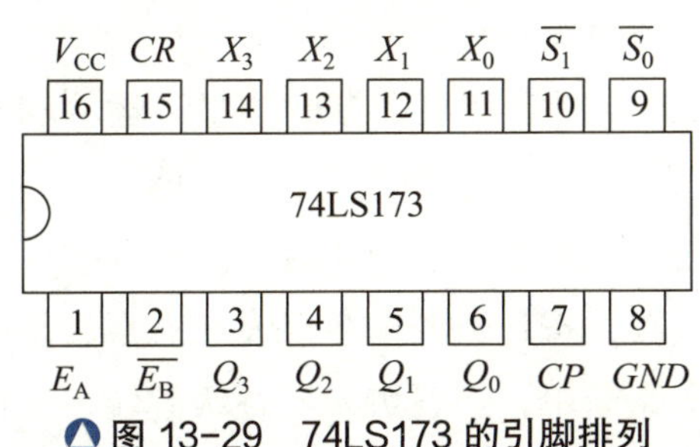

图 13-29　74LS173 的引脚排列

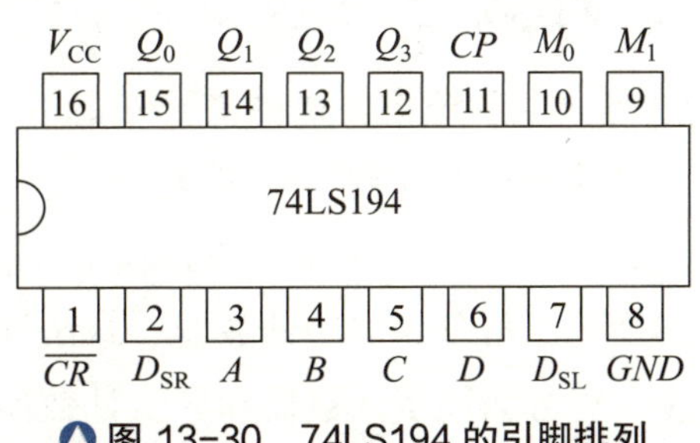

图 13-30　74LS194 的引脚排列

表 13-14　74LS194 的功能表

输入										输出				功能
$\overline{CR}$	CP	D_{SR}	D	C	B	A	D_{SL}	M_0	M_1	Q_3	Q_2	Q_1	Q_0	
L	×	×	×	×	×	×	×	×	×	L	L	L	L	复零
H	↑	×	×	×	×	×	×	L	L	Q_3^n	Q_2^n	Q_1^n	Q_0^n	保持
H	↑	×	×	×	×	×	H	L	H	Q_1^n	Q_2^n	Q_3^n	H	左移
H	↑	×	×	×	×	×	L	L	H	Q_1^n	Q_2^n	Q_3^n	L	左移
H	↑	H	×	×	×	×	×	H	L	H	Q_0^n	Q_1^n	Q_2^n	右移
H	↑	L	×	×	×	×	×	H	L	L	Q_0^n	Q_1^n	Q_2^n	右移
H	↑	×	D	C	B	A	×	H	H	D	C	B	A	并入

由功能表可知，当 $M_0M_1 = 00$ 时，寄存器保持；当 $M_0M_1 = 01$ 时，寄存器左移；当 $M_0M_1 = 10$ 时，寄存器右移；当 $M_0M_1 = 11$ 时，寄存器并行输入。

学后测评

1. 什么是寄存器？有哪些种类？
2. 查阅资料，描述 74LS173 的逻辑功能。

课题 6　计数器

任务书

1. 了解计数器的功能及计数器的类型。
2. 理解二进制、十进制等典型集成计数器的外特性，掌握其应用。

计数器的基本知识

在数字系统中，往往需要对脉冲的个数进行计数，以便实现对数据的测量、运算和控制，像这种具有计数功能的电路称为计数器。计数器具有计数、分频、定时的功能。

计数器的种类很多，按进位制不同，可分为二进制计数器和非二进制计数器；按计数值的增减，可分为加法计数器、减法计数器和可逆计数器；按计数器中各触发状态翻转是否同步，可分为同步计数器和异步计数器。异步计数器电路简单，但各触发器逐级翻转，工作进度慢，在实际使用中多采用同步计数器。

典型集成计数器

一、二进制计数器

二进制计数器有加法计数器、减法计数器和可逆计数器。可逆计数器在控制端作用下可进行加或减计数，如图 13–31 所示的二进制可逆计数器 CC4516，其功能表见表 13–15。

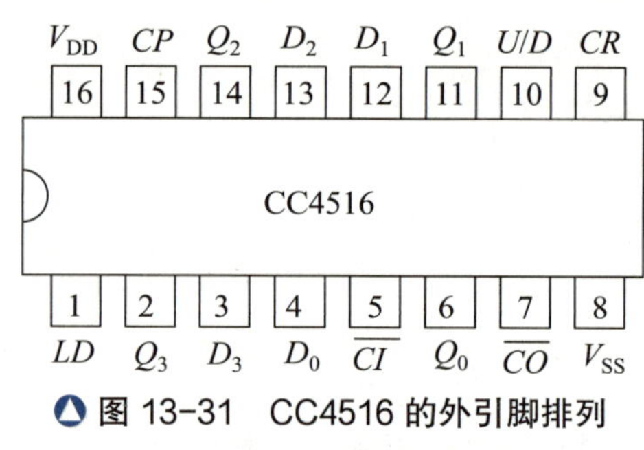

图 13–31　CC4516 的外引脚排列

表 13–15　CC4516 的功能表

输入									输出			
CP	$\overline{CI}$	U/D	LD	CR	D_0	D_1	D_2	D_3	Q_0	Q_1	Q_2	Q_3
×	×	×	H	L	d_0	d_1	d_2	d_3	d_0	d_1	d_2	d_3
×	×	×	×	H	×	×	×	×	L	L	L	L
×	H	×	L	L	×	×	×	×	保持			
↑	L	H	L	L	×	×	×	×	加计数			
↑	L	L	L	L	×	×	×	×	减计数			

常见的二进制计数器还有 74161、74LS191、74LS193、74LS293、CC4520 等。

二、十进制计数器

CC4518 是同步十进制加法计数器，主要特点是时钟触发可用上升沿，也可用下降沿，主要采用 8421 编码。其引脚排列如图 13–32 所示，逻辑功能见表 13–16 。

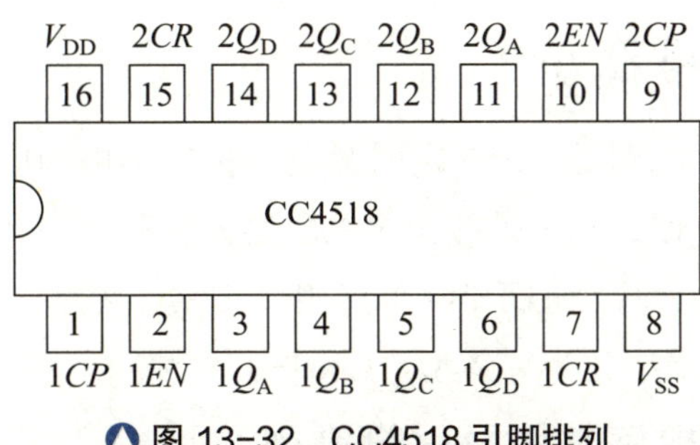

图 13-32　CC4518 引脚排列

表 13-16　CC4518 集成计数器功能表

输　入			输　出
CP	*CR*	*EN*	
↑	*L*	*H*	加计数
L	*L*	↓	加计数
↓	*L*	×	保持
×	*L*	↑	
↑	*L*	*L*	
H	*L*	↓	
×	*H*	×	全部为 *L*

CC4518 内含有两个功能完全相同的计数器，每一个计数器均有两个时钟输入端 *CP* 和 *EN*，若用时钟上升沿触发，则信号由 *CP* 端输入，同时将 *EN* 端设置为高电平；若用时钟下降沿触发，则信号由 *EN* 端输入，同时将 *CP* 端设置为低电平。CC4518 的 *CR* 端为清零信号输入端，当在该脚加高电平或正脉冲时，计数器各输出端均为低电平。

常见的十进制计数器还有 74160、74LS190、CC4510、CC40192 等型号。

学后测评

1. 什么是计数器？有哪些类别？
2. 计数器有哪些功能？
3. 二进制计数器与十进制计数器有何区别？

*课题 7　时基集成电路

任务书

1. 了解 555 时基集成电路的引脚排列、功能。
2. 理解 555 时基集成电路的应用。

555 时基电路简介

555 时基电路又称 555 定时器，555 定时器是一种应用极为广泛的中规模模数混合集成电路。该电路使用灵活、方便，只需外接少量的阻容元件就可以构成单稳态触发器、多谐波振荡器及施密特触发器，因而广泛用于信号的产生、变换、控制与检测。目前生产的定时器有双极型（TTL）和互补金属氧化半导体型（CMOS）两种。

一、555 定时器的电路结构及引脚排列

如图 13-33 所示为双极型 555 定时器电路结构和引脚图，其内部包括由三个阻值为 5 kΩ 的电阻组成的分压电路，两个电压比较器 C_1 和 C_2，基本 RS 触发器，放电管 V 以及反相器。

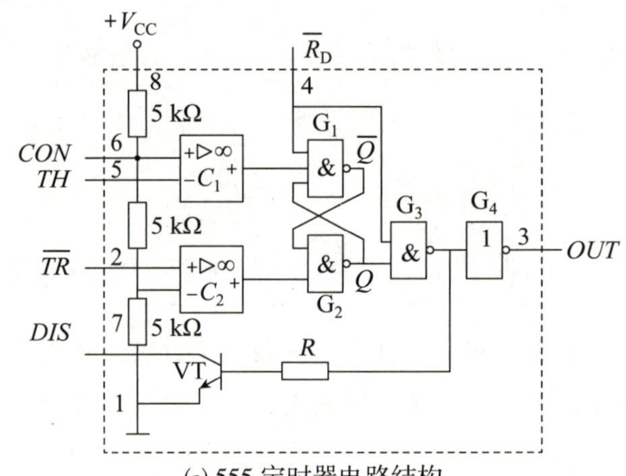

(a) 555 定时器电路结构

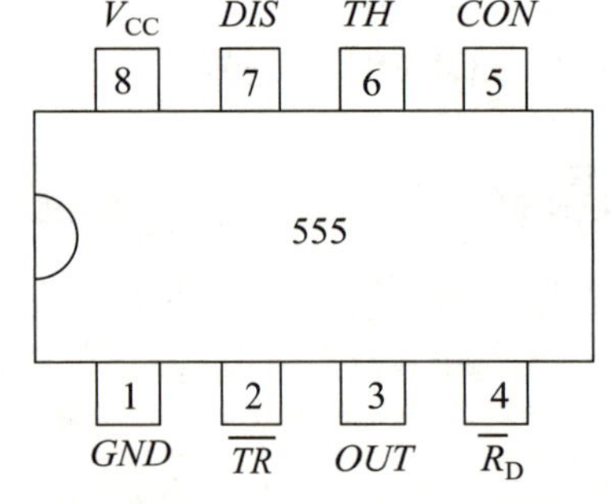

(b) 双列直插型 555 定时器的引脚

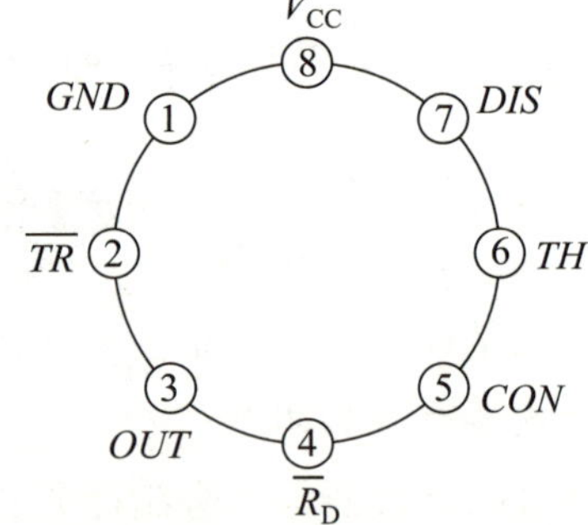

(c) 圆形 555 定时器的引脚

图 13-33 双极型 555 定时器电路结构和引脚图

555 定时器常见的外形有 8 脚圆形和 8 脚双列直插型两种。其中 1 脚 *GND* 为接地端；2 脚 $\overline{TR}$ 为触发输入端；3 脚 *OUT* 为输出端；4 脚 $\overline{R}_D$ 为复位端（置 0 端），低电平有效；5 脚 *CON* 为外加电压控制端；6 脚 *TH* 为阈值输入端；7 脚 *DIS* 为放电端；8 脚 V_{CC} 为电源电压输入端。

二、555 定时器的功能

定时器的主要功能取决于电压比较器，电压比较器的输出电压控制 RS 触发器和放电管 V 的状态。当复位输入端 $\overline{R}_D$ 为低电平时，不管其他输入端的状态如何，输出端 *OUT* 为低电平，因此正常工作时，应将 $\overline{R}_D$ 接高电平。

在 *CON* 不加外接电压时（5 脚悬空），电压比较器 C_1、C_2 的比较电压分别为 $\frac{2}{3}V_{CC}$ 和 $\frac{1}{3}V_{CC}$。

当 $V_{TH} > \frac{2}{3}V_{CC}$、$V_{TR} > \frac{1}{3}V_{CC}$ 时，电压比较器 C_1 输出，低电平，C_2 输出高电平，基本 RS 触发器被置 0，放电管 VT 导通，输出端 *OUT* 为低电平。

当 $V_{TH} < \frac{2}{3}V_{CC}$、$V_{TR} < \frac{1}{3}V_{CC}$ 时，电压比较器 C_1 输出高电平，C_2 输出低电平，基本 RS 触发器被置 1，放电管 VT 截止，输出端 *OUT* 为高电平。

当 $V_{TH} < \frac{2}{3}V_{CC}$、$V_{TR} > \frac{1}{3}V_{CC}$ 时，电压比较器 C_1 和 C_2 输出都为高电平，触发器状态不变，555 定时器的输出保持不变。

当 $V_{TH} > \frac{2}{3}V_{CC}$、$V_{TR} < \frac{1}{3}V_{CC}$ 时，电压比较器 C_1 和 C_2 输出都为低电平，触发器的 $Q = \overline{Q} = 1$，放电管 VT 截止，555 定时器的输出端 *OUT* 为高电平。

555 定时器的功能表见表 13-17。

表 13-17 555 定时器的功能表

$\overline{R}_D$	V_{TH}	V_{TR}	555 输出	*VT* 状态
0	×	×	低	导通
1	$> 2V_{CC}/3$	$> V_{CC}/3$	低	导通
1	$< 2V_{CC}/3$	$> V_{CC}/3$	不变	不变
1	$< 2V_{CC}/3$	$< V_{CC}/3$	高	截止
1	$> 2V_{CC}/3$	$< V_{CC}/3$	高	截止

如果在电压控制端（5 脚）外加电压 *CON*（在 0 ~ V_{CC} 之间），电压比较器的参考电压将发生变化，电路的 V_{TH}、V_{TR} 也随之变化，进而影响电路的工作状态。

三、555定时器的应用

1. 单稳态触发器

由555定时器构成的单稳态触发器的电路及工作波形如图13–34所示。电源接通瞬间，电路有一个稳定的过程，即电源通过电阻 R 向电容 C 充电，当 V_C 上升到 $\frac{2}{3}V_{CC}$ 时，触发器复位，V_O 为低电平，放电管V导通，电容 C 放电，电路进入稳定状态。

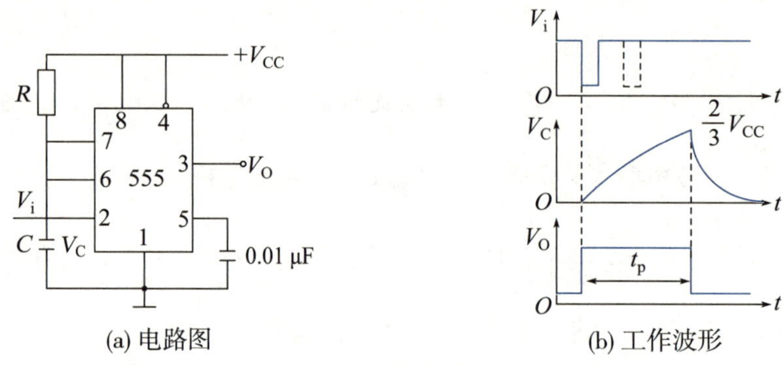

图13–34　由555定时器构成的单稳态触发器

若触发输入端施加信号（$V_1 < \frac{1}{3}V_{CC}$），触发器发生翻转，电路进入暂稳态，V_O 输出高电平，且放电管V截止。此后，电容 C 充电到 $\frac{2}{3}V_{CC}$ 时，触发器又发生翻转，V_O 为低电平，放电管V导通，电容 C 放电，电路恢复至稳态。

如果忽略放电管V的饱和压降，则 V_C 从零上升到 $\frac{2}{3}V_{CC}$ 的时间（输出电压 V_O 的脉宽）t_p 为

$$t_p = RC\ln 3 \approx 1.1\,RC$$

这种电路产生的脉宽从几个微秒到几分钟，精度可达0.1%，通常 R 的取值在几百欧至几兆欧，C 的取值为几百皮法到几百微法。

2. 多谐波振荡器

由555定时器构成的多谐波振荡器电路及工作波形如图13–35所示。接通电源后，电容 C 被充电，V_C 上升，当 V_C 上升到 $\frac{2}{3}V_{CC}$ 时，触发器被复位，同时放电管V导通，此时 V_O 为低电平，电容 C 通过 R_2 和V放电，使 V_C 下降，当 V_C 下降到 $\frac{1}{3}V_{CC}$ 时，触发器被置位，V_O 翻转为高电平。电容 C 放电的时间为 $t_1 = R_2C\ln 2 \approx 0.7\,R_2C$。

当电容器 C 放电结束，放电管 V 截止，V_{CC} 将通过 R_1、R_2 向电容 C 充电，V_C 从 $\frac{1}{3}V_{CC}$ 上升至 $\frac{2}{3}V_{CC}$ 所需的时间为 $t_2=(R_1+R_2)C\ln2\approx0.7(R_1+R_2)C$。

当 V_C 上升到 $\frac{2}{3}V_{CC}$ 时，触发器又发生翻转。

如此周而复始，形成振荡，故振荡周期为 $T=t_1+t_2=0.7(R_1+2R_2)C$。

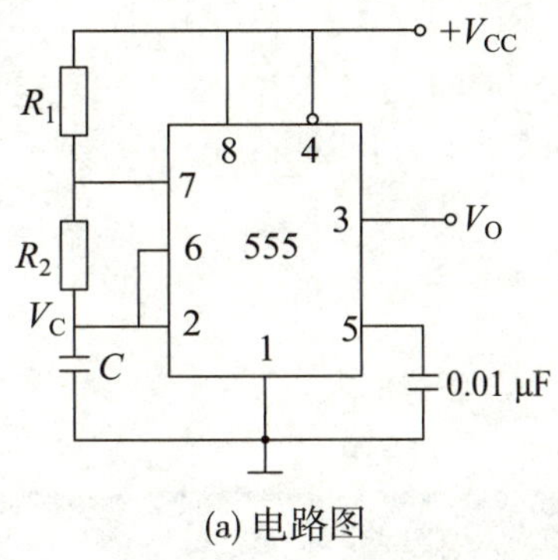

(a) 电路图

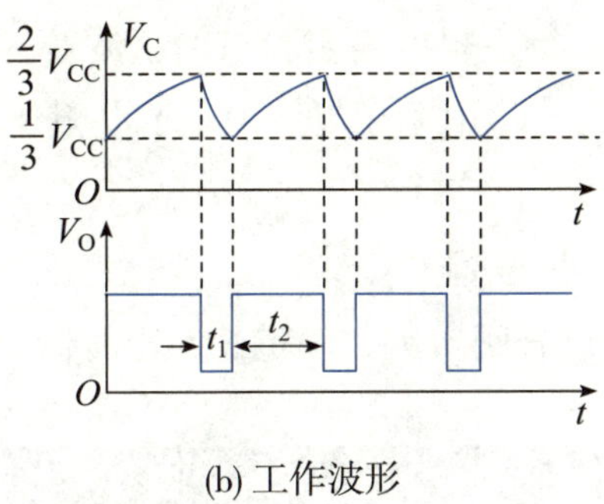

(b) 工作波形

图 13-35　由 555 定时器构成的多谐振荡器

3. 施密特触发器

将 555 定时器的阈值输入端（6 脚）和触发输入端（2 脚）连在一起作为输入端，便构成了施密特触发器，其电路工作波形如图 13-36 所示。

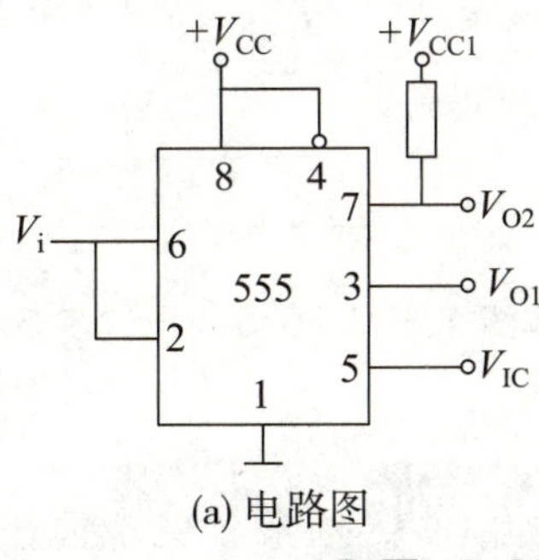

(a) 电路图

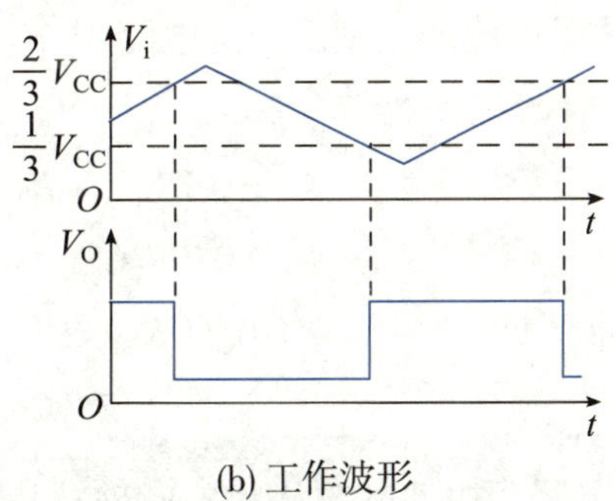

(b) 工作波形

图 13-36　由 555 定时器构成的施密特触发器

通过改变 5 脚外接控制电压 V_{IC} 的大小，可调节回差电压的范围。若 555 定时器的 7 脚外接一电阻，并与另一电源 V_{CC1} 相连，则 V_{O2} 输出的信号可实现电平转换。

学后测评

1. 在 555 定时器的集成电路中，电压比较器输出“0”“1”的两种情况下，其同相输入端与反相输入端应满足什么条件？

2. 用 555 定时器可以构成哪些电路？

3. 写出 555 定时器构成的多谐波振荡器的输出信号脉宽的计算公式。

实训14 用555定时器构成振荡器

实训目的

1. 掌握555定时器构成多谐波振荡器的制作及振荡频率的调整。

2. 熟悉示波器的使用。

实训器材

数字逻辑电路实验箱、示波器各1台，万用表、555定时器各1个，2.4 kΩ电阻两个，2.2 kΩ电阻1个，10 kΩ电阻1个，0.01 μF电容器2个；0.022 μF电容器1个、导线若干。

实训步骤

1. 查阅资料，确定555定时器引脚及其功能，填入表13-18内。

表13-18 555定时器引脚功能

1脚	2脚	3脚	4脚	5脚	6脚	7脚	8脚

2. 根据原理图（图13-37）绘制安装图。

3. 按安装图连接电路。

按表13-19中所给的元件值计算出振荡波形的参数，并用示波器测试出振荡电路中 a 、b 、c 各点的波形，计算公式为：

脉冲宽度 $TP = 0.7(R_1 + R_2)C$

脉冲间隙 $Td = 0.7R_2C$

脉冲周期 $T = 0.7(R_1 + 2R_2)C$

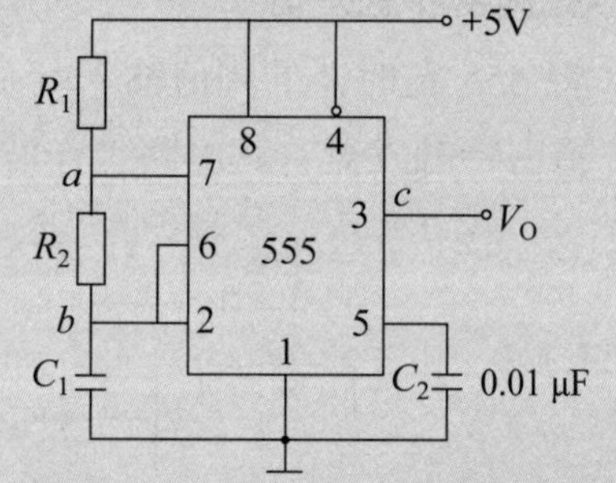

图13-37 555构成的多谐波振荡器

表13-19 实训记录表

R_1 / kΩ	R_2 / kΩ	C_1 / μF	T_P / μs		T_d / μs		T / μs	
			理论值	实测值	理论值	实测值	理论值	实测值
2.4	2.4	0.01						
10	2.2	0.022						

注意事项

用示波器观察波形时要合理调整有关旋钮，避免理论值与实测值相差悬殊。

想一想 如果要求由集成555定时器组成可调的方波发生器，可采用什么方法实现?

敬告作者

为了编好这套教科书，我们参考或引用了一些作者的研究成果，得到了许多作者的大力支持。在此，我们表示衷心感谢。但是，由于一些作者地址不详，无法取得联系。敬请各位有著作权的作者尽快与我们联系，以便支付稿酬。谨致谢忱！

联系方式一：

联系地址：郑州市郑东新区祥盛街 27 号
河南出版产业园 C 座 2 层大象社出版社

邮　　编：450016

联系电话：0371-63863505

联系方式二：

联系地址：南京市中山北路 217 号 1503 室
南京康轩文教图书有限公司

邮　　编：210009

联系电话：025-66602298

读者意见调查表

您认为本书的不足之处是：

您的联系方式：

姓名： 职称（务）： 专业：

通信地址：

电话： E-mail：

我们的联系方式：

E-mail：njkangxuan@126.com

联系地址：南京康轩文教图书有限公司（南京市中山北路 217 号 1503 室）

邮编：210009

电话：025-66602298